지리학의 재발견

지리학의 재발견

초판 1쇄 발행 2021년 2월 28일

지은이 미국 국가연구위원회 지리학재발견위원회
옮긴이 안영진·이태수·김화환·송예나

펴낸이 김선기
펴낸곳 (주)푸른길
출판등록 1996년 4월 12일 제16-1292호
주소 (08377) 서울시 구로구 디지털로 33길 48 대륭포스트타워 7차 1008호
전화 02-523-2907, 6942-9570-2
팩스 02-523-2951
이메일 purungilbook@naver.com
홈페이지 www.purungil.co.kr

ISBN 978-89-6291-895-3 93980

과학과 사회와의 새로운 관련성

지리학의 재발견

미국 국가연구위원회 지리학재발견위원회 지음
안영진·이태수·김화환·송예나 옮김

Rediscovering Geography

New Relevance for Science and Society

푸른길

─
머리말
─

 지난 수십 년 동안 미국에서 지리학 분야는 이른바 르네상스를 겪어 왔다.
장소와 공간 그리고 규모(스케일)의 관점을 통하여 인간 사회와 환경에 대해
초점을 맞추고 있는 지리학 연구는 생태학에서 경제학에 이르는 분야에서 점
점 더 높은 관련성을 발견하고 있다. 이와 동시에 수많은 지리학 연구의 도구
들과 분석 방법들은 연구실에서 과학 및 산업계의 주류로 옮겨져 왔다. 지리
학은 교육에서도 부활을 겪고 있는데, 지리는 학교 교실의 매우 다양한 수업
주제들을 제시하는 조직적 틀이 되었다. 지리는 미국의 학교에서 중요한 교
과목의 하나로 인식되고 있으며, 지리적 소양을 갖춘 학생들을 찾는 고용주
들의 수요에 맞추기 위하여 미국의 일반대학 및 종합대학 지리학 과정의 등
록생 수도 가파르게 증가하고 있다.
 《지리학의 재발견: 과학과 사회와의 새로운 관련성(Rediscovering Geog-
raphy: New Relevance for Science and Society)》은 거의 30여 년 만에 미
국에서 처음으로 지리학을 종합적으로 평가한 것이다. 이 책은 지리학이라는
학문에 대한 폭넓은 개관을 제시하고 교육자, 사업가, 연구자, 정책결정자 등
이 다양한 과학적 문제와 사회적 필요를 다루기 위하여 지리학의 관점과 도
구를 어떻게 활용하고 있는지를 보여 준다. 또한 이 책은 지리학을 바탕으로
한 지식과 교육 그리고 전문기술에 대한 수요 증가를 충족시키기 위하여 지
리학의 지적 및 제도적 기반을 강화할 수 있는 권고 사항들을 제시한다. 조사

연구를 토대로 한 이 책은 훌륭한 과학과 사회 관련 과학이 상호 배타적일 필요가 없음을 증명하고, 아울러 우리가 과학적 연구의 사회적 효용을 명확히 파악할 수 있도록 해 준다.

국가연구위원회(National Research Council: NRC)는 이 연구가 미국지리학회(Association of American Geographers: AAG), 환경시스템연구소(Environmental Systems Research Institute: ESRI), 내셔널지오그래픽협회(National Geographic Society: NGS), 국립과학재단(National Science Foundation: NSF), 미국 인구조사국(U.S. Bureau of the Census), 미국 교통부(U.S. Department of Transportation), 미국 환경보호청(U.S. Environmental Protection Agency), 미국 지질조사국(U.S. Geological Survey) 등으로부터 받은 지원에 깊은 감사를 드린다.

브루스 알버츠(Bruce Alberts)
국가연구위원회(NRC) 의장

어떤 학문도 목적이 아니라 수단이다. 학문은 배우고 알고 이해하는 것과 같은 지적 목적을 위한 하나의 수단이다. 학문은 진보와 문제 해결과 같은 사회적 목적을 위한 하나의 수단이다. 학문은 기회와 성취와 같은 개인적 목적을 위한 하나의 수단이다. 우리는 때때로 우리의 학문적 정체성을 지속시키는 패러다임을 모색하는 데 너무나 몰두한 나머지, 우리가 하는 일이 왜 지원을 받고 있는지를 잊어버리곤 한다. 하지만 미국의 연방정부가 한정된 자원을 갖고 새로운 세기를 준비함에 있어서 여러 세대를 거슬러 올라가는 학문의 기능적 세분화를 재고하고 있는 것처럼, 학계 또한 학문이 어떻게 세분화되어 있는지 그리고 새로운 접근방법이 우리의 집합적 목적에 도달하는 데 좀 더 나을 수 있는지를 다시 생각할 시간이 조만간 다가오고 있음을 상기할 필요가 있다.

이러한 성찰과 변화의 시기에, 이 책은 목적이 아니라 수단으로서의 지리학에 관한 것이다. 지리학이라는 학문 자체보다 지리학의 주제와 도구, 관점에 관한 것이며, 무엇보다도 지리학이 지리학 자체를 어떻게 생각하느냐보다는 자신들의 관심사에 지리학이 무엇을 제공할 수 있는지에 더 큰 흥미를 갖고 있는 지리학 밖의 독자들을 지향한 것이다.

이 특별한 시기에 이와 같은 평가를 수행하는 이유는 지리학이 일정한 사회적 필요를 충족시키는 데 유용하고 어쩌면 심지어 필수불가결하다는 (학문으로서의 지리학에 대한 외부의) 고양되고 있는 인식을 한번 제대로 입증해 보자는 것이다. 결과적으로 밝혀진 것은 학술적 과학의 목적에 관심이 있는 많은 당사자들이 국가의 과학 및 교육 체계가 제공하고 있는 것보다 지리학과 연관된 정보와 기법 그리고 관점으로부터 더 많은 것을 요구해 오고 있다는 사실이다. 즉, 수요와 공급 간의 간격이 확대될 수 있다는 것이다. 이 수요의 가장 두드러진 측면은 교육개혁, 특히 지리교육이 실제로 급속히 확대되고 있는 유치원에서 고등학교 3학년(K-12)에 이르는 부분에서의 교육개혁에 있다. 그러나 지식과 기량에서의 굳건한 기반 없이 이루어지는 교실 수업의 확대는 교육의 목적을 양호하게 충족시킬 수 없다. 중요한 것은 외부의 요구에 대한 이러한 종류의 대응과 이를 뒷받침하는 지식 기반에 대한 평가 사이에 균형을 맞추는 일이다.

좀 더 일반적으로 말해, 사실 지리학에 대한 한층 더 광범위한 요구를 충족시키기 위하여 학문적 인프라의 상황을 이해하는 동시에, 외부에서 제기되는 여전히 성숙되지 않은 몇 가지 질문의 차원을 이해하기 위하여 과학으로서의 지리학이 과연 무엇이며 무엇을 수행하고 있는지를 보다 잘 파악함으로써 지리학의 수요와 공급 간의 간격에 대한 해답을 찾기 시작하는 것이 의미가 있다는 것이다. 더군다나 범(凡)학문적 목적과 학문분야의 수단 간의 관계를 고심하는 상황에서, 지리학과 관련해서는 우리 모두가 미래에 기대하는 것처럼

광범위한 과학 및 사회 공동체가 통상적인 학문분야의 관련성을 재검토하는
과정을 진척시켜 나갈 수 있을 것이다.

이러한 목표를 염두에 두고 1993년에 '지리학재발견위원회(Rediscovering
Geography Committee)'가 미국의 지리학이라는 학문분야에 대해 종합적인
평가를 수행하고자 설치되었다. 이 평가는 폭넓은 독자들, 특히 지리학자가
아닌 과학자와 의사결정자들에게 교과목으로서 지리학의 본질 — 상대적으
로 소규모인 전문 종사자 집단을 제외하면 일반적으로 잘 이해되고 있지 않
는 — 을 전달하고, 지리학이라는 학문분야를 과학과 교육 그리고 각종 의사
결정에 보다 긴밀히 관련시킬 수 있는 방법을 확인하고자 한 것이다.

위원회는 이 평가를 수행하는 약 12개월 동안 정보를 수집하고, 주요 이슈
들을 토론하고, 이 책을 개발하기 위하여 다섯 차례의 회의를 개최하였다. 위
원회는 연구를 진행하는 동안 지리학 공동체와 소통하고 개별 지리학자들의
조언을 구하기 위하여 특별한 노력을 기울였다. 이 목적을 위하여 위원회는
미국지리학회(AAG)의 월간 뉴스레터에 공지문을 게재하였으며, 1994년과
1995년 미국지리학회 연례 학술대회에서 특별 세션을 개최하고 위원회의 심
의에 대하여 우려를 표명한 일부 지리학자 그룹들과 회합하였다. 물론 많은
지리학자들이 우리의 평가에 귀중한 정보를 제공해 주었지만, 이 책은 위원
회의 합의 문건이며 위원회는 책의 내용과 결론 그리고 권고 사항에 대하여
전적으로 책임이 있다.

위원회를 대표하여, 나는 이 책의 성공적 완성에 기여한 많은 개인과 단체
의 노력을 인정하고자 한다. 우선 국제지리연합 미국위원회(U.S. National
Committee for the International Geographical Union), 특히 1992년에 미
국위원회 위원장을 역임한 멜빈 마커스(Melvin Marcus)의 지도력이 없었다
면 이 위원회는 결코 존재하지 않았을 것이다. 마커스는 학문분야로서 지리
학에 관한 높아지고 있는 과학적 및 사회적 수요에 대하여 재평가의 필요성

을 처음으로 확인하였다. 멜(Mel)과 빌 터너(Bill Turner) 그리고 토니 드 소자(Tony de Souza)는 이 프로젝트의 구상을 발전시키는 데 기여하였으며, 레즈 웰맨(Reds Wolman), 줄리앙 웰퍼트(Julian Wolpert) 그리고 론 애블러(Ron Abler)는 이 구상을 정교화하고 국가연구위원회(NRC)의 후원 아래 수행된 이 연구가 승인을 받는 데 중요한 역할을 하였다.

지리학의 목적과 수단에 관심을 보여 준 다양한 기관과 단체들로부터 넉넉한 재정적 지원이 없었다면 위원회의 노력은 불가능하였을 것이다. 우리는 미국지리학회(AAG), 환경시스템연구소(ESRI), 내셔널지오그래픽협회(NGS), 기획 목적의 초기 지원금을 제공한 국가연구위원회(NRC) 이사회, 국립과학재단(NSF)의 인류학 및 지리학 프로그램(Anthropological and Geographic Sciences Program), 미국 인구조사국의 10년 주기 센서스 프로그램(Decennial Census Program), 미국 교통부 교통통계국, 미국 환경보호청의 환경 모니터링 및 평가 프로그램(Environmental Monitoring and Assessment Program), 미국 지질조사국 국가지도제작실(National Mapping Division) 등의 지원에 깊은 감사를 드린다.

또한 위원회는 이 책을 위하여 조언과 자료를 제공해 준 일일이 열거하기 어려울 정도로 많은 지리학자들과 이 책의 초고를 비공식적으로 검토해 준 동료 학자들 — 론 애블러, 브라이언 베리(Brian Berry), 마이클 디어(Michael Dear), 로드니 에릭슨(Rodney Erickson), 수잔 핸슨(Susan Hanson), 조엘 모리슨(Joel Morrison) 등 — 을 비롯해 국가연구위원회(NRC)가 협조를 요청한 익명의 논평자들에게도 고마움을 표한다. 우리는 위원회의 요청과 미국지리학회(AAG)의 지원에 따라 지리학의 고용 동향에 관한 자료를 만들어 준 미국지리학회 고용예측위원회(AAG Employment Forecasting Committee) — 팻 고버(Pat Gober, 위원장), 애미 글래스마이어(Amy Glasmeier), 제임스 굿맨(James Goodman), 데이비드 플래인(David Plane), 하워드 스태퍼드

(Howard Stafford), 요셉 우드(Joseph Wood) 등 — 의 도움을 받았다. 우리는 이 위원회가 저널 논문을 참고할 수 있도록 해 준 미국지리학회에 감사를 드린다.

끝으로, 위원회와 나는 본 조사 연구가 재정 지원을 받고 회의를 개최하며 책을 저술하기 위하여 국가연구위원회(NRC)와 긴밀히 협력하는 데 큰 도움을 준 국가연구위원회 지구과학 및 자원 분과(Board on Earth Sciences and Resources) 소속 직원들에게 감사를 드리는 바이다. 우리는 초기 단계에서 브루스 핸쇼(Bruce Hanshaw)와 셸리 마이어스(Shelley Myers)의 도움을 받을 수 있었다. 위원회 회의의 후반 단계 및 이 책의 준비기간 전반에 걸쳐 우리는 전문성과 생산성의 표본이자 중압감 속에서도 슬기롭게 대처해 준 제니 에스텝(Jenny Estep)의 탁월한 관리 지원으로 혜택을 입었다. 연구 책임자인 케빈 크롤리(Kevin Crowley)에게 가장 큰 빚을 졌다. 케빈은 지리학 외부의 관객들과 소통을 개선하고 일의 처리 과정 및 제품의 품질을 갈무리하는 데 맡겨진 의무를 수행하는 것을 넘어서서 지적으로뿐만 아니라 행정적으로도 이 책에 기여하였다. 위원회에 몸담은 우리는 케빈을 동료이자 친구와 다름없다고 생각하고 있으며, 때로는 우리가 놓친 메시지에서 무엇인가를 찾아내는 데 도움을 준 명예 지리학자인 것이다. 그의 양심적이고 성실하고 사려 깊은 참여로 국가연구위원회(NRC)는 더 큰 신뢰를 얻을 수 있게 되었다.

여러분 모두에게 감사를 드리며, 학문 내 세부 분야의 문화접변 상의 차이와 개인적 사리사욕을 대단히 신속히 이겨내고 공동의 사업에 매우 효과적으로 동참해 준 훌륭한 위원회에 개인적 감사를 드리고자 한다. 위원회의 모든 개별 성원들은 중대하게 기여하였으며, 나는 우리 모두가 저명한 동료들과 즐길 줄 아는 사람들과 함께 일할 수 있는 기회로 인하여 풍성해졌을 것으로 믿고 있다. 우리 가운데 어느 누구도 합의 과정에서 나온 모든 세부사항에 전적으로 만족하지 않지만, 이 책의 전반적 방향은 만장일치의 판단을 표현하

며, 이 책 자체는 서로 다른 그룹에 속하는 강건한 개인주의자들과 지리학이
라는 지적 영역의 몇몇 부문의 모든 전문가들 간의 강력한 합의를 대변한다.
우리는 우리의 평가가 지리학의 목적과 수단에 대한 그리고 이와 함께 이 둘
의 연계를 강화하기 위한 전략에 대한 지속적인 논의에 자극제로 작용할 것
이라고 믿고 있는데, 왜냐하면 우리는 확실히 이 책이 마지막이라고 생각하
지 않기 때문이다.

토마스 윌뱅크스(Thomas J. Wilbanks)

지리학재발견위원회(Rediscovering Geography Committee) 위원장

차례

개요   _13

제1장 도입   _25

제2장 지리학과 주요 이슈   _41

제3장 지리학의 연구 관점   _61

제4장 지리학의 분석 기법   _91

제5장 지리학의 과학적 이해에 대한 기여   _127

제6장 지리학의 의사결정에 대한 기여   _181

제7장 지리학의 기반 강화   _225

제8장 지리학의 재발견: 결론과 제언   _263

참고문헌   _281

개요

지난 수십 년 동안 '지리적 문맹(geographic illiteracy)'에 대한 우려는 미국에서 지리학에 새로운 초점을 맞추는 데 촉매제가 되어 왔다. 미국에서 지리적 문맹(文盲)에 대하여 '무엇인가를 해야 한다'는 최근의 요구는 미국이 미국을 제외한 나머지 세계에 대하여 놀라울 정도로 무지하다는 사실을 뒷받침하는 각종 조사 보고서■1와 결합하여 글로벌 경제에서 미국의 경쟁력에 대한

---

1. (옮긴이) 지난 2002년 미국의 내셔널지오그래픽(National Geographic)이 조사한 결과에 따르면, 테러와의 전쟁이 한창이던 당시에 미국 청소년의 17%만이 세계지도에서 아프가니스탄의 위치를 찾을 수 있었다고 한다. 이 같은 미국 청소년의 지리에 대한 무지를 조사기관은 '지리적 문맹'이라고 규정하였다. 내셔널지오그래픽은 2002년에 캐나다, 프랑스, 독일, 영국, 이탈리아, 일본, 멕시코, 스웨덴, 미국의 18~24세의 청년 각각 3,000명을 대상으로 그들의 지리 지식을 질문하였다. 그 결과 최고점을 받은 것은 스웨덴, 최저 점수는 멕시코였고, 미국은 멕시코 다음이었다. 더욱더 놀라운 사실은 미국 청년의 11%가 심지어 미국이 세계지도에서 어디에 있는지도 알지 못하였다. 그리고 태평양의 위치가 29%에게는 오리무중이었다. 2002년 당시 이라크와의 전쟁 위기가 고조되고, 이스라엘에서 자살 폭탄 테러가 빈번히 발생하고 있는 와중에도 단지 15%의 청년만이 이들 나라의 위치를 알았다. 물론, 당시 텔레비전에서 방영 중이던 오락 프로인 '서바이버'의 촬영지가 남태평양이라는 사실은 대부분의 미국 청년이 알고 있었지만, 이스라엘의 위치는 대부분 알지 못하였다. 다른 국가의 설문조사 결과에 비하여, 미국 청년들은 미국의 인구수도 잘 알지 못하였다. 응답자의 3분의 1이 미국 인구가 10억~20억 명 사이라고 응답하였는데, 정답은 약 2억 8,900만 명이었다.

지리학의 재발견

우려를 낳은 데서 비롯된 것이다. 미국의 국가 복지가 세계시장과 국제정치의 발전뿐만 아니라 사회적 담론에서 지속적으로 중요하게 다루어지는 환경 이슈들을 비롯해 지도와 기타 공간 다이어그램과 같은 그래픽 이미지를 강조하는 컴퓨터 및 통신 기술의 출현과 깊이 관련되어 있으며 또한 이 모든 것이 지리학과 관련이 있다는 대중의 인식이 점점 고양되고 있다.

이러한 높아진 관심의 한 가지 결과는 미국에서 지리교육의 중요성을 재발견한 것이다. 지리는 최근 들어 국가 교육개혁을 위한 일련의 정책적 논의와 입법 제안에서 과학과 수학과 동등하게 미국 학교의 핵심 교과목으로 인정받고 있다. 이들 정책적 논의와 입법 제안에는 1989년 10월 미국 50개 주의 주지사들과 부시(G. Bush) 대통령이 소집한 버지니아주(州) 샬로츠빌(Charlottesville) 정상회의의 보고서와 부시 및 클린턴(B. Clinton) 두 행정부의 교육개혁안, 1994년 3월 미국 의회를 통과한 '목표 2000: 미국교육진흥법(Goals 2000: The Educate America Act)' 등이 포함된다.

지리학은 대학생들에 의해서도 재발견되어 왔다. 1986/1987년에서1993/1994년에 걸친 기간 동안 지리학을 전공하는 대학 학부생의 수가 미국 전역에서는 47%, 박사학위를 수여하는 대학의 지리학과의 경우에는 60%나 증가하였다. 1985년과 1991년 사이에 미국 대학의 지리학과 대학원 과정의 등록자 수가 33.4%나 증가하였는데, 이는 사회과학 분야의 15.3% 증가와 환경학 분야의 5.4% 감소와 크게 대비된다.

이러한 재발견의 과정은 연구 공동체 내에서도 반영되어 왔다. 계획학, 경제학, 금융학, 사회학, 역학(疫學), 인류학, 생태학, 환경사학, 보존생물학, 국제관계학 등과 같은 다양한 선도적 학문분야의 연구는 지리적 관점의 중요성을 강조하고 있다. 특히 **장소**와 **규모**(scale) 같은 개념을 통하여 공간적 관점의 중요성이 여러 많은 학문분야에서 인정을 받고 있으며, 지리학의 영향력은 상대적으로 소규모 전문적인 실무자 그룹을 넘어서서 확대되고 있다.

상대적으로 소규모인 지리학이라는 학문분야와 결부된 관점과 지식 그리고 기법의 활용이 증가함에 따라 과학 공동체에 몇 가지 물음이 제기되고 있다. 가장 직접적으로는 지리학이란 과연 무엇이며, 지리학은 사회 및 과학의 광범한 관심사와 어떻게 연결되느냐는 것이다. 그리고 만약 지리학이 교육과 의사결정에서 보다 중요한 역할을 수행해야 한다면 그 확장된 책임을 지원하기 위하여 지리학의 과학적 기반을 강화할 필요가 있느냐는 것이다.

이러한 물음을 염두에 두고 국가연구위원회(NRS)는 미국의 지리학에 대한 종합적인 평가를 수행하기 위하여 '지리학재발견위원회(RGC)'를 설치하였다. 이 평가의 목적은 다음과 같다.

1. 지리학 분야의 주요 이슈들과 제약 사항을 확인하고,
2. 교육과 연구를 위한 우선순위를 명확히 하며,
3. 과학으로서 지리학의 발전을 지리교육에 대한 국가적 필요와 연결시키고,
4. 과학 공동체 내에서의 지리학에 대한 이해를 제고하며,
5. 미국에서 지리학 분야의 미래 발전 방향에 관하여 국제 과학 공동체와 소통한다.

이러한 이슈들을 다루기 위하여 이 책[2]은 과학과 사회가 당면하고 있는 폭넓은 국가 및 글로벌 주제들, 이러한 주제들을 다루는 데 도움을 주는 관점 및 지식체계로서의 지리학의 잠재력, 이에 대응해야 할 학문으로서 지리학 역량에서의 제약 등에 논의의 초점을 맞추었다. 예를 들어, 비록 귀중한 지리

---

2. (옮긴이) 이 책은 당초 국가연구위원회 산하 지리학재발견위원회가 미국 지리학에 대한 일련의 조사 평가를 거쳐 낸 보고서의 형태로 쓰여진 것이었다. 독자들의 편의를 위하여 '보고서'라는 원서의 표현은 책으로 바꾸어 우리말로 옮겼다.

적 연구 작업이 지리학 분야 밖에서도 이루어지고 있지만, 지리학재발견위원회는 거의 대부분 전문적 지리학자들로 구성되었기 때문에 주로 지리학 분야 내의 경험에 의존하였다. 그렇지만 관련 사례들은 학문분야 간 상호 연결성을 설명하기 위해 가능한 한 지리적 조사를 특징짓고 학문분야의 경계를 넘어 아이디어와 개념 및 기법의 흐름을 촉진하는 것들로 선정되었다.

지리학의 관점, 주제 그리고 기법

대부분의 미국인에게 지리학은 지명(地名)에 관한 것이다. 지리적 무지에 대한 우려는 대개 사람들이 세계지도에서 도시와 국가 및 하천이 어디에 위치해 있는지를 찾을 수 없다는 사실에 초점을 맞추고 있으며, (초중등학교의) 지리수업은 빈번히 세계의 멀리 떨어진 지역에 대한 정보를 전달하는 것과 동일시되고 있다. 이러한 관점에서 볼 때, 지리학 분야가 20세기 후반에 사회가 직면한 여러 중요한 이슈들에 대하여 상당한 정도로 논의하고 있다는 사실은 사람들에게 놀라울 것이다.

지리학자들은 환경변화에서부터 사회갈등에 이르기까지 많은 문제들에 대하여 귀중한 연구와 교육에 종사하고 있다(제2장을 참조할 것). 이러한 활동의 가치는 지리학이 진화하고 있는 지표면의 성격과 조직에 초점을 맞추고 있는 데서 비롯된다. 즉 공간에서의 자연 및 인문 현상이 독특한 자연적 그리고(또는) 사회적 특성을 지닌 지역 혹은 **장소**를 만드는 방식과 그러한 장소들이 자연 및 인간의 광범위한 사건과 과정에 미치는 영향에 대한 초점으로부터 파생하고 있다. 이러한 관심사들은 멀리 떨어져 있는 장소들에 대한 백과사전적 지식을 확장하는 단순한 연습이 아니며, 오늘날 의사결정자 앞에 놓인 가장 시급한 논제들 중 몇 가지의 핵심에 해당하는 것들이다.

지리학의 중심 원리는 매우 다양한 과정과 현상을 이해하는 데 '위치가 중요하다'는 것이다. 사실, 위치에 대한 지리학의 초점은 다른 학문이 고립화하여 다루는 경향이 있는 과정과 현상들에 대해 교차횡단(交叉橫斷) 방식을 제시한다. 지리학자들은 어느 한 장소에 특성을 부여하는 현상과 과정 간의 '실재적' 관계와 의존성에 초점을 맞추고 있다. 지리학자들은 또한 장소 간의 관계를 이해하려고 한다. 예를 들어 차이를 강화하거나 유사성을 제고하는 사람과 재화 및 아이디어의 흐름을 이해하려고 한다. 다시 말해, 지리학자들은 장소를 규정하는 특성의 '수직적' 통합과 장소 간의 '수평적' 결합을 연구한다. 또한 지리학자들은 이러한 관계에서 (공간과 시간 모두에서) 규모(scale)의 중요성에 초점을 맞추고 있다. 이러한 관계에 대한 연구를 통하여 지리학자들은 경우에 따라 다른 학문에서 종종 추상적으로 다루는 장소와 과정의 복잡성에 깊은 관심을 기울일 수 있었다.

지리학의 관점은 현장답사, 원격탐사, 공간 표본추출 같은 **관측**을 위한, 그리고 지도화, 시각화, 공간통계, 지리정보시스템(Geographic Information System: GIS) 같은 지리적 정보의 **분석 및 표현**을 위한 고유한 기법으로 뒷받침되고 있다(제4장을 참조할 것). 이러한 기법들은 다른 학문분야와 공유되고 있지만, 지리학은 이들 기법의 개발과 개량적 응용에 근본적으로 기여해 왔다.

공간적으로 얻어진 정보를 표현하기 위한 지리학의 전통적 도구는 지도(地圖)이다. 많은 사람들에게 '지도'라는 말은 점과 선 그리고 면의 데이터를 포함한 고정된 2차원적 종이 제품을 뜻한다. 하지만 지난 세대 동안 데이터의 수집과 저장, 분석, 표현에서의 진보로 인하여, 이러한 전통적 시각은 쓸모없게 되었다. 현대의 지도는 디지털 형식으로 존재하는 역동적이고 다차원적 제품으로, 지리 조사를 위한 새로운 연구영역과 응용 분야를 열어주고 있다. 이와 관련된 연구는 지리적 시각화의 기법과 공간분석 방법과 함께 세계에 대한 점점 더 복합적이고 상황에 알맞는 이해를 촉진하는 지리정보시스템의 개발로 이어져 왔다. 지리정보시스템에서 작금의 연구는 보다 진전된 지리적 개념과 분석 방법을 통합하는 기법을 확대해 나가고 있다.

지리학의 과학적 이해와 의사결정에 대한 기여

지리학은 순수과학과 응용과학 모두가 직면하고 있는 몇 가지 주요 논제들에 대한 유의미한 통찰을 제공하고 있다. 더욱이 사회 자체가 인정하고 있듯이, 지역과 국가 및 국제적 규모에서 사회가 직면하고 있는 주요 논제들 중 상당수는 매우 중요한 지리적 차원을 지니고 있다.

예를 들어, 특정 장소에서 현상과 과정을 통합하는 것에 대한 지리학의 전통적 관심사는 일부에서 '복잡성 과학(science of complexity)'으로 일컫는 것에 대한 연구와 연계하여 오늘날 과학에서 새로운 관련성을 지니고 있다. 흐름의 과학으로서 지리학의 현장답사에서 지리학은 과학과 사회 모두에 대한 폭넓은 관심사인 공간적 상호작용을 이해하는 데 선두 주자였다. 더군다나 규모 간의 상호의존성에 대한 지리학의 오랜 관심은 미시적(작거나 국지적) 규모와 거시적(크거나 지구적) 규모의 현상 및 과정 간 관계의 과학을 가로지르는 전반적 논의와 관련을 맺고 있다(제5장을 참조할 것).

지리적 관점과 기법은 특히 글로벌 경제 및 환경 이슈들과 현대적 정보기술이 점점 더 중요해짐에 따라 민간 및 공공 부문의 의사결정에 중요하게 응용되기에 이르렀다. 지리학자들은 예를 들어 재해관리, 글로벌 환경 및 경제 변화와 이의 지역적 변화와의 상호작용에 관한 이해, 효과적인 비즈니스 전략의 개발 등과 같은 다양한 이슈와 관련하여 국지적, 지역적 및 지구적 규모에서의 의사결정에 중대하게 기여해 왔다(제6장을 참조할 것).

지리학의 기반 강화

지리학자가 지리학의 기능(技能)과 관점에 대한 높아지고 있는 수요에 대응하는 능력은 일부 현실에 의하여 제한을 받고 있다(제7장을 참조할 것). 전문적 지리학자의 수가 지난 수십 년 동안 증가하였음에도 불구하고, 지리학 공동체는 대부분의 다른 자연과학 및 사회과학 분야와 비교하여 여전히 작은 실정이다. 대규모 지리학과를 운영하고 있는 일반대학이나 종합대학은 소수에 지나지 않으며, 몇몇 미국 최고의 대학들을 포함하여 많은 고등교육 기관에는 지리학 과정이 전혀 설치되어 있지 않다. 이러한 상황은, 지리학이 유럽과 동아시아의 대부분 대학에서 핵심 교과목이기 때문에 세계적 표준에 비추어 보더라도 보기 드문 것이다. 더군다나 여성과 소수인종이 일반 인구에서 차지하는 수와 비교하여 상위 학술 및 전문 직위에서 과소 대표되고 있으며, 현재 소수인종이 지리학 분야에 진입하는 경우는 거의 없다. 이러한 소규모의 인적 및 교육과정 프로그램 기반으로 인하여, 지리학 분야는 관심에 따른 증가하는 수요 — 특히 교육 부문에서 향후 수십 년 동안 더 많이 요구될 가능성이 있는 수요 — 에 효과적으로 대응하기 어려울 것이다.

그렇지만 지리학의 잠재력을 실현하기 위해서는 지리학 분야의 작은 규모와 제한된 다양성으로 인하여 제기된 문제점들을 해결하는 것 이상이 요구된다. 몇몇 중요한 주제 영역에서 지리학의 지적 기반은 과학과 사회에 대한 지리학의 공헌을 확실히 뒷받침하기 위하여 강화될 필요가 있다. 지리학은 복잡계[3], 이를테면 규모(scale) 간의 상호작용, 사회와 자연 간의 상호작용, 지리교육에서의 상호작용적 학습 도구의 효과성을 포함한 지리 교수학습 등에

---

3. **복잡한**(complex)이라는 용어는 비선형(즉, 곱셈 또는 지수)적이거나 혼돈스러운(즉, 예측할 수 없는) 행태를 나타내는 과정 혹은 시스템을 기술하는 데 사용된다. 지리학자들이 연구하는 많은 과정들(예를 들어, 기후, 하계망, 생태계 그리고 경관체계)은 복잡한 행태를 보여 준다.

대한 이해를 강화할 필요가 있다. 그리고 이것만큼이나 중요한 것은 비(非)지리학자들이 지리학을 평가하고 활용하는 것을 조장할 필요가 있으며, 따라서 지리학의 관점과 지식 그리고 기법을 활용할 수 있도록 하는 능력은 그것들을 제공하는 학문분야의 능력과 더불어 성장할 수 있다. 이것에는 일반인들의 지리적 역량을 강화하고, 일반대학과 종합대학에서 보다 양호한 지리학교육을 장려하는 것도 포함된다.

이러한 간격을 메우는 데에는 종래의 지원 원천이 외부 상황에 의하여 제약을 받을 수 있는 환경에서 특징적이었던 과거의 유형과 수준을 넘어서는 외부 지원이 요구된다. 다음 세기를 바라보면서 지리학의 잠재력을 실현하기 위해서는 공급자와 사용자, 피지원자와 지원자, 어느 한 과학 분야와 다른 과학 분야, 지식의 기초연구와 응용 간에 혁신적인 새로운 파트너십이 요구되는 것은 명약관화하다.

만약 학문분야로서 지리학이 이러한 파트너십을 발전시키고 이행하는 데 길잡이가 될 수 있다면, 지리학은 외적 작용에 전적으로 의존하지 않고서도 그 잠재력을 실현하는 데 중요한 역할을 할 수 있다. 하지만 이렇게 하는 데서 지리학은 자체의 내부적 도전에 직면하게 된다. 외부의 수요에 부응하고 추가적인 외부 지원을 획득하기 위해서는 지리학은 장소에서의 통합, 현장관찰, 해외 현장조사 등과 같은 전통적인 강점뿐만 아니라 연구 및 실습을 위한 도전으로서 지리교육을 한층 더 강화할 필요가 있다. 지리학은 또한 다른 과학 분야와 정부 및 기업 등 모든 수준에서 지리적 지식의 활용자와 보다 전문적인 상호작용을 촉진할 필요가 있다. 그리고 학문으로서의 다양성뿐만 아니라 다양성에 대한 평가도 제고할 필요가 있다.

지리학재발견위원회(RGC)는 지리학 분야를 강화하고 이렇게 하여 향후 수십 년간 미국의 과학 및 사회에 대한 지리학의 기여도를 높이기 위해서는 여러 가지 대내외적 행동 조치가 필요하다는 결론을 내렸다. 이 책의 제8장에는 이 모든 결론이 열거되어 있다. 위원회의 11가지에 이르는 권고 사항은 이 책의 외부 독자들을 지향하여 세 가지 범주로 나누어져 있는데, 여기에는 사전의 열 가지 사항을 이행하는 과정에 대한 한 가지의 권고 사항을 포함하고 있다. 그 내용은 다음과 같다.

지리적 이해를 향상시키기 위하여:

1. 특별히 사회의 관심사와 관련이 있는 지리학의 특정 핵심 방법론과 개념적 이슈들에 대한 연구에 한층 더 주목해야 한다.

2. 우선순위에 따른, 교차횡단적 프로젝트에 한층 더 중점을 두어야 한다.

3. 상호작용적 학습 전략과 공간적 의사결정 지원체계를 포함하여 지리적 문해력(文解力), 학습, 문제해결, 교육과 의사결정에서의 지리정보의 역할 등에 대한 이해를 향상시키는 연구에 높은 중점을 두어야 한다.

지리적 문해력을 향상시키기 위하여:

4. 지리학의 현재적 지식 기반을 강화할 필요가 있는 대상을 확인하기 위하여 학교의 지리교육을 향상시키기 위한 지리교육 표준과 여타 지침을 검토해야 한다.

5. 기업과 정부 및 비정부 이해집단 등 모든 수준의 지도자들뿐만 아니라 미국의 일반 국민의 지리적 역량을 향상시키기 위하여 중대한 국가적 프로그램이 수립되어야 한다.

6. 학술적 지리학과 지리학 연구의 활용자 간의 연계성이 강화되어야 한다.

지리적 기관을 강화하기 위하여:

7. 지리학자와 다른 과학 분야의 동료들 간의 전문적 상호작용을 증진시키는 데 높은 우선권이 주어져야 한다.

지리학의 재발견

8. 교과목으로서 지리학에 대한 증가하는 수요와 과학적 학문분야로서 지리학이 대응할 수 있는 작금의 역량 간의 불일치를 확인하고, 이를 해결하기 위해서는 특별한 노력이 이루어져야 한다.

9. 지리학 분야의 기존 인적 및 재정적 자원의 제한 속에서 전문적 지리학이 일정한 특정 문제 혹은 틈새에 관한 연구 및 교육에 초점을 맞추기 위해서는 그 필요성과 기회를 확인하고 검토하는 데 특별한 노력이 이루어져야 한다.

10. 일반대학과 종합대학의 관리자들은 때때로 과소평가되고 있는 특정 범주의 직업 활동을 장려하고 인정하고 강화하기 위하여, 학술적 지리학자를 위한 보상 구조를 개편해야 한다.

이러한 권고 사항의 구현을 장려하기 위하여:

11. 지리학 기관 및 지리학 관련 기관들 — 특히 미국지리학회(AAG), 내셔널지오그래픽협회(NGS), 국립과학재단(NSF), 국가연구위원회 등 — 은 이 책에 제시된 권고 사항들을 구현하기 위하여 계획을 수립하고 실행하기 위하여 협력해야 한다.

제1장

도입

지난 수십 년 동안 '지리적 문맹'에 대한 우려는 미국에서 지리학에 새로운 관심의 초점을 맞추는 데 촉매제 역할을 해 왔다. 하나의 국가로서 미국의 미래는 상당 부분 우리의 지식 기반에 달려 있으며, 수많은 관찰자들은 생산성 및 경쟁력과 결부된 작금의 문제들이 대부분 미국 시민들 사이에서 보이는 이러한 지식 기반에서의 결여에 기인할 수 있다는 점에 동의하고 있다. 이러한 결여 가운데 가장 확연한 것 하나가 지리에 관한 우리의 지식이며, 이 점은 이 책을 저술하게 된 이유이기도 하다.

미국에서 지리적 문맹에 대하여 무엇인가를 해야 한다는 최근의 요청은, 미국이 미국을 제외한 나머지 세계에 대하여 놀라울 정도로 무지하다는 사실을 입증한 각종 조사 보고서와 결합하여, 글로벌 경제에서의 미국의 경쟁력에 대한 1980년대의 우려에서 시작되었다고 할 수 있다. 예를 들어, 1986년 아홉 개 국가의 성인들을 대상으로 한 조사에서 미국의 젊은 성인들은 그 어떤 국가의 모든 연령 집단 가운데서도 지리에 관하여 최소한으로만 알고 있었다. 절반가량은 지도상의 남아프리카공화국을 가리키지 못하였거나 심지어 남아프리카공화국을 남아메리카에 속하는 국가의 하나로 파악하고 있었으며, 단 55%만이 뉴욕이 어디에 위치해 있는지를 알고 있었다(Gallop Organization, Inc., 1988). 이와 유사하게, 미국 일곱 개 도시의 5,000명에 이르는 고등학교 상급반 학생들을 대상으로 한 1987년의 한 조사는 댈러스(Dallas) 학생들의 4분의 1은 미국과 남쪽으로 국경에 접하고 있는 국가의 이름을 알지 못한다는 사실을 밝혀냈다(Gallop Organization, Inc., 1988).

1980년대 중반 이후 지리적 문맹에 주목해야 할 것이라는 요청이 빈번히 제기되어 왔으며, 이는 학계와 연방정부로부터 뿐만 아니라 산업계와 주정부로부터도 나온 것이었다. 다음의 사례를 살펴보자.

하나의 국가로서 우리 미국인들은 세계의 정치 경제적 사건들로부터 지속적으로 놀라고 있다. 그것들은 우리가 이해할 수 없는 이유로 우리가 결코 들어보지도 못한 곳에서 일어나고 있다. 그리고 우리는 종종 우리의 일상생활에서 이러한 사건들의 중요성을 인식하지 못하고 있다. (중략) 우리는 다른 나라들이 우리에게 의존하는 것만큼이나 우리도 다른 나라들에 의존하고 있다는 사실을 받아들여야만 하며, 우리는 우리의 글로벌 이웃들을 이해하기 시작해야만 한다. (중략) 관건은 우리가 종종 이러한 나라들에 관한 지리를 가르치지 않고 있다는 것이며, 우리가 가르친다고 하더라도 때때로 잘못 가르치고 있다는 것이다(Southern Governor's Association, Cornerstone of Competition, November 1986).[1]

나는 대다수의 미국인이 세계의 주요 분쟁지역을 어디에서 찾아야 하는지를 알지 못한다는 새로운 조사로 혼란을 겪었다. (중략) 다른 사람들이

---

1. 1987년 미국 고등학교 졸업생의 15%만이 '세계지리' 과목을 이수하였으며(National Center for Education Statistics, 1993), 다른 자료는 '세계지리' 과목의 많은 것이 지리학을 거의 배우지 않았거나 전혀 배우지 않은 강사들에 의하여 가르쳐지고 있다는 점을 지적하고 있다.

우리의 일자리를 빼앗거나 우리를 불법적 약물에 빠트리는 것을 멈추도록 하는 방법을 알아내기 전에, 우리는 최소한 그들이 어디에 있는지를 알아야만 한다(Clarence Page, *Chicago Tribune*, July 31, 1988).

미국은 국제무역을 제대로 대비하지 못하고 있다. (중략) 다른 문화가 단지 희미하게 이해될 때, 우리는 어떻게 해외시장을 개방할 수 있는가? 명제는 명약관화하다. 즉, 언어를 배워야 할 때이다. 지리를 배워야 할 때이다. 우리를 둘러싼 세계에 대한 우리의 생각을 변화시켜야 할 때이다. 왜냐하면, 우리의 국경을 넘어서서 수수께끼로 남아 있는 세계에서 우리는 경쟁할 수 없기 때문이다(National Governors' Association, *America in Transition: The International Frontier*, 1989).

지리적 정보는 경제발전을 진흥하고 천연자원에 대한 관리를 개선하며 환경을 보호하는 데 대단히 중요하다(Presidential Executive Order, Coordinating Geographic Data Acquisition and Access: The National Spatial Data Infrastructure, April 11, 1994).

매우 넓은 의미에서, 지리적 문맹에 대한 높아진 관심으로 인한 이러한 요청의 이면에는 우리의 국가적 복지가 글로벌 시장과 국제 정치적 발전, 사회적 담론에서 지속적으로 중요하게 다루어지고 있는 환경 이슈들, 지도와 기타 공간 다이어그램과 같은 그래픽 이미지를 강조하는 컴퓨터 및 통신 기술의 출현 등과 관련되어 있다는 대중적 인식의 증대가 자리 잡고 있다.

이러한 높아진 관심의 결과 중 하나는 미국에서 지리교육의 중요성을 재발견한 것이다. 지리는 최근 들어 국가적 교육개혁을 위한 일련의 정책적 논의와 입법 제안에서 과학 및 수학과 동등하게 미국 학교의 핵심 교과목으로서 인정받고 있다. 이들 논의와 제안에는 1989년 10월 50개 주(州)의 주지사들과 부시(G. Bush) 대통령이 소집한 샬로츠빌(Charlottesville) 정상회의 보고

지리학의 재발견

서, 부시(G. Bush)와 클린턴(B. Clinton) 두 행정부의 교육개혁안, 1994년 3월 미국 의회에서 통과한 '**목표 2000: 미국교육진흥법**'■2 등이 포함된다.

지리학은 대학생들에 의해서도 재발견되어 왔다. 1986/1987년에서 1993/1994년에 이르는 기간 동안 미국 대학의 학부에서 지리학 전공자의 수가 전국적으로 47%가량 증가하였으며, 박사학위를 수여하는 지리학과에서는 약 60%가 늘어났다. 1985년과 1991년 사이에 지리학과 대학원 과정의 등록생 수는 33.4%나 증가하였는데, 이는 사회과학 분야의 15.3%의 증가와 환경학 분야의 5.4%의 감소와 대비된다(그림 1.1을 참조할 것).

이러한 재발견의 과정은 연구 공동체에도 반영되어 왔다. 계획학, 경제학, 금융학, 사회이론, 역학, 인류학, 생태학, 환경사학, 보전생물학, 국제관계학 등과 같은 다양한 선도적 학문분야의 연구는 지리적 관점의 중요성을 강조하고 있다(예를 들어, Giddens, 1984; Cliff and others, 1986; Forman and Godron, 1986; Krugman, 1991; Soule, 1991; Ruggie, 1993). 지리적 관점의

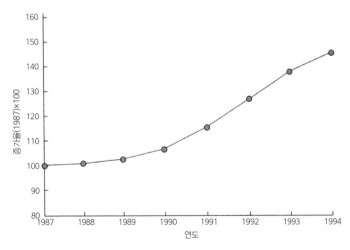

그림 1.1 1987~1994년 미국의 지리학 학부의 등록생 수

2. P.L. 103/227, March 31, 1994.

중요성이 장소와 규모(scale)와 같은 개념의 중요한 의미를 인식하는 것을 통하여 여러 많은 학문분야에서 인정을 받고 있으며, 지리학의 영향력은 상대적으로 소규모인 전문적 실무 연구자의 집단을 뛰어넘어 확대되고 있다.

상대적으로 소규모인 지리학 분야와 연관된 관점과 지식 그리고 도구에서의 이러한 점점 높아지고 있는 강조로 인하여, 과학 공동체에 몇 가지 물음이 제기되고 있다. 가장 직접적으로는 지리학이란 과연 무엇이며, 지리학은 사회 및 과학의 광범위한 관심사와 어떻게 연결되느냐는 것이다. 또한 지리학이 교육과 의사결정에서 한층 더 중요한 역할을 수행해야 한다면, 그 확대된 책임을 지원하기 위하여 지리학의 과학적 기반을 강화할 필요가 있느냐는 것이다.

이러한 물음을 염두에 두고서, 1993년에 국가연구위원회(NRC)는 미국에서 지리학에 관한 종합적인 평가를 수행하기 위하여 '지리학재발견위원회(RGC)'를 설치하였다. 이 평가의 목적은 다음과 같다.

1. 지리학 분야의 주요 이슈들과 제약 사항들을 확인하고,
2. 교육과 연구를 위한 우선순위를 명확히 하며,
3. 과학으로서 지리학의 발전을 지리교육에 대한 국가적 필요와 연결시키고,
4. 과학 공동체 내에서의 지리학에 대한 이해를 제고하고,
5. 미국에서 지리학 분야의 미래 발전 방향에 대하여 국제 과학 공동체와 소통하기.

1.1 책의 맥락

이 평가는 지리학 분야 안팎에서 여건상 폭넓은 변화가 일어난 시기에 이루어졌다. 결과적으로 **변화**는 위원회가 숙고한 중심 주제가 되었다. 이러한 숙고가 이 책에 결과로 나타나게 되었는데, 이 책은 지리학 분야에 대한 국가연구위원회(NRC)의 과거 평가와 상당히 다르다.■3 이전의 평가들은 내부적으로 지리학의 패러다임과 용어에 초점을 맞추었다. 이와 달리, 이번 책은 광범위한 국가 및 글로벌 이슈를 향하여 초점을 맞추고 있다. 즉, 이들 이슈를 논의하는 데 도움을 주는 지식과 관점 그리고 기법의 총체로서 지리학의 잠재력과 이들 이슈에 대응해야 할 학문으로서 지리학의 역량에서의 제약 등에 초점을 맞추었다. 이 책은 그러한 이슈들에 대한 지리학의 관련성을 과학 공동체 및 정책결정 공동체에 접목시키고, 과학 공동체 및 정책결정 공동체와의 연계를 강화하는 데 지리학 분야 자체를 지원하고, 외부의 기대에 대한 지리학의 대응에서 과학적 지식과 기능의 역할을 집중적으로 조명하기 위하여 서술되었다.

이 책을 이러한 시각에서 고찰하기 위해서는 위원회가 고려한 변화들을 검토할 필요가 있다.

1.1.1 사회에서의 변화

지난 수십 년 동안 미국 사회는 글로벌 지정학적, 정치 경제적 그리고 환경적 변화로부터 큰 영향을 받아 왔다. 이러한 급격한 변화의 시기에 구소련과 중부 유럽에서의 정치적 그리고 경제적 개혁은 거의 반세기 동안 국제관계를

---

3. 예를 들어, 1960년대의 지리학에 대한 국가연구위원회(NRC)의 평가인 **지리과학**(The Science of Geography)(NRC, 1965)과 **지리학**(Geography)(Taaffe et al., 1970)을 비교해 보라.

지배한 냉전을 종식시켰다. 태평양 연안 지역과 서부 유럽은 국제적 시장과 미국 국내 시장에서 잠재적 경쟁자로 부상하였으며, 미국의 무역수지와 미국의 일자리에 대한 새로운 관심을 불러일으켰다. 여러 많은 지역, 즉 동부 유럽, 인도, 중국, 멕시코, 남아프리카 그리고 기타 등지에서 시장 개혁과 민주화는 국제적 정치경제 관계를 변화시켜 왔다. 지구 오존층이 얇아지고 있다는 과학적 증거는 글로벌 환경변화에서의 추이에 새로운 민감성을 초래하였으며, 우리의 자연환경이 가속적인 변화를 겪고 있다는 보다 많은 증거들, 예를 들어 토양 및 물의 오염, 산림 황폐화 그리고 사막화 등은 '지속 가능한 개발'에 대한 보편적 관심을 야기하였다. 사실, 국지적이든 멀리 떨어져 있든 간에 환경변화에 대한 불안은 전 세계적으로 정책의제와 시장상황에 전례 없는 충격을 주고 있다. 더군다나 기술변화는 1991년 걸프전쟁 동안에 강력히 시현된 것처럼, 정보의 전달 및 소통에 변혁을 가져왔다. 세계사에서 이와 같은 폭넓은 근본적인 변화가 나타난 시기는 거의 없었다. 비록 이러한 변화들은 교과목으로서의 지리에 기꺼운 관심을 집중시켰지만, 학문분야로서의 지리학은 규모와 여타 제약들 때문에 지리적 지식과 관점, 기법이 이러한 변화하는 여건에 대처하고 번영하도록 국가의 능력을 높이는 데 기여를 하지 못하고 있다.

1.1.2 사회와 과학 간의 관계 변화

미국 사회는 전통적으로 규정된 과학의 지혜 및 가치에 대하여 점점 의구심을 키워 왔다. 그 하나의 이유는 과학의 진보가 인간의 생존 조건의 진보와 일치하지 않았기 때문일 수 있다(예를 들어, Handler, 1979). 또 다른 이유는, 사회는 과학이 불확실성을 낮추어 줄 것으로 기대하고 있지만, 많은 경우 과학은 오히려 불확실성을 높여 왔기 때문일 수도 있다. 어쨌든 간에 과학은 오늘

지리학의 재발견

날 연구와 교육을 지원하는 공적 자금이 점점 부족해지고 있는 동안 그것을 벌충해야 할 책임을 지고 있다(NRC, 1993a). 적어도 지금은 과학에 대한 대중의 지지가 국가의 경제 성장률보다 빠르게 증가할 것으로 예상할 수 있는 시대는 종언을 고하고 있으며(Gibbons, 1994), 과학은 인간의 생존 조건을 개선함에 있어 그 유용성에 비추어 평가되고 있다(OSTP, 1994). 비록 지리학이 이러한 시각에서 사고하는 학문분야로서는 익숙하지 않지만, 기초연구와 사회적 이슈 간에 비교적 밀접한 연계의 역사를 갖고 있다. 이러한 경험은 과학에 대한 지원을 위한 새로운 조건하에서 지리학 자체뿐만 아니라 과학 공동체에도 유용할 수 있다.

1.1.3 사회와 지리학 간의 관계 변화

지리학을 둘러싼 외부 환경에서 변화의 가장 극적인 암시는 아마도 미국 역사상 처음으로 지리교육에 대한 강력한 풀뿌리 수요의 출현일 것이다. '목표 2000: 미국교육진흥법'의 역사를 검토하지 않더라도, 지리가 학문 자체로서 지리학을 넘어서서 확대되고 있는 유치원에서 고등학교 3학년(K-12)에 이르는 수준에서 교육적 필요를 충족시켜 달라는 요구를 받고 있는 것은 명백하다. 여러 많은 측면에서 지리는 학생들이 현대 세계의 상호 연결성에 대하여 폭넓게 배울 수 있는 일종의 우산처럼 여겨지고 있다. 이러한 집중 조명이 지난 수십 년 동안 거의 주목을 받지 못했다고 느끼는 지리학 분야의 입장에서는 커다란 환영을 받고 있으나, 연구를 지원하는 대부분의 대학과 기관들은 현재 심각한 재정적 압박에 직면해 있으며, 이러한 재정적 압박은 이들이 한층 큰 과학 분야와 동등하게 높아진 지리학의 기대에 부응하여 요구되는 자원을 제공할 능력을 제약하고 있다.

1.1.4 지리학 자체 내에서의 변화

마지막으로, 국가연구위원회(NRC)의 과거 평가 이후 미국의 지리학은 점점 더 커지고, 점점 더 큰 명성을 얻어 왔다. 예를 들어, 1960년 이래 미국지리학회(AAG)의 소속 회원 수는 2,000명에서 7,000명 이상으로 증가하였으며, 국립과학아카데미(National Academy of Sciences)에 선출된 지리학자의 수도 0명에서 8명으로 늘어났다. 지리학은 학문분야로서 그 중심적 취지를 변화시켜 왔는데, 1993/1994년 미국지리학회(AAG) 회장이었던 로버트 케이츠(Robert Kates)가 강조한 방향, 즉 지리적 문해력의 향상, 지리학이라는 학문의 사회적 필요와의 연계 강화, 다른 학문분야와의 관계 심화 등을 향하여 움직여 왔다(Kates, 1994a). 지리학은 연구 의제에서 보다 이슈 지향적으로 되었으며, 연구과제의 도덕적 차원에 한층 더 큰 관심을 기울여 왔다.■4 미국지리학회(AAG)와 내셔널지오그래픽협회(NGS)와 같은 주요 지리학 단체들은 한층 긴밀한 관계를 맺고 움직여 왔으며, 지리학과 관련된 모든 국가적 기관 단체들, 즉 미국지리학회(AAG), 내셔널지오그래픽협회(NGS), 국가지리교육위원회(National Council for Geographic Education: NCGE), 미국지리협회(AGS) 등은 지리교육의 국가적 실행 프로젝트를 통하여 지리교육에 대한 이니셔티브를 촉진하기 위하여 협력해 왔다.

지리학 내에서의 이러한 많은 변화들은 그 자체로 사회 변화에 대한 대응이며, 그러한 변화의 일부는 전문적 지리학자들이 지식을 모색하는 방식에 적잖은 영향을 미쳤다. 이 책은 과학으로서 지리학에 관한 것이지만, 이러한 초점은 그 자체로 한 세대 전에 있었던 일과는 크게 다르다(자료 1.1을 참조할 것).

---

4. 사회에 대한 많은 도덕적 과제들을 조사할 수 있는 과학적으로 유효한 방법을 제공하는 연구라는 의미에서 말하는 것이다.

이와 동시에 (다른 학문분야와 마찬가지로) 지리학은 연구와 교육을 위한 자원에 대한 접근성에 의해서도 형성되어 왔다. 예를 들어, 1960년대 후반과 1970년대 초반에 걸쳐 미국의 사회 및 환경 문제에 초점을 맞추게 됨으로써, 해외 지역연구에 대한 재정적 지원이 급격히 감소한 사실과 결합하여, 다른 외국의 현지조사를 추구하는 젊은 미국인 지리학자들의 비율은 감소하였다. 또한 정보 수집과 분석 그리고 표현 기술의 중요성이 급속도로 높아짐에 따라, 많은 지리학 연구 분야에서 선도적 지위를 유지하는 데에는 많은 비용이 들게 되었다.

자료 1.1

학습에 대한 지리학의 접근방법

변화의 세계에 휩쓸리면서, 지리학은 지식을 추구하는 방식, 다시 말해 그 인식론을 확장하고 다양화해 왔다. 1960년대에 전통적인 과학적 방법의 등장으로, 주제와 학문분야 모두에서 이론이 새롭게 강조되었으며, 이러한 전통은 그 이후 특히 자연지리학에서 성숙하고 발달하였다. 한편, 사회과학과 인문학 분야에서 탐색되고 있는 또.다른 접근방법의 완전한 보완이 지리학에서도 나타났는데, 이는 부분적으로 지리학의 주제가 너무나도 폭넓고 부분적으로 지식을 향한 특정 경로와 결부된 중립성 또는 객관성에 대한 주장과 관련하여 조사연구 세계를 가로질러 제기되는 관심 때문이었다. 예를 들어, '사회이론'은 역사적 과정에 대한 사회적 맥락을 강조하면서 지리학 연구에 큰 영향을 미쳤으며, 지리학자들은 모든 '과학적' 이론과 관찰이 사회적으로 구성되며 모든 해석이 분석자의 사회적 맥락에 따른다는 논의와 씨름해 왔다(제3장의 마지막 절인 '지리적 인식론'을 참조할 것). 전문적 지리학자들은 또한 과학적으로 의도하지 않았지만, 인문학에 기반을 둔 연구를 수행하고 있다. 그러한 연구로부터 얻은 통찰은 종종 과학으로서 지리학에 대한 귀중한 아이디어의 원천이며, 이 통찰은 지리학자들에게 이해를 추구함에 있어서의 상상과 서사의 힘을 상기시켜 준다.

이 책은 결과를 도출하기 위하여 사용된 과정보다는 연구 결과의 관련성을 강조하면서 과학으로서 지리학의 절충적 그리고 포괄적 관점을 취한다. 이는 오늘날 많은 과학에 스며들어 있는 위원회의 견해를 반영하며, 이해를 향한 다중 경로는 탐구할 가치가 있으며, 학습에서의 돌파구는 많은 서로 다른 경로 간의 대화를 통하여 촉진될 것이다.

종합하여, 이러한 변화들은 매우 심대할 뿐만 아니라 새로운 것으로, 새로운 세기를 바라보면서 위원회는 그 임무가 새로운 기반을 모색하는 것을 요구받고 있다고 생각하였다.

1.2 책의 범위

위원회에 제기된 또 다른 이슈는 지리학이라는 학문분야에 대한 외부의 기대라는 측면에서, 그 관련성에 대한 해석이었다. 위원회는 협의로 규정된 (예를 들어, 해외 지역에 대한 기본적 사실을 전달하는 지리학의 역할) 지리학 임무의 범위를 지리적 문맹에 국한하기보다 20세기가 끝나감에 따라 지리학의 한층 더 광범위한 사회적 그리고 과학적 도전과 기회와의 현재적 그리고 잠재적 연계를 검토하였다.

이러한 한층 광범위한 의제의 한 예로, 국립과학재단(NSF)은 최근 대통령 직속 국가과학기술위원회(National Science and Technology Council, 1994)가 파악한 미국의 국가 목표와 결부된 연구, 교육 그리고 정보전달의 여덟 개 전략 분야를 확인하였다. 그 가운데 다섯 가지는 지리학이 중심적 기여자가 되어야만 하는 분야이다. 글로벌 변화 연구, 환경 연구, 고성능 컴퓨팅 및 통신(예를 들어, 지리정보시스템과 시각화), 민간(공공) 인프라 시스템, 그리고 미국교육진흥법(Educate America Act)과 일치하는 과학, 수학, 공학, 기술 교육이 그것이다. 또한 지리학은 환경 및 사회 이슈, 자원 이용, 입지결정, 기술이전 등에 대한 학문적 초점을 통하여 생명공학, 첨단 소재 및 공정, 고등제조기술과 같은 여타 세 가지 분야와도 한층 미묘한 방식으로 관련을 맺고 있다.

이와 동시에, 과학은 이러한 이슈들과 이러한 이슈들을 강조하는 보다 기본적인 물음에 대한 우리의 이해를 제고하고자 추구하기 때문에, 개념적으로 유사하게 보이는 광범위한 학문분야를 가로지르는 일정한 근본적 이슈들에 직면한다. 과학의 일부로서 지리학은 거시적 그리고 미시적 현상 및 과정 간의 관계[5], 복잡계(complex system)에 대한 이해[6], 복잡성을 이해하기 위한 통합적 접근방법의 개발, 형태와 기능 간의 관계를 이해하는 것 등과 같은 몇 가지 이슈들과 깊이 연관되어 있다.

이 책은 과학 분야의 이러한 종류의 이슈들뿐만 아니라 사회의 핵심적인 이슈들에 대한 지리학의 현재적 그리고 잠재적 관련성을 검토하고자 한다.

1.3 책의 내용

이상과 같은 물음에 답을 제시하기 위하여, 이 책의 제2장은 미국 및 국제 사회의 주요 이슈에 대한 지리학의 관련성과 관련하여 몇 가지 간략한 사례들을 제시하며, 이어지는 장(章)의 토대를 마련하고자 한다. 제3장에서는 이러한 이슈와 여타 이슈를 논의함에 있어서 지리학의 관점을 정리하고, 제4장에서는 지리학의 연구 기법들을 기술하고자 한다. 그리고 제5장과 제6장은 우선 중요한 이슈와 연관된 과학적 이해와, 뒤이어 그러한 이슈와 관련한 의사결정에 기여하는 지리학의 잠재력을 다소 자세히 논의하고자 한다. 제7장

---

5. **거시적 규모(scale)와 미시적 규모**는 때때로 로컬−글로벌 연속체(local−global continuum)로 일컬어지는 공간 지리적 규모의 연속체에 있어 종착지를 말한다. 이 연속체는 그 범위가 국지(예를 들어, 마을 또는 도시구역)에서 지구(즉, 지구의 규모)에까지 이른다. 지리학자들은 일반적으로 이 연속체를 미시 규모, 중간 규모, 거시 규모의 세 부분으로 나누고 있다. 이것들은 통상적인 용례에 따라 국지(지방), 지역, 지구 규모와 대체로 일치한다.

6. **복잡한(complex)**이라는 용어는 비선형(즉, 곱셈 또는 지수)적이거나 혼돈스러운(즉, 예측할 수 없는) 행태를 나타내는 과정 혹은 시스템을 기술하는 데 사용된다. 지리학자들이 연구하는 많은 과정들(예를 들어, 기후, 하계망, 생태계 그리고 경관체계 등)은 복잡한 행태를 보여 주고 있다.

지리학, 지리학자, 지리적: 명칭 속에 무엇이 담겨 있는가?

이 책의 제3장과 제4장에서 논의된 지리학의 지식과 관점 그리고 기법(즉, 지리학의 주제)은 여러 많은 과학 분야에서 폭넓게 응용되고 있으며, 이것들은 전문적 지리학자들만이 활용하고 있는 것이 아니다. 지리학의 과학 및 사회와의 관련성에 대한 평가를 준비하면서, 위원회는 이 주제(subject matter)에 초점을 맞추었다. 왜냐하면, 그것은 학문 자체보다 고양되고 있는 외부 관심의 본질이 되고 있기 때문이다.

이 책에서 사용된 사례들은 위원회가 가장 익숙한 지리학 문헌에서 주로 찾아 가져온 것으로, 물론 몇몇 참고 자료들은 비록 지리학의 주제에 관한 것이지만, 스스로는 지리학자로 여기지 않거나 자신의 저술을 '지리적'이라고 언급하지 않은 학자들의 저술에서 가져온 것이다. 위원회는 학문분야로서 지리학의 경계를 정의하는 노력을 전혀 하지 않았는데, 왜냐하면 학문적 경계란 모호하고 지리학을 전공하지 않는 이 책의 독자들에게는 큰 흥밋거리일 수 없기 때문이다. 위원회는 다른 학문분야의 지리적 저술을 지리적 저술이라고 주장함으로써 학문분야로서 지리학의 확장된 경계에 관한 주장을 제시하고자 시도하지도 않았다. 오히려 위원회의 의도는 지리학의 주제가 어디에서 이루어졌든 간에 그 응용을 설명하려는 데 있으며, 이렇게 함으로써 지리학의 다른 과학 분야와의 상호 연계성 — 이러한 연계성은 아이디어와 개념 그리고 기법의 흐름을 촉진한다 — 을 입증하고, 소규모의 학문 종사자 집단을 뛰어넘어 지리학의 강력한 영향력을 보다 강화하려는 것이다.

이 책에서 위원회는 **지리학**이라는 용어를 학문분야와 그 주제를 언급하기 위하여 사용하고 있으며, 주제의 일부는 다른 자연과학 및 사회과학 분야와 공유되고 있다. **지리학자**라는 용어는 학문상의 훈련이나 여타 전문적 경험을 통하여 학문분야의 지식과 관점 그리고 기법에 관한 전문지식을 습득한 지리학자들을 지칭하는 데 사용된다. **지리적**이라는 용어는 지리학의 주제를 다른 학문분야로부터 구별하기 위하여 사용된다.

은 미국에서 교육개혁을 지지하는 전례 없는 요구를 포함하여 지리학에 제기된 변화에 효과적으로 대응하려면 지리학의 기반 강화가 필요하며 이를 위해 연구 및 학습 이니셔티브가 필요함에 대해 정면으로 다루고자 한다. 마지막으로 제8장은 연구와 교육 그리고 홍보와 관련된 위원회의 결론 및 권고 사항을 제시하고자 한다.

위에서 언급하였듯이, 이 책은 부분적으로 학문분야로서 지리학보다는 지리학의 주제에 관한 비(非)지리학자의 관심과 우려를 논의하기 위하여 집필되었다(자료 1.2를 참조할 것). 이 책은 지리학 자체를 알리기 위하여 지리학의 현재적 동향을 검토하지 않는다. 이 책은 미국 지리학의 역사를 기술하거나 미국의 지리학사가 다른 나라의 지리학사와 어떻게 다른지에 관해 기술하는 것이 아니다. 이 책은 논의되고 있는 이슈에 대한 학문적 합의에 관한 진술이 아니다. 이 책은 지리학 문헌에 관한 포괄적인 논평을 제시하지 않는다. 사실상 위원회는 최소 기준을 유지하도록 의식적으로 노력하였다.■7

그 대신에, 이 책은 국가적 집중 조명에서 지리학의 새로운 위상에 관하여 궁금해하는 광범위한 청중들을 대상으로 하여 저술되었다. 이 책은 지리학이 21세기의 문턱에서 과학과 사회의 이슈에 기여할 수 있는 방법에 관한 위원회의 합의를 반영하고 있다.

---

7. 지리학 문헌에 관한 보다 자세한 정보는 애블러 등(Abler et al., 1992)과 게일리 및 윌모트(Gaile and Willmott, 1989)를 참조하라.

제2장

지리학과 주요 이슈

대다수의 미국인에게 지리학은 지명(地名)에 관한 학문으로 인식되고 있다. 지리적 무지에 대한 우려는 대개 사람들이 세계지도에서 도시나 국가 그리고 하천 등이 어디에 위치해 있는지를 찾을 수 없다는 사실에 초점을 맞추고 있으며, 지리 수업은 종종 세계의 멀리 떨어져 있는 지역에 대한 정보를 전달하는 것과 동일시되고 있다. 이러한 관점에서 볼 때, 지리학이 20세기 후반에 사회가 직면하고 있는 여러 많은 중요한 이슈들과 관련되어 있다는 사실은 적잖은 사람들에게 놀라울 것이다.

　실제로 지리학자들과 지리적 지식과 관점을 활용하고 있는 그 밖의 많은 사람들은 환경변화로부터 사회갈등에 이르기까지 다양한 문제들에 대한 가치 있는 연구와 교육에 관여하고 있다. 이러한 활동의 가치는 진화하는 지표면의 특성과 조직, 공간상의 자연 및 인문 현상의 상호작용이 독특한 장소와 지역을 창출하는 방식 그리고 그러한 장소와 지역이 폭넓은 자연적, 인문적 사건과 과정에 미치는 영향에 대한 지리학의 초점으로부터 파생하고 있다. 이러한 관심사들은 멀리 떨어져 있는 장소에 대한 백과사전적 지식을 확장하는 단순한 연습이 아니며, 오늘날 의사결정자 앞에 놓여 있는 가장 시급한 논제들 중 몇 가지 핵심에 해당하는 것들이다. 즉, 오늘날 세계의 여러 지역에서 가속화되고 있는 환경 악화의 속도에 사회가 어떻게 대응해야 하는가? 빈부격차가 커지고 있는 근본적 원인 및 그에 따른 결과는 무엇인가? 글로벌 기후체계를 주도하는 메커니즘은 무엇인가? 최근 몇 년 동안 발생한 극심한 홍수의 원인은 무엇이며, 사회는 이러한 사건들에 어떻게 대처할 수 있는가? 기술의 발전이 경제 및 사회 체계를 어떻게 변화시키고 있는가? 등이다.

이와 같은 물음에 해답을 제시하는 것은 어느 한 학문분야의 능력과 통찰을 넘어서는 일이다. 거기에다 각각의 물음은 근본적인 지리적 차원, 곧 사회의 위험에서 무시되고 있는 차원을 내포하고 있다. 지리적 관점은 과정과 현상에 대한 장소 및 공간의 중요성과 관련되어 있다(보다 자세한 논의는 제3장을 참조할 것). 지리적 관점은 다음과 같은 질문에 동기를 부여한다. 특정 현상들이 왜 몇몇 장소에서만 나타나고 다른 장소에서는 나타나지 않는가? 식생이나 노숙자 혹은 언어 특성의 공간적 분포가 자연적 그리고 인문적 과정이 어떻게 작용하는지에 관하여 우리에게 무엇을 말해 주는가? 동일한 장소에서 나타나는 현상들은 어떻게 서로 영향을 미치며, 서로 다른 장소에서 나타나는 현상들은 어떻게 서로 영향을 미치는가? 어느 한 지리적 규모에서 작동하는 과정은 다른 규모에서 작동하는 과정에 어떻게 영향을 미치는가? 정치적, 사회적, 경제적 또는 환경적 변화에 영향을 미치거나 그러한 변화를 회피하고자 하는 노력에 위치의 중요성은 무엇인가?

현대에서 수많은 사회적으로 '주요 이슈들'에 대하여 지리적 관점이 얼마나 중요한지에 관해서는 아래 절(節)에서 몇 가지 선정된 사례를 통하여 설명하고자 한다.

2.1 경제적 건전성

1990년대에 미국 사회가 지리학에 큰 관심을 보이게 된 주된 이유는 아마 미국의 일자리와 소득 및 사업 기회가 글로벌 시장과 연결되어 있다고 하는 감각 때문일 것이다. 미국은 모든 국가가 세계 소비자들이 원하는 제품과 서비스 제공에 있어서 경쟁 우위를 차지하려고 하는 글로벌 경제 구조조정이라는 매우 중요한 과정에 휩싸여 있다. 미국의 일반 국민들은 전 세계에서 가장 높은 평균 생활수준을 더 이상 유지하지 못하고 있으며, 많은 국민들은 새로운 경제상황에 대응함에 있어서 다른 나라들이 미국보다 한층 좋은 일자리를 얻고 있다고 믿고 있다. 더욱이 미국의 도시와 지역들은 냉전의 종식과 함께 군비 지출의 감소와 환경적 지속 가능성에 대한 관심의 증가라는 글로벌 경제변화의 또 다른 측면에 직면하고 있다.

지리학이 나머지 세계에 대한 정확하고 시의적절하며 유용한 정보의 흐름을 보장할 것으로 기대되지만, 지리학은 장소에 관한 사실 저장소 그 이상의 학문이다. 예를 들어, 지리학은 다음과 같은 것들을 질문한다. 상품과 화폐, 정보, 권력 등이 어떻게 그리고 왜 한 곳에서 다른 곳으로 이동하는가? 어느한 장소의 어떤 특성이 다른 특성보다 장소를 경제적으로 한층 양호하게 작동하게 하는가? 경제발전을 향상시키기 위하여 국가적, 지역적 또는 국지적 규모에서 취할 수 있는 가장 효과적인 조치들은 과연 무엇인가? 글로벌 경제변화는 글로벌 환경변화와 어떻게 관련되는가? 등이다.

지리학자들은 장소와 공간에 초점을 맞춤으로써 글로벌 경제변화를 이해하고 이에 대응하는 데 기여하고 있다. 이러한 맥락에서 장소(입지)와 공간(서로 다른 규모에서의 입지 간의 연결)은 경제 변화 및 발전에 영향을 미친다. 예를 들어, 글래스마이어와 아울랜드(Glasmeier and Howland, 1995)는 농촌지역의 특수성뿐만 아니라 농촌지역 간의 사회적, 경제적, 사회적 그리고 지리적 차이를 인식하여, 미국 농촌지역의 성장에 선진 정보기술이 미치는 영향을 연구하는 데 이질적이며 급성장하는 서비스 부문을 사용하였다. 지리학자들은 국가를 어느 한 모자이크의 조각으로서뿐만 아니라 모자이크 자체로서도 바라보고 있는데, 다시 말해 지리적으로 다양한 국지적 지식과 자원의 조합으로서 살펴보고 있다. 지리학자들은 지역의 정치적, 사회적, 환경적 조건 및 과정 간의 복잡한 관계를 이해하기 위하여 생산비용과 제품시장에 대한 지역적 추정치를 뛰어넘어 고찰하고 있다. 예를 들어, 마커슨(Markusen, 1987)은 역사적 그리고 지리적 맥락에서 정치적 운동과 경제구조를 연관시키기 위하여 미국 내 지역과 지역주의의 경제사 및 정치사를 검토하였다. 지리학자들은 특정 장소와 글로벌 변화 및 흐름 간의 연결에 영향을 미치는 요인으로서 입지를 조사 분석한다.

실행되고 있는 지리적 관점의 훌륭한 사례는 앤 마커슨(Ann Markusen)과 피터 홀(Peter Hall)이 주도한 미국 지역경제의 성장과 군비지출 패턴 간의 관계를 분석한 것이다(Markusen et al., 1991). 이 분석은, 공적 재정을 지원받은 산업 생산이 생산의 분산화와 방위산업 청부업체, 군청(軍廳) 그리고 미의회 예산결정 간의 관계의 중요성 등과 같은 전략적 고려 때문에 민간에서 자본을 투자하는 산업 활동과는 상이한 지리적 패턴을 갖고 있음을 제시하였다. 한 걸음 더 나아가, 군비지출은 시기에 따라 각기 다른 지리를 나타내고 있지만 각 시기의 지출이 공간적으로 상당히 집중되어 있음을 보여 주었다. 예를 들어, 제2차 세계대전과 한국전쟁 그리고 베트남전쟁과 같은 '열전(熱戰)'은 미국 동북부와 중서부에 있는 기존 산업 중심지의 명성을 강화시킨 반면, 냉전에 따른 지출 패턴은 미국 남부와 서부 그리고 뉴잉글랜드 지역으로 군사 조달을 전환하는 경향을 나타냈다. 이러한 집중으로 인하여 군비 지출에 의존하는 기존 지역들은 국가가 시기에 따라 군비 지출을 이동시킬 때 이에 적응하기 어렵게 되었다.

이러한 연구 결과는 연방정부가 방위산업에 의존적인 지역사회가 공장 및 시설 폐쇄에 적응하도록 지원하는 프로그램 수립의 중요성과 국방비 지출 삭감에 따른 다른 영향을 인식하는 데 큰 도움을 주었다. 예를 들어, 이러한 연구 결과는 주 및 지방 경제개발 관리들에게 주민들의 재취업 전략과 공장 및 시설의 재활용 여부 등에 관한 교육을 행하는 이니셔티브를 촉진하는 데 영향을 미쳤다.

2.2 환경파괴

20세기가 끝나가는 오늘날, 인간을 지탱하는 자연환경을 인간이 회복할 수 없을 정도로 파괴하고 있다는 우려가 커지고 있다. 인간의 광범위한 활동이 산업 및 농업 활동의 결과에 따른 공기와 토지 그리고 물의 오염을 포함하여 이러한 환경파괴의 원인이 되고 있다. 세계의 수많은 지역에서 공기의 질은 식물 및 동물 군집이 위협을 받고, 인류의 건강 또한 위협을 받는 상황으로까지 악화되었다. 농업에서 비료와 살충제의 과도한 사용과 토양 속에 저장할 수밖에 없는 폐기물의 증가는 지표면의 질을 손상시키고 있다.

환경파괴 문제를 이해하고 해결하기 위해서는 특정 오염물질을 물리적으로 분석하거나 의사결정 구조를 제도적으로 분석하는 것 이상을 요구한다. 그것은 또한 지리적 분석을 필요로 한다. 오염산업이 특정 입지에 집중하는 이유는 무엇인가? 공장이나 폐기장을 떠난 오염물질은 어디로 이동하는가? 오염산업과 유해 폐기물 처리시설이 입지할 최적의 장소는 어디인가? 정치적 패턴과 환경적 패턴 간의 관계는 무엇이며, 이 둘 간의 괴리는 환경파괴에 대처하기 위한 노력에 어떻게 영향을 미치는가? 이러한 종류의 지리적 질문에 답변하기 위해서는 오염의 공간적 특성과 장소의 함수로서 사람과 환경

　　　　　　　　　　　　　　　　　　　　지리학의 재발견

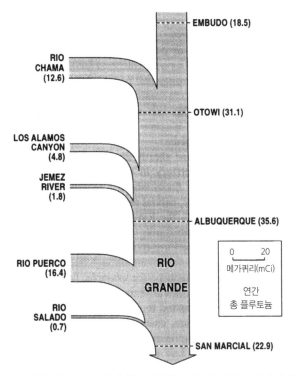

EMBUDO (18.5)

RIO
CHAMA
(12.6)

OTOWI (31.1)

LOS ALAMOS
CANYON
(4.8)

JEMEZ
RIVER
(1.8)

ALBUQUERQUE (35.6)

RIO PUERCO
(16.4)

RIO
GRANDE

RIO
SALADO
(0.7)

0   20
메가퀴리(mCi)

연간
총 플루토늄

SAN MARCIAL (22.9)

그림 2.1 미국 뉴멕시코 북부 리오그란데강(江) 북쪽의 퇴적물에 부착되고 물에 용해된 플루토늄
의 흐름. 강으로 유입되는 플루토늄의 연간 기여도는 대부분 낙진과 로스알라모스 계곡으로부터 연
유하는 산업적 기여분에 따르고 있다. 화살표의 넓이는 수계를 통한 플루토늄 이동 규모를 나타낸
다. 리오그란데강의 주요 강줄기를 통한 흐름을 표현하는 화살표는 하류 방향으로 가면서 그 크기
가 감소하고 있는데, 이는 플루토늄이 하천 수계에 저장되고 있음을 나타낸다. 출처: 그래프(Graf,
1994).

간의 역동적 상호작용에 관한 세심한 분석을 필요로 한다.

하나의 사례로, 맨해튼 프로젝트[1]가 진행되는 동안과 종료 직후, 미국 뉴
멕시코주(州) 북부에 위치한 로스앨러모스국립연구소(Los Alamos National
Laboratory)의 근로자들은 인근 협곡 바닥으로 일부 플루토늄을 방출하여,
이들 플루토늄이 토사 입자에 점착하게 되었다. 그 후 수십 년 동안 자연적 과

---

1. 맨해튼 프로젝트(Manhattan Project)는 제2차 세계대전 동안 최초의 핵무기를 개발하기 위한 폭탄
   제조계획이었다.

정을 거쳐 퇴적물의 일부와 이들 퇴적물에 점착된 플루토늄이 리오그란데강 (江)으로 이동하게 되었으며, 이는 환경 및 건강상의 재난에 대한 우려를 불러일으켰다(Graf, 1994). 일반 하천 수계를 통한 플루토늄의 흐름을 지리적으로 분석한 결과, 연평균 기준으로 수계를 통하여 이동하는 플루토늄의 90% 는 예를 들어 핵실험에서 나온 낙진과 같이 실험실의 방출 이외의 출처로부터 기인하는 것으로 밝혀졌다(그림 2.1을 참조할 것). 그러나 몇몇 중요한 기간 동안에는 실험실에서 유출된 플루토늄의 기여도가 전체의 약 86%에 달하였다. 그런데 배출원이 어떻게 되었든 간에 플루토늄의 양과 흐름을 분석한 결과, 강으로 유입되는 플루토늄의 절반만이 수계를 통하여 운반되고 있다는 사실이 밝혀졌다. 나머지 절반은 수계 자체에 저장되고 있었으며, 특히 플루토늄이 먹이사슬 상단의 어느 지점에 집적되는 경우에는 2만 4,000년의 반감기가 잠재적 위험으로 남아 있게 된다.

이러한 저장된 유해 물질의 위치는 실제로 수계의 공간적 메커니즘에 의해 제어되고 있다. 리오그란데강 북부에서는 침전물로 흡수된 플루토늄은 대개 범람원의 퇴적층과 하도의 충적층 그리고 하천 수계로의 유입지점 부근의 저수지 퇴적물 등에 저장되어 있다. 이들 퇴적층 속의 플루토늄 농도는 물이 흐르는 하도의 퇴적층 속의 농도에 비하여 1~2배가량 높은 편이다. 이러한 방식으로 특정한 그리고 국지적인 지형적 과정을 이해함으로써 환경적 재난을 정확히 파악하고, 이를 통하여 위험 평가 및 완화 조치를 향상시킬 수 있다.

2.3 민족분쟁

지난 수십 년 동안 민족분쟁은 수많은 도시와 국가 그리고 세계 각 지역의 사회적 그리고 정치적 기존 질서를 훼손시켰다. 민족 집단 간의 갈등은 다양한 규모에서 나타나고 있으며, 몇몇 경우에는 심대한 인도주의적 위기를 불러일으키고 있다. 그 결과, 민족분쟁은 과학 공동체 및 정책 결정 공동체의 주목을 점점 더 끌게 되었다. 민족분쟁의 원인과 결과를 이해하기 위한 노력이 이루어지고 있으며, 정책 결정자들은 집단 간 적대감을 완화시키는 방법을 모색하기 위하여 노력하고 있다.

민족분쟁에 대한 진지한 연구는 많은 학자들과 정책 결정자들이 주로 개별 국민과 국가에 초점을 맞추는 경향 때문에 적잖은 방해를 받아 왔다. 바로 이러한 경향은 왜 지리학이 민족분쟁에 관한 연구에 그토록 중요한지를 잘 보여 준다. 사람들은 종종 세계가 어떻게 조직되어야만 하며 영토적, 즉 영역적으로 어떻게 구분되어야 하느냐는 특정한, 이따금 인정받지도 검증되지도 않은 이해를 바탕으로 하여 세계를 바라보고 접근한다. 이와 같은 지리적 이해에 대한 체계적인 분석이 없다면, 민족분쟁을 다루는 지리학은 단순히 민족집단들이 자리 잡고 있는 지역의 이름을 짓는 연습으로 필시 전략할 수 있다.

민족분쟁에 대한 진지한 지리적 분석은 민족 집단 간의 상호작용의 공간적, 영역적 그리고 환경적 차원을 조명할 수 있다. 지리적 분석은 또한 특정한 정치 영역적 구조의 본질과 의의, 경계의 역할, 영향력의 장소와 통제 장소 간의 흐름의 특성, 갈등과 협력을 형성하는 데 있어서의 자연환경의 역할 등에 대하여 문제를 제기한다. 이러한 계통의 지리적 연구는 민족분쟁에 대한 정책적 대응을 개발하는 데 명백한 함의를 지닌다. 보다 폭넓게는 지리적 분석이 서로 다른 인구집단이 특정한 영역적 배열에 부여하는 정당성의 정도, 경제적 그리고 정치적 배열이 지배적인 영역적 구조와 상충되는 방식, 집단 간의 관계와 이해를 위한 영역적 배열의 함의, 지역적 불평등이 정치적 그리고 사회적 안정성에 미치는 영향 등을 포함하여 민족분쟁을 이해하는 데 근본적인 이슈들에 초점을 맞추고 있다.

민족분쟁에 대한 지리적 관점에서 얻을 수 있는 통찰력은 1990년대 초반

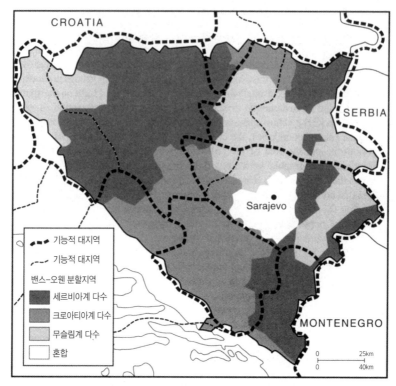

그림 2.2 고도로 일반화된 민족 언어학적 지도를 기반으로 한 보스니아-헤르체고비나(음영으로 처리된 지역)를 분할하기 위한 밴스오웬안(Vance-Owen plan)과, 통근패턴과 같은 특성을 분석하여 확정된 분쟁 이전의 기능지역(파선으로 표시됨)의 관계. 출처: 조던(Jordan, 1993)에서 인용.

유고슬라비아의 해체 이후 보스니아에 대한 밴스오웬(Vance-Owen)의 영역분할계획안(案)▪2에 관한 지리적 분석에 의하여 설명될 수 있다(Jordan, 1993). 밴스오웬안(案)은 고도로 일반화된 민족 언어학적 지도를 토대로 하

---

2. (옮긴이) 이슬람교도, 세르비아계, 크로아티아계 등 세 개의 민족집단을 기초로 보스니아를 열 개 지역으로 나누어 각각의 민족집단이 세 개 지역씩 통치하고, 사라예보 및 그 인근 지역은 중립지역으로 하자는 계획안을 말한다. 이 안은 각 세력에게 할당된 지역에 거주하던 소수민족을 강제로 이주시켜야 한다는 점, 인구에 대비한 면적이 불공정하게 책정되었다는 점, 유고슬라비아인 및 보스니아인의 거주문제 등 많은 문제를 안고 있었다. 그 결과 보스니아 내전을 현실적으로 해결할 수 없는 다소 허황된 정책이라는 비판을 받았다.

여 국가를 나누려는 시도에서 나왔다. 그러나 일상적 통근패턴에 관한 분석 (그림 2.2 참조)은 밴스오웬안이 근거한 영역 단위가 분쟁 발생 이전 보스니 아의 사회적, 경제적 조직과는 무관하다는 사실을 보여 주었으며, 이는 밴스 오웬안이 왜 그곳에 거주하는 주민들로부터 강력한 반대에 부딪히게 되었는 지를 설명하는 데 큰 도움을 주었다. 더군다나 미국 국무부 소속 지리학자들 의 분석은 너무 많은 수의 (소수)민족적 고립지(enclave)를 규정함으로써 밴 스오웬안이 적대 집단 간의 경계선을 엄청나게 연장시킬 것이라고 지적하였 다. 각 상대자들이 평화를 위하여 노력하지 않을 경우, 그들 사이의 경계를 늘 리는 것은 분쟁 해결을 위한 유망한 방법일 수 없다. 정책 분석가들이 보스니 아와 같은 복잡한 분쟁을 해결하는 데 기여하려고 한다면, 이러한 종류의 지 리적 사항을 고려하는 것은 매우 중요하다.

2.4 보건의료 관리

가파른 비용 상승, 높아지고 있는 공공 서비스에의 의존도, 심화되고 있는 공공 부문의 재정적 제약 등에 직면하여, 사회는 어떻게 고령인구의 건강 요 구를 제공할 수 있는가? 후천성면역결핍증(acquired immune deficiency syndrome: AIDS)의 확산을 줄이기 위하여 어떤 대응이 필요한가? 적절한 보건의료 서비스를 받을 형편이 되지 않는 사람들의 요구를 사회는 어떻게 충족시킬 수 있는가? 이러한 종류의 문제들은 최근까지 학계 및 정책결정 분 야 모두에서 상당한 주목을 끌어 왔다. 실제로, 보건의료 서비스의 비용과 균 등한 접근에 관한 우려가 커짐에 따라, 이러한 문제들은 대단히 긴급한 정책 적 사안으로 여겨지게 되었다.

지리학은 이러한 문제를 해결하는 데 중요한 역할을 하고 있다. 보건의료 서비스는 특정 장소에서 제공된다. 즉, 특정 서비스를 어디에 배치해야 하느냐에 대한 효과적인 결정은 사람과 보건상의 문제점 그리고 관련 서비스의 공간적 조직을 고려해야 한다. 지리적 분석은 입지적 효율성에 초점을 맞춤으로써 필요로 하는 보건의료 서비스를 비용 효율적으로 제공하는 구체적인 방법을 가리킬 수 있으며, 많은 경우 중대 보건의료 서비스를 제공하는 한층 양호한 방법을 가리킬 수 있다.

보건의료 관리에 지리적 관점을 적용한 하나의 사례는 저체중 출생아에 관한 것이다. 저체중 출생아들은 종종 삶의 질을 저하시키고 치료하는 데 적잖은 비용이 드는 건강상의 문제를 안고 있다. 따라서 저체중 출생아의 발생을 줄이기 위한 예방적 보건의료 조치는 사회적으로 바람직하며 향후의 보건의료 관리 비용을 줄이는 데 적잖은 도움이 된다. 미국 아이오와주(州)에 관한 한 분석에 따르면(Armstrong et al., 1991), 아이를 출산한 병원으로부터 멀리 떨어진 곳에 거주하는 산모들이 저체중 출생아를 가질 가능성이 훨씬 높았다. 우리는 왜 이러한 특별한 관련성을 찾고 있는가? 아이오와주 지도(그림 2.3을 참조할 것)는 매년 75명 이상의 출생아가 있는 병원의 위치를 보여준다. 아이오와주의 대부분 지역은 이러한 병원으로부터 20마일 이상 떨어져 있다. 1990년에 이 연구가 행해질 당시, 매년 75명 이상의 출산이 이루어지는 병원에 대해서만 산모 및 신생아 보건의료 서비스에 대한 재정적 지원을 제공하는 것이 주의 규정이었다. 이러한 지리적 분석은 좀 더 멀리 떨어진 지역에 거주하는 여성들을 서비스하기 위하여 전략적으로 위치해 있는 몇몇 보다 작은 시골 병원들을 지원하는 것을 검토하는 것으로 이어졌다. 1990년 이후 아이오와주의 공중보건부는 주정부가 지원하는 영양, 간호, 출산 교육 서비스를 임산부들이 보다 손쉽게 이용할 수 있도록 의료보장제도의 요건을 확대하여 한층 많은 비율의 여성들이 그러한 서비스를 받을 수 있도록 하였다.

인프라 시설의 제공 문제를 넘어서, 지리적 분석은 질병의 확산을 이해하는

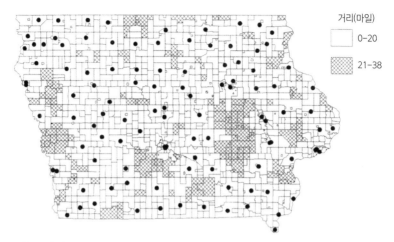

그림 2.3 매년 75명 이상의 신생아를 출산하는 병원으로부터의 거리를 나타내어 주는 아이오와주 (州)의 지도. 선은 다섯 자리 우편번호의 경계를 나타낸다. 병원의 위치는 점으로 표시되어 있다. 마일 단위의 거리는 교차 영선법으로 표시된다. 출처: 암스트롱 등(Armstrong et al., 1991).

데 크게 기여하고 있다. 19세기 런던에서 콜레라(cholera)의 발생원이 콜레라 발병의 분포를 지도화하는 것을 통하여 확인된 이후, 지리적 분석은 역학 (疫學)의 중요한 구성요소가 되어 왔다. 새로운 치명적인 바이러스의 출현과 함께 전염병에 대한 지리적 관점의 중요성은 그 어느 때보다 강조되고 있다. 후천성면역결핍증(AIDS)의 확산에 관한 연구(예를 들어, Gould, 1993; 자료 5.9를 참조할 것)는 인체면역결핍바이러스(HIV)의 행태뿐만 아니라 바이러스의 전파에 가장 큰 도움을 주어 온 사회적, 정치적 조건에 대한 우리의 이해를 증진시킬 수 있다는 희망을 제시하고 있다.

2.5 글로벌 기후변화

1993년 여름 동안 기록적인 폭우로 미국의 중서부는 엄청난 홍수를 겪었

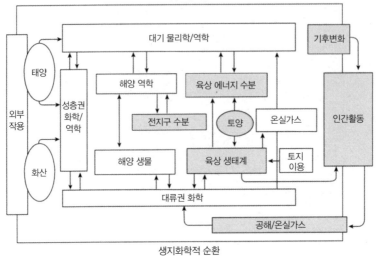

그림 2.4 지식 기반의 강화 효과를 보여 주는 글로벌 기후체계의 국제 지권생물권 프로그램(IGBP) 모델의 개정판. 지리학 연구는 음영으로 표시된 상자가 가리키는 하위체계를 이해하는 데 중요한 역할을 하고 있다. 출처: 윌리엄슨(Williamson, 1992)에서 인용.

다. 불과 몇 년 전 가뭄으로 고통을 받은 캘리포니아는 1994/1995년 겨울 동안 치명적인 홍수를 경험하였다. 1995년 여름 미국 전역에서는 기록적인 폭염과 이례적일 정도로 수많은 열대성 허리케인이 발생하였다. 이러한 기후이변은 많은 전문가들이 지구 대기의 '온실가스' 농도 변화에 관한 평가를 바탕으로 예측한 장기적인 기후변화의 전조현상인가? 그것들은 과거보다 훨씬 빈번한 기후 관련 재난의 전조인가?

이러한 문제들을 해결하기 위해서는 기후변화의 본질과 동학(dynamics)을 이해할 필요가 있다. 기후변화는 대기권, 수권 그리고 생물권 간의 대단히 복잡한 상호작용과 연관되어 있다(그림 2.4를 참조할 것). 이러한 상호작용은 공간적 규모(scale)에 따라 상당히 다르다. 따라서 장소와 규모를 고려하는 지리적 관점은 잠재적인 기후변화를 이해하는 데 필수적이다. 예를 들어, 지리학자들은 대규모 기후패턴, 특히 수문학적 순환과 관련된 패턴에 대한 우리의 이해에 기여하는 선도자였다. 일례로 지리학 연구는 대부분의 이전 추정치가 제시하고 있는, 많은 기후 모델이 나타내고 있는 것보다 한층 많은 강수량이 지표면에 도달한다는 사실을 보여 주었다(Willmott and Legates, 1991).

글로벌 기후변화를 이해하는 데 한 가지 중요한 측면은 마지막 빙하의 극성기 이후 기후변동의 성격을 평가하는 것이다. 과거의 기후변동을 지도화하고 지역적 연속성을 확인하며 기후와 식생 패턴 간의 공간적 관계에 초점을 맞춤으로써, 지리적 분석은 과거와 현재 그리고 미래 기후체계의 작동을 이해하려는 보다 큰 학제적 노력에 기여하고 있다. 결국 이러한 기여는 과학자들이 인간이 기후체계를 수정할 수 있는 정도와 그러한 수정의 함의를 이해하려고 한다면 필요로 하는 수치모델의 개발에 매우 중요하다.

홀로세 지도화 프로젝트(The Cooperative Holocene Mapping Project: COHMAP)는 강력한 지리적 요소를 지닌 최근의 학제적 기후변화 연구 프로젝트의 한 예이다(COHMAP, 1988; Wright et al., 1993). 홀로세 지도화 프로젝트(COHMAP)로 개발된 시뮬레이션은 기후의 거시적 규모에서의 변동, 예를 들어 빙상의 크기, 해양 온도, 대기의 조성, 태양복사의 위도 및 계절적 분포 등이 기후변동의 지역적 패턴에 어떻게 영향을 미치는지를 보여 주었다(그림 2.5를 참조할 것).

홀로세 지도화 프로젝트는 대형 학제적 기후변화 연구에서 명시적인 지리적 구성요소로부터 연유하는 이해의 유형을 설명한다(Root and Schneider, 1995). 지도화와 공간분석은 홀로세 지도화 프로젝트 시뮬레이션과 종합의 결과를 표현하고 비교하는 데 필수적이었다(Wright and Bartlein, 1993).

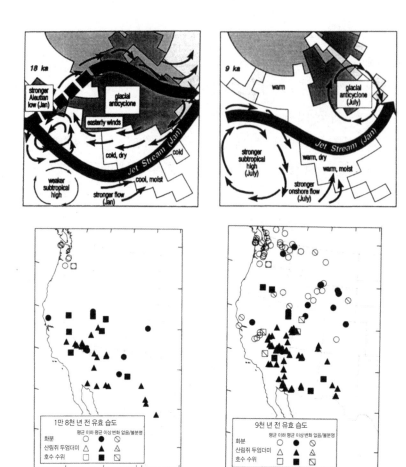

그림 2.5 미국 서부에 대한 기후모델 시뮬레이션과 고기후 관측(Thompson et al., 1993). 위쪽의 두 그림은 일반 순환모델(국립대기연구센터의 지역기후모델)을 이용하여 18ka 및 9ka(ka = 수천 개의 방사성 탄소 년 전)에서의 기후 시뮬레이션 결과를 도식적으로 요약한 것이다. 아래쪽의 두 그림은 화석 화분 증거(원형), 북미산 산림쥐 두엄더미에서 나온 대형 식물 화석(삼각형), 과거 호수의 지형학적 증거(정사각형) 등으로부터 유추한 유효 습도 패턴을 보여 준다.

2.6 교육

20세기 후반 미국 사회가 직면하고 있는 가장 큰 도전 가운데 하나는 교육에 관한 것이다. 빠르게 변화하고 점점 더 복잡해지고 있는 세계에서 노동력의 기량을 향상시키고 민주적 시민권의 도전에 대처해야 할 필요성은 엄청난 교육적 도전을 제시한다(U.S. Department of Education, 1992; U.S. Department of Labor, 1991). 세계화된 경제와 변화하는 국지적 여건에 의하여 특징지어지는 세계에서 미래의 시민들이 효과적으로 기능하기 위하여 알아야 할 것은 무엇인가? 학교는 인간이 살아가는 동안 여러 가지 서로 다른 종류의 직업을 가질 수 있는 학생들에게 무엇을 가르쳐야만 하는가? 텔레비전과 정보통신, 컴퓨터, 초이동성의 시대에 개인의 풍요를 증진시킬 수 있는 교육적 경험은 무엇인가?

지리학은 이러한 물음에 내재되어 있는 교육적 도전에 대처하기 위한 진지한 노력의 일부이어야 한다는 것은 명백하다. 학생들은 자연과 인문의 구분을 넘어서고, 어느 한 장소의 발전이 다른 장소의 발전에 어떻게 영향을 미치는지를 고려하며, 지역적 여건이 그 지역에 대한 이해와 활동에 영향을 미치는 방식에 초점을 맞추고, 지표면을 구성하는 사람들과 경관의 다양성을 인식할 수 있도록 하는 사고와 관점에 접할 필요가 있다. 학교의 교과과정에서 지리의 부족(제1장을 참조할 것)에 대한 최근의 논란은, 오늘날의 학생들이 미래의 세계에서 효과적으로 활약하려고 한다면 이러한 문제에 대한 이해가 필수적이라는 높아지고 있는 인식을 반영한다.

지리의 더 많고 그리고 보다 양호한 교육에 대한 요구에 부응하여, 유치원에서 고등학교 3학년(K-12)에 이르기까지 일련의 자발적인 국가적 지리교육 표준이 지리학자들과 여타 교육자들의 협력으로 개발되었다(Geography Education Standards Project, 1994). 여기에 더하여 학교 교사들이 좀 더 효과적인 지리 강사가 될 수 있도록 도움을 주기 위하여 미국 50개 주(州) 모두에서 내셔널지오그래픽협회(NGS)에 의하여 지리연합(geography alliance)이 결성되었다. 대학위원회(College Board)는 또한 AP 프로그램(Advanced Placement Program)■3에 지리 과목 및 시험을 추가하고 있다. 이러한 이니셔티브들은 지리가 학교 교과과정에서 크게 선호되는 교과목이 아니라는 이해를 반영한다. 대신에 지리는 학생들이 21세기의 도전에 대비하도록 하는 데 목적을 둔 모든 개혁 이니셔티브의 필수적 구성요소이다.

1989년 부시(George H. W. Bush) 행정부는 미국의 교육을 위하여 새로운 목표를 수립해야 한다는 데 동의한 주지사들의 교육 정상회의를 소집하였다. 이들은 유치원에서 고등학교 3학년(K-12)에 이르는 수준에서 교수학습이 지리를 포함한 제한된 수의 특정 핵심 교과목에 초점을 맞추어야 한다고 의결하였다. 결과적으로 국가의 교육목표가 법령으로 구체화되었는데, 1994년에 공법이 된 미국교육진흥법(Educate America Act)이 그것이다. 이 법령은 특히 지리를 핵심 교과목에 포함시켰는데, 그 이유는 지리적 문해력이 중요하게 여겨졌을 뿐만 아니라 지리 수업은 현대적 이슈들에 대한 교실의 관심을 높이고 다른 핵심 교과목과 연결된 내용과 기능을 통합하는 수단이 될 수 있기 때문이었다.

---

3. (옮긴이) 미국의 비영리 교육기관인 대학위원회(College Board)가 1955년에 처음 시작하였으며, 북미 전역의 고등학교 학생들을 대상으로 대학 수업 선행 학습과정, 즉 대학 조기 이수 과정으로 고등학교에서 대학 1학년 과정을 미리 공부할 수 있도록 한 프로그램이다. AP(Advanced Placement) 과목은 말 그대로 보통 고등학교 수준보다 높은 대학 수준의 과목으로, 고등학교 교육 기간에 AP 과목을 선택한 후 AP 시험 통과 후, 대학교에서 학점을 인정받는 프로그램이다. AP 시험에서 일정 점수를 받게 되면, 대학에서 과목을 다시 택하지 않아도 학점을 인정받을 수 있으므로, 고등학생들은 SAT(Scholastic Assessment Test, 수학능력평가시험) 다음으로 많이 치르게 되는 시험이다.

2.7 결론

오늘날 사회가 직면하고 있는 수많은 중대한 문제들의 근본적인 지리적 토대를 고려할 때, 현대 미국에서 지리학의 역할에 대한 평가는 분명히 필요하다. 그러한 평가를 제공하기 위하여, 이 책은 먼저 지리학이라는 학문의 관점과 기법을 고찰하고자 한다(제3장과 제4장). 그 다음에 이 책은 과학 및 정책 결정 분야에서의 지리학의 관련성을 검토하고자 한다(제5장과 제6장). 그 후에 이 책은 지리학이 직면하고 있는 도전(제7장)과 만약 지리학이 과학자, 정책 결정자, 교육자 그리고 일반인들이 부여하는 요구에 대응하려고 할 경우 이에 필요한 적응 방안에 대한 논의로 마무리하고자 한다(제8장).

제3장

지리학의 연구 관점

과학과 사회에 대한 지리학의 관련성은 지리학자들이 주변 세상을 바라보는 독특하고도 종합적인 관점에서 비롯되고 있다. 이 장(章)에서는 연구와 교육 또는 실제에 적용되는지의 여부와는 상관없이, 지리적 관점이 의미하는 바를 설명하려고 한다. 지면의 제약으로 인하여 지리학의 관점을 설명하는 수많은 훌륭한 사례들을 모두 인용하지는 않을 것이다. 인용된 글들은 주로 추가적인 읽기자료로 활용될 수 있는 것으로, 지리학 연구의 광범위한 요약을 말한다.

　지리학의 관점을 이해하기 위하여 시간을 투자하는 것이 중요한데, 왜냐하면 지리학을 학문분야의 체계 속에 자리매김하는 일은 쉽지 않기 때문이다. 모든 현상이 시간 속에 존재하고 따라서 역사를 지니고 있는 것처럼, 모든 현상은 또한 공간 속에 존재하며 지리를 지니고 있다. 그러므로 지리와 역사는 우리의 세상을 이해하는 데 중요하며, 미국 교육에서는 핵심 교과목으로서 인식되어 왔다. 확실히 이러한 종류의 초점은 다른 자연과학 및 사회과학 분야의 경계를 넘어서는 경향이 있다. 결과적으로 지리학은 때때로 지리학 분

지리학의 재발견

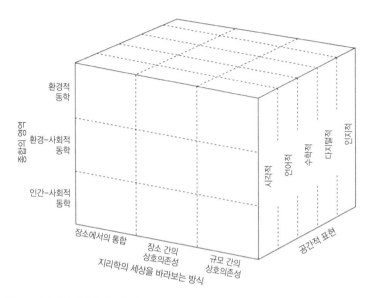

그림 3.1 지리적 관점의 행렬. 세상을 바라보는 지리학의 방식은 장소와 규모에 초점을 맞추는 것을 통하여(가로축) 세 가지의 종합 영역, 즉 인간–사회적 동학, 환경적 동학, 환경–사회적 동학(세로축)을 횡단한다. 행렬의 세 번째 차원인 공간적 표현은 지리학 내 세부 분야의 연구에 기초가 되며, 때때로 이를 견인한다.

야에 익숙하지 않는 사람들에게 핵심이나 일관성이 없는 여러 다양한 전문분야의 집합으로 생각되기도 한다.

그러나 대부분의 학문분야를 결합하는 것은 세상을 분석하는 독특하고도 일관된 관점이다. 다른 학문분야처럼 지리학은 잘 다듬어진 다음과 같은 일련의 관점을 지니고 있다.

1. 장소와 공간 그리고 규모(scale)라는 렌즈를 통하여 **세상을 바라보는 지리학의 방식**

2. **지리학의 종합 영역**■1: 인간의 행동을 자연환경과 관련시키는 환경–사

---

1. 이 책에서 사용된 **종합**(synthesis)이라는 용어는 지리학자들이 종종 선택된 현상에 대한 광범위한 분석을 제시하기 위하여 전통적으로 다양한 자연과학, 사회과학 그리고 인문학 분야를 분리하는 경

회적 동학, 자연적 체계를 연결하는 환경적 동학, 그리고 경제적, 사회적, 정
치적 체계를 연결하는 인간–사회적 동학

3. 시각적, 언어적, 수학적, 디지털적, 인지적 접근방법을 사용하는 **공간적
표현**

이 세 가지 관점은 그림 3.1과 같이 지리적 탐구의 행렬 차원으로 표현될 수
있다.

3.1 지리학이 세상을 바라보는 방식

지리학의 핵심 원리는 매우 다양한 과정과 현상들을 이해하는 데 '위치가
중요하다'는 것이다. 사실, 지리학이 위치에 초점을 맞추는 것은 다른 학 문
분야가 고립시켜 다루는 경향이 있는 과정과 현상들을 종합적으로 바라볼 수
있도록 하는 교차횡단 방식을 제공한다. 지리학자는 '실재적' 관련성과 모든
위치 또는 **장소**에 특성을 부여하는 현상과 과정 간의 의존성에 초점을 맞추
고 있다. 지리학자는 또한 장소 간의 관련성을 이해하려고 추구하고 있는데,
예를 들어 차별성을 강화하거나 유사성을 제고하는 사람과 재화 그리고 아이
디어의 흐름을 이해하려고 한다. 지리학자들은 장소를 규정하는 특성의 '수
직적' 통합과 장소 간의 '수평적' 연결을 연구한다. 지리학자는 또한 이러한 관
련성 속에서 (공간과 시간) 규모(scale)의 중요성에 중점을 두고 있다. 이러한
관련성을 연구함으로써 지리학자들은 다른 학문에서 종종 추상적으로 다루

계를 초월하려고 시도하는 방식을 말한다. 이러한 연구는 다른 학문분야에서 종종 개별적으로 다루
어지는 하나의 분석 아이디어를 가져오는 것뿐만 아니라, 서로 다른 학문분야가 동일한 현상을 조
사하는 방식 사이의 단절과 모순을 비판적으로 검토하는 것으로부터도 도움을 얻을 수 있다.

어지는 장소와 과정의 복합성에 주의를 기울일 수 있었다.

3.1.1 장소에서의 통합

장소는 과정과 현상 간의 복합적 관련성을 연구하는 자연적 실험실이다. 지리학은 서로 다른 과정과 현상들이 지역과 국지(locality)에서 어떻게 상호 작용하는지를 이해하려고 시도하는 오랜 전통을 갖고 있는데, 물론 이는 이러한 상호작용이 장소에 그 독특한 특성을 어떻게 부여하는지를 이해하려는 것을 포함한다.

어느 한 장소에서 작동하는 사회적, 경제적, 정치적, 환경적 과정에 대한 체계적 분석은 그 고유성 또는 특성에 대한 통합적인 이해를 제시한다. 예를 들어, 헤거스트란트(Hägerstrand, 1970)의 선구적 연구는 사람들의 일상적인 활동 패턴이 어떻게 개개인들이 그들이 상호작용할 수 있는 입지의 이용 가능성과 지리적 접근성에 의하여 제약을 받는 과정의 결과로서 이해될 수 있는지를 보여 주었다. 이러한 전통의 연구는 개인행동의 시간적 및 공간적 순서가 특정 유형의 환경 속에서 전형적 패턴을 따르고 있으며, 장소의 여러 많은 고유한 특성은 상호작용 기회에 대한 공간적 접근성에 의하여 제약을 받는 행동의 순서가 교차한 결과라는 사실을 제시하였다. 이러한 체계적 분석은 특히 지역지리학과 인문지리학의 핵심이며, 수많은 지리학 연구가 지속적으로 되풀이하여 다루고 있는 주제이다. 그러한 체계적 분석이 여러 서로 다른 장소에 적용될 때, 지리적 가변성에 대한 이해가 도출된다. 물론 **지리적 가변성**에 대한 완전한 분석은 장소의 경계를 가로지르고, 장소와 장소를 연결하며, 또한 규모의 경계를 넘어서는 과정들을 고려하지 않으면 안 된다.

3.1.2 장소 간의 상호의존성

지리학자들은 '장소'가 내부적 특성뿐만 아니라, 사람과 물질(예를 들어, 공산품과 오염물질 등) 그리고 다른 장소에서 유래한 아이디어의 흐름에 의하여 규정된다는 사실을 인식하고 있다. 이러한 흐름은 상이성을 강화하거나 축소할 수 있는 장소 간의 상호의존성을 초래한다. 예를 들어, 매우 상이한 농업적 토지이용 방식은 동일한 국지적 환경조건하에서도 작물의 수익성에 영향을 미치는 시장과의 거리의 결과로서 발달해 왔다. 거시적 규모에서 서구의 문화적 가치와 경제체제가 폭넓게 확산하고 글로벌 차원으로 유동하면서 세계의 많은 사람들 간의 상이성은 줄어들었다. 지리학의 중요한 초점은 이러한 흐름들과 이러한 흐름이 어떻게 장소에 영향을 미치는지를 이해하는 데 있다.

흐름과 이 흐름이 장소에 미치는 영향을 분석하는 데 있어서의 도전은 상당하다. 그러한 관련성은 행동을 표현하거나 예측하기 쉽지 않는 복잡한 비선형적 체계의 모든 특성들을 지닌다. 이러한 관련성은 제5장과 제6장에서 논의하는 것처럼, 과학과 의사결정에 점점 더 중요해지고 있다.

3.1.3 규모 간의 상호의존성

지리학자들은 관찰의 규모(scale) 또한 어느 한 장소에서 지리적 과정과 현상을 이해하는 데 중요하다는 사실을 인식하고 있다. 비록 지리학은 공간적 및 시간적 규모 모두에 관심을 두고 있지만, 지리적 관점에서 지속적으로 유지되는 측면은 글로벌(global)에서 고도의 로컬(local)에 이르는 **공간적** 규모의 중요성이다.

지리학자들은 예를 들어 변화하는 분석의 공간적 규모가 지리적 과정과 현상에 대한 중요한 통찰을 제공하며, 상이한 규모에서 과정과 현상이 어떻게 관련을 맺고 있는지를 이해하는 데 중요한 통찰을 제공한다는 사실에 주목해 왔다. 지리학자들의 오랜 관심사는 '지역화의 문제', 다시 말해 공통의 지리적 특성을 지닌 인접한 지역들을 획정하는 문제였다. 지리학자들은 지리적 지역의 내적 복합성과 차별성이 규모에 따라 다르며, 따라서 특정 지역은 언제나 불완전하며 지리적 변이를 잘못 재현할 가능성이 있음을 인식하고 있다.

특정 현상이 최대의 변이를 나타내는 규모를 확인하는 것은 조절 메커니즘의 시간적 범위뿐만 아니라 지리적 범위에 대한 중요한 단서를 제공한다. 예를 들어, 기온 데이터의 스펙트럼적 분석은 기온의 유사성이 가장 큰 지리적 규모를 보여 주는데, 이는 미(微)기후와 기단 그리고 지구적 순환이 기온 패턴에 미치는 상대적 영향에 대한 중요한 단서를 제공할 수 있다. 지구적 차원의 평균기온의 상승은 국지적으로 대단히 차별적인 영향을 미칠 수 있으며, 이는 지구적, 지역적, 국지적 과정이 상호작용하는 방식 때문에 특정 국지에 심지어 기온의 하락을 초래할 수 있다. 동일한 맥락으로, 국가적 그리고 국제적 경제발전 및 정치발전은 도시와 국가의 경제적 경쟁력에 대단히 차별화적인 영향을 미칠 수 있다. 지리학자들은 규모에 초점을 맞춤으로써 글로벌 변화가 로컬 사건에 미치는 영향과 로컬 사건이 글로벌 변화에 미치는 영향을 분석할 수 있다.

3.2 종합의 영역[2]

지리학이 일반적인 학문적 전문화로부터 가장 철저히 벗어난 것은 인간이 생명을 지탱하는 생물학적 및 물리적 환경(**생물 물리학적 환경**)을 어떻게 이용하고 변화시키느냐에 대한 근본적 관심 또는 **환경-사회적 동학**에 대한 근본적 관심에서 찾아볼 수 있다. 지리학 내에도 두 가지 서로 다른 중요한 종합의 영역이 존재하는데, 상이한 생물 물리학적 과정들의 상호관련성을 검토하는 작업, 즉 **환경적 동학**과 경제적, 정치적, 사회적, 문화적 메커니즘을 종합하는 작업, 즉 **인간-사회적 동학**이 그것이다. 이러한 연구 영역은 세상을 바라보는 지리학의 방식에 착근된 장소를 횡단하며, 장소에 대한 관심에서 도출되고 있다.

3.2.1 환경-사회적 동학

지리학에서 이 분야는 아마도 지리학의 가장 오래된 관심사를 반영하며, 따라서 풍부한 지적 전통을 계승하고 있는 부문이다. 이 분야가 연구하는 관련성 — 사회와 그 생물 물리학적 환경을 관련시키는 동학 — 은 오늘날 지리학의 핵심 요소일 뿐만 아니라, 다른 학문분야와 의사결정자 그리고 일반 대중에게 점점 더 긴급한 관심의 대상이 되고 있다. 비록 이 영역에서 지리학자들의 연구 작업은 너무나도 다양하여 분류하기도 쉽지 않지만, 이는 광범위하고 중첩되는 세 가지 연구 분야, 즉 인간의 환경 이용 및 환경에 미치는 영향, 환경변화가 인류에 미치는 영향, 환경변화에 대한 인간의 지각 및 대응을 포함한다.

3.2.1.1 인간의 환경 이용 및 환경에 미치는 영향

인간의 행동은 어쩔 수 없이 자연을 개조하거나 변형시킨다. 사실 인간의 행동은 종종 그렇게 하도록 특별히 의도되어 있다. 인간의 행동이 미치는 이

---

2. 이 절(節)의 인용은 주요 연구 기여도를 언급하는 것이 아니며, 이점에 대해서는 제5장에서 주로 다루기로 한다. 인용은 독자들에게 여기서 제공할 수 있는 것보다 주제에 대한 보다 자세한 설명을 제공하는 저서와 논문들을 알려주는 것이다.

러한 영향은 너무나도 광범위하고 깊으며, 오늘날 '자연적' 환경을 말하기도 용이하지 않다. 지리학자들은 인간이 환경에 미치는 영향에 관한 적어도 세 가지 주요 글로벌 연구 목록에 기여해 왔으며(Thomas, 1956; Turner et al., 1990; Mather and Sdasyuk, 1991), 자연환경의 중요성과 관련한 평가와 처방 그리고 논증에 관한 문헌에 기여해 왔다. 국지적, 지역적 차원의 연구들은 인간이 야기한 경관변화에 관한 특정 사례들을 명확히 하였는데, 예를 들어 히말라야의 환경파괴, 필리핀과 아마존에서의 삼림벌채의 패턴 및 과정, 아랄해(海)의 건조화, 중국의 경관파괴, 아메리카에서의 스페인 정복 이전 환경변화의 규모와 특성 등이었다.

지리학자들은 사회가 자연을 착취하고, 그렇게 하면서 천연자원 기반을 파괴하고 유지하며 개선하거나 재설정하는 방법을 연구한다. 지리학자들은 개인과 집단이 왜 자신들의 방식대로 환경과 천연자원을 조작하는지를 질문한다(Grossman, 1984; Hecht and Cockburn, 1989). 지리학자들은 환경파괴에 있어서 수용력과 인구 압력의 역할에 대한 논의를 검토해 왔으며, 서로 다른 문화가 그들의 환경을 인지하고 이용하는 방식에 세심한 관심을 기울여 왔다(Butzer, 1992). 지리학자들은 정치 경제적 제도의 역할과 구조 그리고 환경 이용 및 개조에서의 불공평에 상당히 전념해 왔으며, 또 한편으로 환경을 사회적 갈등이 작동하는 공허한 무대로서 묘사하는 것에 반대해 왔다(Grossman, 1984; Zimmerer, 1991; Carney, 1993).

3.2.1.2 환경이 인류에 미치는 영향

내생적이든 인간이 유발하였든 간에 생물 물리학적 환경의 변화가 가져오는 인류 변화의 결과 역시 지리학자들의 전통적 관심사이다. 예를 들어, 지리학자들은 환경영향 분석의 접근방법을 기후로 확장하는 데 중요한 역할을 하였다. 지리학자들은 자연적 기후 변이와 인간이 유발한 지구 온난화가 취약

지역과 글로벌 식량공급, 기아 등에 미치는 영향에 관한 중요한 연구들을 수행해 왔다. 지리학자들은 홍수와 가뭄에서부터 질병과 핵 방사능 유출에 이르기까지 다양한 자연적, 환경적 현상들의 영향을 연구해 왔다(Watts, 1983; Kates et al., 1985; Parry et al., 1988; Mortimore, 1989; Cutter, 1993). 이러한 연구들은 일반적으로 개인과 집단 그리고 지리적 지역의 다양한 취약성에 초점을 맞추어 왔으며, 환경변화만으로는 인간에 미친 영향을 이해하는 데 충분하지 않음을 밝혀냈다. 오히려 이들 영향은 대부분 이러한 변화에 의미와 가치를 부여하고 대응을 결정하는 사회구조를 통하여 설명되고 있다.

3.2.1.3 환경변화에 대한 인간의 지각과 대응

지리학자들은 인간과 환경의 관계가 특정 활동이나 기술뿐만 아니라 서로 다른 사회가 환경에 대하여 지니고 있는 생각과 태도에 의해서도 크게 영향을 받는다는 사실을 오랫동안 인식해 왔다. 지리학적으로 가장 영향력 있는 기여 가운데 몇 가지는 특정 환경관의 근원과 성격을 입증한 것이었다(Glacken, 1967; Tuan, 1974). 또한 지리학자들은 환경변화가 인류에 미치는 영향이 인간의 행동에 의하여 크게 완화되거나 심지어 예방될 수 있음을 인식해 왔다. 변화에 대한 정확한 인식과 그 결과는 성공적인 완화 전략의 핵심 구성요소이다. 재난을 연구하는 지리학자들은 위험에 대한 인식이 어떻게 현실과 다르며(Tuan, 1974), 위험에 대한 의사소통이 어떻게 위험 신호를 증폭시키거나 약화시키는지를 이해하는 데 중요한 기여를 해 왔다(Palm, 1990; Kasperson and Stallen, 1991).

활용 가능한 완화 전략에 대한 정확한 인지는 화이트(Gilbert F. White)의 '선택의 범위'라는 지리적 개념에 의하여 포착된 이 연구 영역의 중요한 측면인데, 이 선택의 범위는 다양한 수준의 서로 다른 행위자들이 활용할 수 있는 옵션을 조명함으로써 특정 정책을 알려주는 데 적용되어 왔다(Reuss, 1993).

예를 들어 범람원을 점거하고 있는 거주자의 경우, 선택 사항에는 홍수통제 시설물의 건설, 홍수가 발생하기 쉬운 지역에서의 개발 통제, 홍수 피해자의 재난 비용 부담 허용 등이 포함된다. 글로벌 기후변화의 경우, 선택 사항은 온실가스(예를 들어, 이산화탄소) 배출량을 줄이는 것에서부터 평소와 다름 없이 사업을 추구하는 것, 기후변화가 발생할 경우 및 발생하는 경우에 그 변화에 적응하는 것에 이르기까지 다양하다. 지리학자들은 기후 및 기타 환경변화로 인한 환경문제에 대한 사회적 반응의 사례 연구를 수집하고, 다양한 사회와 공동체가 문제가 되는 환경을 해석하는 방식을 조사해 왔다(Jackson, 1984; Demeritt, 1994; Earle, 1996).

3.2.2 환경적 동학

지리학자들은 이따금 자연과학의 관점에서 환경적 동학에 관한 연구에 접근한다(Mather and Sdasyuk, 1991). 환경에서의 사회와 그 역할은 여전히 중요한 주제이긴 하지만, 인간활동은 환경적 다양성이나 변화의 수많은 상호 연관된 메커니즘 가운데 하나로 분석된다. 인간활동을 포함한 환경적 과정들 사이의 환류(還流)를 이해하려는 노력 또한 환경적 동학에 대한 지리학 연구의 핵심을 이루고 있다(Terjung, 1982). 다른 자연과학과 마찬가지로 이론을 발전시키는 것이 여전히 중요한 주제이며, 실증적 검증은 효과를 판단하는데 계속하여 중요한 기준이 되고 있다.

자연지리학은 서로 중복되는 여러 하위 분야로 발달해 왔는데 생물지리학, 기후학, 지형학(Gaile and Willmott, 1989)이라는 세 가지 주요 분야로 구분된다. 그러나 다른 하위 분야보다 어느 한 분야와 밀접한 관계를 맺고 있는 지리학자들은 보통 그들의 연구와 교육을 알리기 위하여 다른 하위 분야의 연구 결과와 관점을 활용하고 있다. 이는 자연지리학자들의 통합적이고 횡단적인 연구의 전통뿐만 아니라 그들이 공유한 자연과학의 관점에도 기여할 수 있다(Mather and Sdasyuk, 1991). 결국, 하위 연구 분야 간의 경계는 다소 희미하다. 예를 들어, 생물지리학자들은 종종 변화하는 식물과 동물의 분포를 조사할 때 기후와 토양 그리고 지형의 공간적 동학[■3]을 고려하는 반면, 기후학자들은 경관의 이질성과 변화가 기후에 미치는 영향을 빈번히 고려한다. 지형학자들은 또한 침식 및 퇴적 과정에 대한 기후의 작용과 식생의 동학을 설명한다. 자연지리학의 이들 세 가지 주요 하위 분야는 다시 말해 자연과학의 관점을 공유할 뿐만 아니라, 강조점과 관련하여 단순히 서로 다를 뿐이다. 하지만 각각의 하위 분야는 전통에 따라 여기서 별도로 정리될 수 있다.

3.2.2.1 생물지리학

생물지리학은 다양한 공간적 규모 및 시간적 척도에서 유기체의 분포뿐만 아니라 이러한 분포 패턴을 생성시키는 과정(營力)을 연구한다. 생물지리학은 서너 개의 서로 다른 분야의 교차점에 놓여 있으며, 지리학자와 생물학자 모두가 연구를 수행하고 있다. 미국과 영국의 지리학과에서는 생물지리학이 생태학과 밀접히 연관되어 있다.

생물지리학을 전공하는 지리학자들은 자연적, 인위적 과정 둘 다와 관련하여 개별 식물 및 동물 분류군과 군집, 생태계의 공간적 패턴과 동학을 조사하고 있다. 이러한 연구는 특정 장소의 국지로부터 지역에 이르는 공간적 규모에서 수행되며, 현장조사 그리고/또는 원격탐사 이미지의 분석에 의하여 드러난 분류군이나 군집의 공간적 특성에 초점을 맞추고 있다. 이러한 연구는 토지조사 기록, 사진, 군집의 연령구조 그리고 기타 기록물 또는 현장의 증거

---

3. **공간적 동학(spatial dynamics)**이라는 용어는 지리적 공간에서 자연적이든 인간적으로든 간에 현상의 이동, 전위 또는 변화를 말한다. 공간적 동학에 관한 연구는 이러한 움직임과 위치 변화를 제어하거나 조절하는 자연적, 사회적, 경제적, 문화적, 역사적 요소에 초점을 맞추고 있다.

로부터 재구성함으로써 분류군 또는 군집의 공간적 특성에서의 역사적 변화에도 집중하고 있다. 또한 생물지리학자들은 호수 퇴적물의 화분 분석이나 동굴 혹은 패총 퇴적물의 동물 분석과 같은 고생물학적 기법을 이용하여 선사시대 및 인류 출현 이전의 식물 군집과 동물 군집을 복원한다. 이러한 연구는 역사시대 및 선사시대의 인간활동뿐만 아니라 자연적 변동성 및 변화에 의하여 영향을 받은 생물 군집의 공간적 그리고 시간적 동학을 이해하는 데 중요한 기여를 하였다.

3.2.2.2 기후학

지리학에서 기후학자들은 주로 지표면, 특히 육지 표면의 열과 수분 상태의 공간적, 시간적 변동성을 기술하고 설명하는 데 관심이 두고 있다. 이들의 접근방법은 상당히 다양한데, (1) 지표면에서 대기로의 질량 및 에너지의 유동에 대한 수리 모델화, (2) 특별히 인간이 개조한 환경에서의 질량 및 에너지 유동의 현재 상황 측정, (3) 때때로 위성 관측의 활용을 통하여 육지 표면의 기후 관련 특성에 대한 기술 및 평가, (4) 기상 데이터의 통계적 분석 및 분류 등을 포함한다. 지리적 기후학자들은 우리가 도시 및 지역 기후체계를 이해하는 데 크게 기여해 왔으며, 아울러 거시적 기후변동을 조사하기 시작하였다. 기후학자들은 또한 일기, 기후 그리고 사회학적 데이터 간의 통계적 관련성을 조사해 왔다. 이러한 분석은 예를 들어 도시 성장과 온난화(Oke, 1979) 간, 계절적 열(熱) 주기와 범죄 빈도(Harries et al., 1984) 간의 매우 흥미로운 연관성을 몇 가지 제시하였다.

3.2.2.3 지형학

지리학에서 지형학 연구는 지표면의 형성과정과 형태에 관한 분석과 예측을 강조하고 있다. 지구의 표면은 인간 요인과 자연 요인의 복합적 영향하에서 끊임없이 변화하고 있다. 이동하는 얼음, 불어오는 바람, 부수는 파도의 작용과 중력으로 인한 붕괴와 운동, 특히 흐르는 물(流水) 등은 화산 및 지질구조 활동을 통하여 끊임없이 새로워지고 있는 지표면을 형상화한다.

20세기의 거의 대부분 시간 동안 지형학 연구는 경관상의 안정성이나 침식력과 생성력 간의 평형을 조사하는 데 중점을 두어 왔다. 그러나 지난 20여 년 동안에는 강조점이 지표면 체계의 변화와 역동적 행태에 대한 특성을 파악하는 노력으로 옮겨져 왔다. 강조하는 바가 무엇이든 간에, 분석 방법이 지표면 체계를 통한 질량과 에너지의 흐름을 규정하고, 작용하는 힘과 저항을 평가하거나 측정하는 점에서는 큰 변화가 없다. 지형학자들이 단기간의 급격한 변화(예를 들어, 산사태나 홍수 또는 폭풍우 속의 해안침식) 또는 장기적 변화(예를 들어, 토지 관리나 노천 채광으로 인한 침식)를 예측하려고 한다면, 자연적 변화율을 먼저 이해해야 하기 때문에 이러한 분석은 매우 중요하다.

3.2.3 인간-사회적 동학: 입지론에서 사회이론에 이르기까지

세 번째 영역은 상호 관련된 경제적, 사회적, 정치적, 문화적 과정들에 관한 지리적 연구에 초점을 맞추고 있다. 지리학자들은 다음과 같은 두 가지 유형의 물음에 주의를 기울임으로써, 그러한 과정에 대한 종합적인 이해를 추구해 왔다. 즉, (1) 이들 과정이 특정 장소의 발달에 영향을 미치는 방식과 (2) 이들 과정에 대한 공간적 배열의 영향 및 그 과정에 대한 우리의 이해가 그것이다. 이 분야에서 초기 지리학 연구의 많은 부분은 입지적 의사결정을 강조하였다. 즉, 공간적 패턴과 그 발달은 주로 개별 행위자의 합리적 공간 선택이라는 관점에서 설명되었다(Haggett et al., 1979; Berry and Parr, 1988).

하비(Harvey, 1973)와 더불어 출발하여 일군의 새로운 학자들은 사회구조가 개인의 행동을 좌우하는 방식에 관하여 의문을 제기하기 시작하였으며,

보다 최근에 들어와서는 사회 변화에서의 정치적 그리고 문화적 요인의 중요성에 대하여 의문을 제기하기 시작하였다(Jackson and Penrose, 1993). 이들 학자들은 사회이론에 기초를 둔 영향력 있는 연구 집단으로 성숙해 왔는데, 이 사회이론은 공간과 장소가 어떻게 개인의 행동과 진화하는 경제적, 정치적, 사회적, 문화적 패턴과 배열 간의 상호 관련성을 매개하며, 공간적 구성 자체가 그러한 과정을 통하여 어떻게 구축되는지를 이해하는 데 상당한 노력을 기울였다(예를 들어, Gregory and Urry, 1985; Harvey, 1989; Soja, 1989; Wolch and Dear, 1989).

이러한 연구는 지리학이라는 학문분야의 안팎에서 폭넓게 인정을 받고 있다. 즉, 결과적으로 공간과 장소의 이슈는 오늘날 점점 더 사회연구의 중심으로 간주되고 있다. 실제로 사회이론에 관한 학제적 연구의 주요 논문집 가운데 하나인 〈**환경과 계획 D: 사회와 공간**(Environment and Planning D: Society and Space)〉은 지리학자들이 창간하였다. 사회이론과 공간 및 장소의 개념화 사이의 간격을 해소하고자 추구해 온 연구의 본질과 영향은 장소의 진화와 장소 간의 상호 연결성에 관한 최근의 연구들에서 분명히 드러나고 있다.

3.2.3.1 장소에서의 사회적 통합

장소상의 사회적 과정을 연구하는 지리학자들은 소규모 혹은 중간 규모의 지역에 초점을 맞추는 경향을 보여 왔다. 도시에 관한 연구는 특별히 영향력 있는 연구 분야였으며, 도시지역의 내부 공간구조가 토지시장, 산업 및 주거 입지결정, 인구구성, 도시 거버넌스의 형태, 문화적 규범, 인종과 계급 그리고 젠더에 의하여 구별된 사회집단의 다양한 영향 등에 어떻게 의존하는지를 보여 준다. (대도시권) 중심도시의 빈곤화 양상은 교외화와 도시 내 사회적 양극화를 가속화시키는 경제적, 사회적, 정치적, 문화적 힘에 의한 것이었다. 도시 및 농촌 경관에 관한 연구는 도시 건축에 내포된 사회적 의미의 해석에서부터 고속도로 교통체계가 토지이용 및 근린에 미치는 영향에 관한 분석에 이르기까지 물적 환경이 문화적 그리고 사회적 발전을 어떻게 반영하고 조형하는지를 조사하고 있다(Knox, 1994).

또한 연구자들은 특정 도시와 지구 그리고 근린의 서로 다른 사회집단 및 민족 집단의 생활 조건과 경제적 전망에 중점을 두어 왔으며, 최근 들어 차별 및 고용 접근성의 패턴이 도시 여성의 활동 패턴과 주거지 선택에 어떻게 영향을 미쳤는지에 특별히 주목하고 있다(예를 들어, McDowell, 1993a, b). 연구자들은 또한 사회경제적 지위와 관계없이 일정 인종집단과 민족집단 간의 지속적인 격리뿐만 아니라 빈곤한 공동체의 격리를 강화하는 경제적, 사회적, 정치적 역학을 이해하려고 시도하였다. 이러한 이슈에 대한 지리학적 관점은 각 집단을 분화되지 않은 전체로서 다루지 않도록 강조하고 있다. 예를 들어, 지리학자들은 도심에 있는 소외된 공동체에 주목함으로써 일자리와 공동체의 부유한 사람들이 다른 곳에서 한층 나은 기회를 얻기 위하여 떠날 때 무슨 일이 발생하는지에 대한 중요한 논거를 제시하였다(Urban Geography, 1991).

장소에 관한 지리학적 연구 작업은 현대적 현상들에 대한 연구에 한정되지 않는다. 지리학자들은 오랫동안 장소와 지역의 진화하는 특성에 관심을 기울여 왔으며, 역사적 발전과 과정에 관심을 갖고 있는 지리학자들은 과거와 현재의 장소에 대한 우리의 이해에 중요한 기여를 하였다. 이러한 기여는 주요 지역의 역사적 진화에 대한 전면적 해석(예를 들어, Meinig, 1986 이하를 참조할 것)에서부터 도시의 민족 특성 변화에 관한 분석(Ward, 1971)과 도시 변화에 있어 자본주의의 역할(Harvey, 1985a, b)에까지 걸쳐 있다. 이러한 관점에 따라 이루어진 연구들은 전통적인 역사적 분석을 뛰어넘어 장소의 지리적 상황과 특성이 이들 장소를 어떻게 발전시키는지뿐만 아니라, 한층 큰 사회

지리학의 재발견

적 그리고 이데올로기적 형상에 어떻게 영향을 미치는지도 보여 주고 있다.

3.2.3.2 공간, 규모 그리고 인간–사회적 동학

장소 간 연계의 사회적 결과에 관한 연구는 다양한 규모(scale)에 초점을 맞추고 있다. 한 연구기관은 공간적 인지와 개인의 의사결정 그리고 개인행동이 전체 패턴에 미치는 영향을 다루고 있다. 이주와 주거지 선택 행태를 연구하는 지리학자들은 변화하는 도시의 사회구조 혹은 도시 간 인구이동에 근저를 이루고 있는 개인의 행동을 설명하려고 한다. 이러한 계통의 연구 결과는 장소 간 상호작용의 지리적 구조를 모델화하는 데 틀을 제공해 왔으며, 그 가운데서도 특히 유럽 전역의 도시 및 지역 계획가들이 오늘날 널리 활용하고 있는 이동과 정착 과정의 작동 모델을 개발하는 것으로 귀착되고 있다 (Golledge and Timmermans, 1988).

또한 지리학자들은 실질적인 민간 및 공공 의사결정을 반영하는 입지이론을 정교화하는 데 기여해 왔다. 초기에는 이러한 연구의 대부분은 특정 순간에서의 입지 문제를 조사하였다. 예를 들어, 모릴(Morrill, 1981)의 정치적 선거구 재획정에 관한 연구는 행정 경계의 설정이 정치적 이념과 실천을 반영하고 형성하는 여러 많은 방식에 통찰을 제공하였다. 보다 최근에 들어와서 이루어지고 있는 연구는 산업단지와 정주체계의 진화에 초점을 맞추고 있다. 이 연구는 입지이론의 통찰과 공간상의 개인 및 제도적 기관의 행태에 대한 연구를 결합하였다(Macmillan, 1989). 도시 간 규모 및 지역적 규모에서 지리학자들은 산업 입지 및 집적의 전국적 변화와 도시 간 이주패턴을 연구해 왔다. 이들 연구는 도시와 지역의 성장 전망을 형성하는 중요한 요인들을 밝혀내었다.

개인의 행태와 한층 광범위한 규모의 사회구조 간의 관계에 대한 관심에 따라, 지리학자들은 개인의 의사결정이 사회구조와 사회제도에 어떻게 영향을 미치며, 또한 이 사회구조와 사회제도로부터 어떻게 영향을 받는지를 고찰하기에 이르렀다(예를 들어, Peet and Thrift, 1989). 많은 연구들은 인간의 재생산 활동 및 이주에 관한 결정에서부터 여가 및 정치적 항의 활동에 이르기까지 다양한 이슈들을 다루었다. 연구자들은 이주에 대한 결정이 사회적 그리고 정치적 장애물, 경제적 그리고 정치적 자원의 분배 그리고 사회적 재구조화, 즉 구조조정의 보다 폭넓은 과정 등에 어떻게 의존하는지를 보여 주었다. 이들은 높아진 일자리의 이동성과 투자 기회가 지역개발 전략과 기업과 가구 간의 공공자원의 분배에 어떻게 영향을 미치는지를 조사해 왔다.

실제로, 서로 다른 과정이 구성되는 지리적 규모(scale)와 서로 다른 규모에서 작동하는 사회적 과정 간의 관련성을 이론화하는 것에 새로운 관심이 집중되고 있다(Smith, 1992; Leitner and Delaney, 1996). 지리학자들은 장소에 따른 사회적 차이가 개별 국지의 특성에서의 차이뿐만 아니라 한층 더 큰 규모에서 작동하는 사회적 과정에 의하여 영향을 받는 방식에서의 차이도 반영한다는 사실을 인식하고 있다. 예를 들어, 이와 관련한 연구는 미국의 도시와 지역의 변화하는 성장 전망이 글로벌 체제에서의 미국의 변화하는 위상과 이러한 변화가 국가의 정치 및 경제 동향에 미치는 영향을 고려하지 않고서는 정확히 이해될 수 없다는 점을 보여 주었다(Peet, 1987; Smith and Feagin, 1987).

지리학 연구는 제도적 기관의 행태가 공간적으로 어떻게 표현되는지, 특히 대형 다(多)입지 기업들, 국가와 주(州) 및 지방 정부, 노동조합 등의 공간적 발현에 명시적으로 초점을 맞추어 왔다. 다입지 기업에 관한 연구는 이들 기업의 공간적 조직, 지리적으로 설정된 시장으로 확장해 나가거나 시장을 유지하기 위한 분공장(分工場)의 입지 및 마케팅의 지리적 전략의 활용, 기업의 행동이 서로 다른 장소의 발전 가능성에 영향을 미치는 방식 등을 조사해 왔다(Scott, 1988b; Dicken, 1992). 국가 기관에 대한 연구는 영역적 통합과 분

지리학의 재발견

열, 상이한 지리적 규모에서 국가 기관이 행사하는 책임과 권한의 진화하는 차이, 정치적 경계 및 지정학적 영향권에 미치는 영향을 포함한 영역 간의 정치적 그리고 경제적 경쟁 등과 같은 이슈에 초점을 맞추어 왔다. 전통적인 국가 영역으로부터 지방정부 및 초국적 기구로의 정치적 영향력과 책임의 소재에서 관찰되는 변화는 다양한 지리적 규모에 걸친 정치적 기구들을 연구하는 것이 중요하다는 사실을 보여 준다(Taylor, 1993).

3.3 공간적 표현

지리학 관점의 세 번째 차원으로서 공간적 표현이 지닌 중요성(그림 3.1을 참조할 것)은 아마도 지리학과 지도학의 오래되고도 밀접한 연관성에 의하여 가장 잘 예시될 수 있을 것이다(제4장을 참조할 것). 공간적 표현을 강조하는 연구는 지리학의 여타 분야에서 이루어지고 있는 연구들을 보완하고 뒷받침하고 때때로 추동하며, 위치가 중요하다는 논지로부터 직접적으로 연유하고 있다. 공간적 표현 연구에 관여하는 지리학자들은 많은 다른 학문분야의 개념과 방법을 활용하며, 컴퓨터과학과 통계학, 수학, 측지학, 토목공학, 인지과학, 형식논리학, 인지심리학, 기호학, 언어학 등을 포함한 이들 분야의 동료 연구자들과 상호 교류하고 있다. 이러한 연구의 목표는 공간적 표현에 대한 통일된 접근방법을 만들어 내는 것이며, 세계의 복잡성을 표현하고 다양한 종류의 정보와 다양한 관점의 종합을 촉진하기 위한 실용적 도구들을 고안하는 것이다.

지리학자들이 지리적 공간을 어떻게 표현하고, 공간 정보는 무엇을 나타내며, 첨단 컴퓨터 및 통신기술 시대에 공간이 과연 무엇을 의미하는지는 지리학과 사회에 매우 중요하다. 지도학 이론을 과학철학 및 사회이론과 연결시키는 연구는 문제가 틀을 잡는 방식을 보여 주었으며, 데이터를 구조화하고 조작하기 위하여 사용되는 도구들은 특정 범주의 문제에 대한 조사를 용이하게 함과 동시에 다른 범주의 문제를 그와 같은 범주의 문제로 인식하는 것을 방지할 수 있다. 무엇이 중요한 것인지를 제시함으로써, 표현은 과학자들이 생각하는 것과 그들이 데이터를 해석하는 방법을 결정하는 데 도움을 준다 (Sack, 1986; Harley, 1988; Wood, 1992).

공간적 표현에 대한 지리적 접근방법은 지리학자가 관찰하는 것을 표현하는 방법을 암묵적으로 제약하고 형성하는 핵심적인 공간적 개념(위치, 지역, 분포, 공간적 상호작용, 규모, 변화 등을 포함하는)과 밀접히 연결되어 있다. 실제로 이러한 개념들은 지리학 관점을 뒷받침하고 지리학자들이 자신들의 데이터를 표현하는 방법과 그들이 표현하고자 선택하는 것에 대한 결정을 형성하는 선험적 가정(假定)이 된다.

지리학자들은 다양한 규모에서 공간과 장소를 연구하는 방식들로 공간적 표현에 접근하고 있다. 지리적 공간의 유형(有形)적 표현은 시각적, 언어적, 수학적, 디지털적, 인지적인 것이거나 이것들의 조합일 수 있다. 표현에 대한 의존은 특별히 중요한데, 지리학 연구가 경험을 넘어서는 규모(국가적 규모에서 지구적 규모로)에서나 과거 또는 미래의 시대와 관련하여 무형적 현상(예를 들어, 기온 혹은 평균 소득)을 다룰 경우에 그러하다. 그리고 유형적 표현(과 이들 표현의 연결)은 종합이 일어날 수 있는 프레임워크, 즉 틀을 제공한다. 또한 지리학자들은 환경에 관한 지식이 그러한 환경 속의 인간 행태에 어떻게 영향을 미치는지를 이해하려는 노력에서 인지적인 공간적 표현 — 예를 들어, 지리적 환경에 대한 심상모델(mental models) — 을 연구하며, 다른 형식의 표현에 대한 접근방법을 개발하는 데 이러한 인지적 표현의 지식을 활용한다.

지도를 통한 지리적 공간의 **시각적 표현**은 학술적 연구 분야로서 공식적으

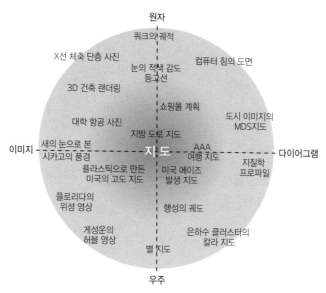

원자

쿼크의 궤적

X선 체축 단층 사진

눈의 적색 감도
등고선

컴퓨터 칩의 도면

3D 건축 랜더링

쇼핑몰 계획

대학 항공 사진

도시 이미지의
MDS지도

지방 도로 지도

이미지 ─ 새의 눈으로 본 **지도** AAA
시카고의 풍경 여행 지도 ─ 다이어그램

플라스틱으로 만든
미국의 고도 지도

미국 에이즈
발생 지도

지질학
프로파일

플로리다의
위성 영상

행성의 궤도

계성운의
허블 영상

은하수 클러스터의
칼라 지도

별 지도

우주

그림 3.2 통상적 지도는 지리학자와 여타 과학자들이 사용한 공간을 시각적으로 표현하는 많은 형식 중 하나이다. 공간적 표현의 연속체 중 하나로서 지도는 '추상화 수준'(가로축)과 '규모 차원'(세로축)으로 정의된 '퍼지'(fuzzy) 범주를 차지하고 있다. 출처: 맥이큰(MacEachren, 1995, 그림 4.3)에서 인용.

로 인정받기 이전부터 오랫동안 지리학 탐구의 초석이었지만, 통상적인 지도들이 지리학 연구에 사용된 유일한 시각적 형식은 아니다. 그림 3.2는 통상적 지도가 시각적 표현 형식의 연속체를 따라 중간 지점에 자리 잡고 있다는 점을 보여 준다. 이 연속체는 원자에서부터 우주에 이르는 차원의 규모와 이미지로부터 선 긋기에 이르는 추상화의 수준에 의하여 규정될 수 있다.

그러나 공간적 표현을 위한 수단으로서 지리적 지도의 중요성 때문에, 지도화(mapping)를 위하여 개발된 개념들은 모든 형식의 공간적 표현에 큰 영향을 미쳤다. 과학 전반에 걸친 시각적 표현을 위한 모델이자 촉매제로서 이러한 역할은 과학 전반에 걸쳐 활용되는 연구의 도구로서 지도화에 대한 최근 들어 널리 알려진 홀(Hall, 1992)의 언급에서뿐만 아니라, 지도가 과학적 시각화에 사용되는 수많은 개념의 원천이라는 컴퓨터과학자들의 인식에서도 명확히 드러난다(Collins, 1993).

공간적 표현에 관한 활발한 지리학 연구 분야는 시각적인 지리적 표현을 위한 '언어'를 정식화하는 것과 관련되어 있다. 또 다른 중요한 연구 분야는 지표면의 개선된 묘사와 연관되어 있다. 주목할 만한 사례는 지형 음영에 대한 컴퓨터 기법을 미국 전역의 디지털 표고 데이터베이스와 일치시키는 최근의 기술적 진보이다(자료 3.1을 참조할 것).

언어적 표현은 신중하게 구축된 언어적 서술을 통하여 경관을 환기시키는 시도를 말한다. 지리학 밖에서 가장 잘 알려진 몇몇 지리학자들은 거의 대부분 이러한 표현의 형식에 전적으로 의존하고 있다. 지리학자들은 언어적 표현과 시각적 표현 둘 다의 능력에 새로운 관심을 불러일으켰는데, 이는 모든 표현이 다양한, 잠재적으로 숨겨진, 아마도 이중적 의미를 갖고 있다는 전제를 탐구하는 것을 통해서였다(Gregory, 1994).

언어적 그리고 시각적 형식의 공간적 표현을 연결하는 작금의 연구 분야는 연구와 교육적 응용을 위하여 설계된 하이퍼미디어(hypermedia)■4 문서에 관한 것이다. 지리적 스크립트■5(영화의 대본, 즉 스크립트와 유사한 것으로)의 개념은 특정 이슈에 대한 정보를 제공하기 위하여 개발된 지도와 그래픽, 그림, 서술 등의 복합적 웹(web)을 통하여 사람들을 안내하기 위한 전략으로서 제안되어 왔다(Monmonier, 1992).

수학적 표현에는 위치, 지역, 분포 등을 강조하는 공간의 모델이 포함되는데, 기능적 연관성의 모델과 공간적 상호작용 및 장소에서의 변화를 강조하는 과정의 모델이 그것이다. 물론 시각적 지도는 공간의 수학적 모델에 기반하고 있으며, 본질상 지리적 위치에 관한 모든 지도적 묘사는 지구에서 종이

---

4. (옮긴이) 텍스트를 동영상과 음성 파일과 연결시키거나 변화시키는 시스템 또는 설비를 말한다.
5. (옮긴이) 스크립트(script)는 간략히 말해 소프트웨어에 실행시키는 처리 절차를 문자(텍스트)로 기술한 것으로, 일종의 프로그램이라고 할 수 있다.

지리학의 재발견

미국의 음영기복 지도

미국 지질조사국(USGS)은 1940년에 래이즈(Raisz)의 지형 도면이 출판된 이래 (Lewis, 1992; 그림 3.3을 참조할 것), 가장 인상적인 지형의 형세를 표현하였다고 여겨지는 지도를 제작하였다. 이 지형도를 제작하면서 파이크와 텔린(Pike and Thelin, 1989)은 미국 국방부 지도제작국(Defense Mapping Agency)의 1:250,000 축척 지도를 수치화(Digitizing)함으로써 종합적인 수치표고모델(Digital Elevation Model: DEM)을 제작하는 절차를 개발하였다. 수치화된 데이터는 미국 전도(全圖)를 그리는 데 적합한 앨버스정적도법(Albers Equal Area Conic Projection)으로 변환되었으며, 1:3,500,000 축척에서 표고 음영을 나타내는 데 적합한 해상도로 재설정되었다. 그리고 분석 음영기법이 적용되어 세 개의 데이터 레이어가 만들어지고, 이를 최종 지도에 통합하였다. 파이크와 텔린의 지도를 바탕으로 한 수치표고 데이터는 여러 다른 지도를 만드는 데 기폭제가 되었다. 그중에서는 2차원에서 깊이를 인식하기 위한 시스템(Moellering, 1989; Eyton, 1990)과 경사의 사면 방향을 나타내는 시스템(Moellering과 Kimerling, 1990; 컬러도판 1을 참조할 것)이 있다.

그림 3.3 동일 연장의 미국에 대한 파이크와 텔린의 음영기복 지도. 출처: 파이크와 텔린 (Pike and Thelin, 1989).

나 컴퓨터 디스플레이 화면이라는 평면으로의 수학적 변환이다. 시각적 표현과 수학적 표현의 결합은 각각에 내재된 이점을 활용한다(컬러도판 2를 참조할 것).

수학적 표현과 시각적 표현 간의 연결에 관한 훌륭한 사례는 세계 인구 프로젝트(Global Demography Project)(Tobler et al., 1995)가 제공하고 있다. 이 프로젝트에서는 전 세계를 포괄하는 1만 9,000개 이상의 수치화된 행정 다각형(polygon) 및 관련 인구수가 1994년으로 외삽된 다음, 구형 셀로 변환되었다. 이 데이터는 래스터 지도로 활용되고 있는데, 프로젝트를 지원한 국제 지구과학 정보네트워크(International Earth Science Information Network)와 사회경제 및 경제 데이터 센터(Scioeconomic and Economic Data Center)를 위한 미국 항공우주국(National Aeronautics and Space Administration: NASA)의 컨소시엄에서 유래한 월드와이드웹(WWW)에서 접근할 수 있다.

인지적 표현은 개개인이 자신의 환경에 대한 정보를 머릿속으로 표현하는 방식이다. 공간에 대한 인간의 인지적 표현은 지난 수십 년 동안 지리학에서 연구되어 왔다. 이 인지적 표현은 주거지 선호도의 '심상지도(mental maps)'를 도출하려는 시도로부터 공간적 위치에 대한 지식이 머릿속에서 조직되는 방식, 이 지식이 환경 속에서의 행태로 확장되는 메커니즘 그리고 환경 지식이 공간상의 행태를 뒷받침하는 데 사용될 수 있는 방식을 평가하는 것에 이르기까지 다양하다. 결과적으로 획득한 공간 인지에 대한 풍부한 지식은 이제 시각적 그리고 디지털 형식의 공간적 표현과 연결되고 있다. 이 연결은 지리정보시스템(GIS)의 인터페이스를 설계하거나 디지털 지리 데이터베이스의 구조를 개발하는 것과 같은 연구 분야에서 매우 중요하다. 인간의 공간적 의사결정을 모델화하는 데 인지과학의 접근방법을 응용하려는 최근의 노력으로, 길 찾기와 공간 선택 그리고 지리정보시스템에 기반을 둔 공간적 의사

　　　　　　　　　　　　　지리학의 재발견

결정 지원시스템의 개발과 관련된 유망한 연구 방법들이 개발되기 시작하였다. 더군다나 인지 발달의 다양한 단계에서 어린이들이 지도나 기타 형식의 공간적 표현에 어떻게 대처하는지에 관한 연구는 지리교육을 개선하려는 노력에서 핵심적인 요소이다.

디지털 표현은 아마도 지리정보시스템과 컴퓨터 지도화의 광범위한 활용으로 인하여 표현 연구의 가장 적극적이고 영향력 있는 관심사이다. 지리학자들은 지리정보시스템 및 컴퓨터 지도화 시스템을 지원하는 표현체계의 개발에 중심적인 역할을 담당해 왔다. 1960년대 미국 인구조사국(U.S. Census Bureau)에서 수학자들과 함께 근무하던 지리학자들은 공간 데이터의 벡터 기반 디지털 표현에 대한 위상 구조의 이점을 처음으로 인식하게 되었다. 이 벡터 기반 접근법(독립적인 이중 지도 인코딩 시스템, 최근에는 위상학적 통합 지리 인코딩 및 참조 시스템 또는 'TIGER'로 대체됨)은 인구조사국의 주소 매칭 시스템의 핵심이 되었다. 이는 위상 구조 방식과 미터(m)법의 지리적 표현을 연결하기 위한 혁신적 시스템을 통하여 컴퓨터 지도화에 적용되었다. 미국 지질조사국(USGS) 국가지도제작실(National Mapping Division) 소속 지리학자들과 기타 과학자들의 관련 연구로 인해 디지털 지도화 시스템(수치 선형지도 형식)이 개발될 수 있었으며, 미국 지질조사국은 디지털 공간 데이터의 주요 공급자가 될 수 있었다.

지리정보시스템을 연구하는 지리학자들은 래스터(그리드 기반) 데이터 구조에 대한 새로운 접근방법을 모색해 왔다. 래스터 구조는 원격탐사 이미지의 데이터 구조와 호환되며, 이는 계속하여 지리정보시스템과 기타 지리적 응용에 대한 중요한 입력 데이터 원(原)이 된다. 래스터 구조는 공간 데이터의 중첩에도 유용하다. 벡터 및 래스터 데이터 구조의 개발은 결과적으로 래스터와 벡터로 구분되는 이분법에서 벗어난 통합적인 개념모델을 통하여 연결되어 왔다(Peuquet, 1988).

또한 미국의 지리학자들은 디지털 표현을 일반화하려는 국제협력에서 주도적 역할을 수행해 왔다(Buttenfield and McMaster, 1991). 이러한 연구는 특별히 중요한데, 왜냐하면 디지털 지리 참조 데이터(digital georeferenced data)의 빠르게 증가하고 있는 배열이 다규모적(multiscale) 지리적 분석을 지원하기 위하여 (지리정보시스템을 통하여) 통합될 수 있기 전에 핵심적인 일반화의 문제에 대한 해법이 필요로 하기 때문이다. 디지털 영역에서의 일반화는 그동안 어려운 문제로 입증되어 왔는데, 그 이유는 서로 다른 규모에서의 분석이 정도의 차이는 있으나 세분화된 정보뿐만 아니라 근본적으로 상이한 방식으로 표현된 서로 다른 종류의 정보를 요구하기 때문이다.

위에서 언급한 공간적 표현의 측면은 점차적으로 디지털 표현을 통하여 연결되고 있다. 어느 한 표현에서 다른 표현(예를 들어, 수학적 표현에서 시각적 표현으로)으로의 변환은 이제 일반적으로 중간 단계로서 디지털 표현을 사용하여 이루어지고 있다. 이처럼 다른 형식의 표현을 위한 틀로서의 디지털 표현이 신뢰를 얻게 됨에 따라, 디지털 표현이 지리학 지식의 구축에 미치는 영향과 관련하여 새로운 문제가 제기되고 있다.

지리학의 전통적인 공간적 표현에서 최근 파생된 것 하나가 지리정보과학(Geographic Information Science)에서의 여러 학문분야의 종합적 노력이다. 이 분야는 지리정보와 이와 관련하여 급속히 부상하고 있는 기술들이 매우 중요하기 때문에, 여러 학문분야 간의 조정과 협력을 강조하고 있다. 대학 및 기타 연구기관의 비영리 단체인 지리정보과학 대학컨소시엄(the University Consortium for Geographic Information Science: UCGIS)은 이러한 학제적 노력을 용이하게 하기 위하여 설립되었다. 지리정보과학 대학컨소시엄(UCGIS)은 개선된 이론, 방법, 기술 그리고 데이터를 통하여 지리적 과정 및 공간적 관련성에 대한 이해를 제고하는 데 전념하고 있다.

3.4 지리학의 인식론[6]

지리학의 관점에 대한 이번 조사는 폭넓게 해석하여 과학적 학문분야로서 지리학이 추구하는 주제의 다양성을 보여 준다. 지리학자들이 그들을 둘러싼 세상에 대한 지식과 세상의 이해를 창출하기 위하여 사용해 온 방법과 접근방법, 다시 말해 인식론도 이와 마찬가지로 광범위하다. 제2차 세계대전 이후의 이론 지리학과 개념 지리학의 쇄도, 즉 당시 지리학이 다른 사회과학과 환경과학 그리고 자연과학과 나란히 자리를 잡는 데 도움을 준 연구 작업은 1960년대의 계량혁명 동안 '실증주의적' 인식론으로 일컬어지는 것을 채택함으로써 촉발되었다(Harvey, 1969). 특히 환경적 동학을 연구하는 경우뿐만 아니라 공간 분석 및 공간적 표현에서도 이 접근방법은 여전히 폭넓게 활용되고 있다. 그렇지만 오늘날 그러한 연구의 실제는 실증주의의 이상으로부터 종종 벗어나 있는 것으로 인식되고 있다. 무엇보다도 가치 중립성과 가설 검정을 통한 유효 이론의 객관성과 같은 이러한 여러 많은 이상들은 사실상 달성될 수 없다(Cloke et al., 1991; Taaffe, 1993).

그러한 한계에 대한 인식은 지리학 분야를 계속해서 활성화시키는 일련의 인식론의 상대적 장점에 대한 지리학자들 간에 격렬한 논쟁을 불러일으켰다(Gregory, 1994). 이러한 논쟁에는 다음과 같은 특별히 흥미로운 점 몇 가지가 있다.

1. 인간 행위자의 행동을 제약하는 정치 및 경제 구조의 역할에 중점을 두는 접근방법은 때때로 관찰하기 어려운 구조와 메커니즘이 개인의 행동 및 그에 따른 사회적 그리고 인간−환경적 동학에 미치는 영향을 강조하는 구조

---

6. 인식론이라는 용어는 지식 획득의 방법을 지칭한다.

적이고 마르크스주의적이며 구조주의적인 사고의 전통을 바탕으로 하는데, 이는 경험적 검증이 이론의 타당성을 결정할 수 없다는 함의를 지니고 있다 (Harvey, 1982).

2. 실재론적 접근방법은 한층 높은 수준의 개념적 구조의 중요성을 인식하고 있으나, 이론들이 하나의 과정이 서로 다른 장소에서 야기할 수 있는 매우 상이한 관찰 결과를 설명할 수 있을 것이라고 주장한다(Sayer, 1993).

3. 문화지리학의 전통적 관심사인 해석적 접근방법은 유사한 사건들이 매우 상이하지만 동일하게 유효하게 해석될 수 있다는 점을 인식하고, 이러한 차이점은 분석자의 다양한 사회적, 지리적 경험과 관점에서 비롯되는 것이며, 연구자의 객관성을 확증하고자 시도하기보다는 연구자가 지닌 가치를 고려할 필요가 있음을 지적한다(Buttimer, 1974; Tuan, 1976; Jackson, 1989).

4. 페미니스트적 접근방법은 많은 주류 지리학이 지리학의 물음과 관점에 대한 백인 남성의 편향과 아울러 그 분석에서 여성 삶의 한계화를 인정하는 데 실패하고 있다고 주장한다(McDowell, 1993b; Rose, 1993).

5. 모든 지리적 현상이 사회적 구성물임을 주장하는 포스트모더니스트적 또는 '반(反)모더니스트적' 접근방법은, 지리적 현상에 대한 이해가 개별 연구자의 사회적 가치와 규범 그리고 특별한 경험의 산물이며, 그 어떤 거대이론도 확실하지 않는데, 이는 모든 해석의 우연적 본질을 인식하지 못하고 있기 때문이라고 지적한다. 이는 다름 아닌 '표현의 위기', 즉 세계에 대한 모든 재현의 상대적 '정확성'을 판단하기 어려워지는 상황을 말한다(Keith and Pile, 1993). 페미니스트와 포스트모던 학자들은 지리학의 주제가 인류를 포용하려고 한다면, 다양한 주제와 연구자 그리고 인식의 방법을 통합할 필요가 있다고 주장한다.

지리학자들은 다른 자연과학자, 사회과학자, 인문학자들 간에 벌어지는 논쟁과 유사한 방식으로 지리학 연구의 철학적 기반을 토론하고 있는데, 물론 지리학자들은 세상에 대한 지리적 시각과 표현에 특별히 중점을 두고 있다. 이러한 논쟁은 철학적 영역에만 국한되지 않으며, 실질적 연구에 매우 현실적인 결과를 가져왔으며, 종종 동일한 현상에 대한 대조를 이루는 이론적 해석을 낳기도 하였다. 예를 들어, 정주체계의 발전에 대한 신실증주의자와 구조주의의 설명은 서로 간의 적극적인 참여를 통하여 진화해 왔으며, 인간 행동의 환경적 결과를 어떻게 평가할 것인가를 둘러싼 논쟁은 정량적 비용—편익의 계산으로부터 자연의 의미와 중요성에 대한 지역 및 토착 원주민들의 해석을 비교하고 대조하는 것에까지 다양하였다. 이하의 장(章)에서 우리는 이들 서로 다른 관점을 지적하고자 하지 않으며, 오히려 취하고 있는 접근방법보다 연구가 이루어진 현상들을 강조하고자 한다. 우리는 특정 주제에 대하여 서로 다른 관점에서 연구를 수행해 온 선도적 연구자들을 포함시키고자 하는데, 물론 우리가 그러한 용어를 사용하는 넓은 의미에서 그들의 연구가 과학적으로 구성될 수 있는 범위 내에서이다(자료 1.1을 참조할 것).

  우리는 서로 다른 관점이 종종 동일한 현상에 대한 매우 상이한 견해를 개진하는 치열한 논쟁을 초래한다는 점을 인식하고 있지만, 이들 논쟁을 이 책에서 상세히 기술할 여지가 없다. 이와 같이 종종 활발한 상호 교환과 차이는 교과목 및 학문으로서 지리학을 강화하기도 하지만, 다양한 접근방법은 서로 다른 종류의 질문에 적절할 수 있으며, 어느 한 접근방법의 선택은 제기되는 연구 문제의 종류와 내놓아야 할 해답뿐만 아니라 해답 자체를 형성한다는 것을 연구자들에게 상기시킨다.

제4장

지리학의 분석 기법

이 장(章)에서는 지리적 데이터의 관측 및 표현, 분석을 위한 기법의 개발과 관련한 지리학자들의 기여를 설명하고자 한다. 관측과 관련해서 이 장은 관측의 지리적 규모(scale)에 있어서의 양 극단, 즉 현장 실측조사(답사)와 원격탐사를 설명하고자 한다. 데이터의 표현 및 분석과 관련해서 이 장은 지도학과 지리적 시각화, 지리정보시스템, 공간 통계학을 살펴볼 것이다.

지리학자들은 그들의 연구에서 사용하는 분석 기법들을 진공 속에서, 즉 완전히 가치중립적인 상태에서 개발한 것이 아니다. 특정한 문제를 해결하기 위하여 개발된 것이며, 따라서 특정 시기 지리학의 초점을 반영한다. 지리학의 분석 기법들은 자료를 수집하는 데 중요한 정보의 종류에 대한 지리학자들의 의식적 결정을 반영하는데, 즉 수집되고 처리되고 분석되고 표현될 정보의 공간적 규모(scale), 데이터의 표본추출 방식과 실험적 설계, 데이터의 표현, 데이터 분석의 방법론 등에 대한 지리학자들의 의도를 반영한다. 이론적 패러다임이 변화하면, 이에 따라 경험적 연구를 위한 분석 기법도 변화한다. 그러므로 학문의 발전은 정보의 수집과 분석 그리고 해석을 위한 새롭고

지리학의 재발견

개량된 분석 기법의 발전과 함께 진행된다. 자료 4.1과 자료 4.2는 지리학의 발전과 분석 기법의 발전 간의 밀접한 관련성을 잘 보여 준다.

지리학의 다양한 학문적 관점과 서로 다른 세계관 및 경험이 이론적 연구 작업에 어떻게 영향을 미치느냐에 대한 인식(제3장을 참조할 것)은 학문의 이론이 분석 기법의 발전에, 그리고 이와 정반대로 분석 기법의 발전이 학문의 이론 발전에 영향을 미칠 수밖에 없다는 사실을 지리학자들이 지속적으로 의

자료 4.1

잠재 증발산

1940년대까지는 기후의 상대습도나 건조도, 강우와 하천유출 간의 관계, 작물 생산을 극대화하기 위하여 필요한 관개(灌漑) 공급량 등을 비롯한 여러 수문기후학적 문제들을 신뢰할 수 있게 평가할 수 있는 실용적 알고리즘이 개발되지 못한 상태였다. 또 하나 개발되지 않은 것은 지표 수분에 대한 대기 수분 수요를 시간 기반으로 추정할 수 있는, 손쉽게 활용되고 신뢰할 만하며 그러나 물리적으로 현실적인 측정 방법이었다. 임시방편으로 증발량과 기온을 이용하여 대기 수분 수요를 추정하는 방법을 활용하기도 하였으나, 개념적으로도 약점이 많은 방법이었으며 때때로 매우 편향된 추정치를 만들어 내기도 하였다.

1930~40년대 손스웨이트(C. W. Thornthwaite)는 미국 뉴저지 기후학연구소의 동료들과 공동 연구를 통하여 대기 수분 수요의 측정을 위한 비교적 간단한 개념인 '잠재 증발산'(E_0)과 이를 실제로 추정하는 수단을 고안하였다(Wilm et al., 1944). 손스웨이트의 E_0 개념은 물리학 이론에 기반을 두었을 뿐만 아니라 월평균 기온(T)과 일조시간(h)만으로 대기 수요 수분을 비교적 손쉽게 추정할 수 있었기 때문에, 손스웨이트의 기후학적 이해에 대한 기여는 오랫동안 지속되었다.

손스웨이트의 E_0 개념과 기후학적 물수지 알고리즘(Thornthwaite and Mather, 1955)은 국지적인 수문기후학적 문제의 평가로부터 지역적, 대륙적 그리고 한 걸음 더 나아가 지구적 규모에서의 증발산의 지리적 변이성을 추정하는 것에 이르기까지 다양한 분야에서 활용되었다. 잠재 증발산(E_0)을 실제 증발산(E) 및 지표 수분 전도율(β)과 분리하고, 특히 $E = E_0\beta$라는 계산식으로 측정하는 그의 추정방법은 실제 증발산량을 추정하기 위하여 어떤 환경적 변수를 관찰하고 측정해야 하는지의 구체적인 방법을 제시하고 있다. 다시 말해, 손스웨이트의 개념화는 특정 장소나 지역의 수문기후를 측정하기 위하여 표본 추출 방법에 관한 우리의 이해에 중대한 진전을 가져다 주었다.

식하도록 도와준다. 예를 들어, 지리정보시스템에 대한 최근의 인기는 지리학에서 공간분석 이론의 영향력을 반영하는 동시에 그 영향력을 강화하는 것을 보여 준다고 할 수 있다. 반면에 지리정보시스템의 인기로 경험적 분석을 위하여 상이한 기법들을 필요로 하는 사회이론과 같은 다른 이론적 접근방법의 발전이 저해되고 있는지 또는 그렇지 않은지에 대한 활발한 논쟁이 이루어지고 있는 것도 사실이다.

이 장(章)에서는 방법론적 연구를 통하여 지리학자들이 경험적인 과학적 분석 기법에 상당히 기여해 온 몇 가지 방식을 설명하고자 한다. 이들 분석 기법 중 일부는 다른 목적을 위하여 타 학문분야에서 개발되었지만, 지리적 현상과 과정 그리고 사건의 공간적, 시간적 측면에 의거하여 제기된 특별한 도전에 대응하기 위하여 지리학자들에 의하여 원용되었다. 지리학자들이 개발한 기법 가운데 일부는 다른 학문분야뿐만 아니라 공공 및 민간 부문의 다양한 분야에서 폭넓게 활용되고 있다. 아마도 가장 대표적인 작금의 사례는 지리적으로 참조된, 즉 좌표 정보를 포함한 데이터를 저장하고 처리하고 출력하는 지리정보시스템(GIS)이 될 것이다. 대용량의 공간 관련 정보를 처리할 수 있는 지리정보시스템의 잠재력은 공공 및 민간 부문의 다양한 연구와 교육 그리고 공공 및 민간 부문의 응용작업에서 중요한 필요를 충족시키고 있다. 지리정보시스템은 공간적 표현, 즉 시각화 분야의 이론적 연구에 자극이 될 뿐만 아니라(제3장을 참조할 것), 지리학의 분석 기법 관련 연구의 주요 주제이며, 지리학 내의 세부 전공분야 가운데서도 현재 학생들과 고용주들이 모두 똑같이 요구하는 전공분야의 하나로 자리 잡고 있다.

이 장(章)의 내용이 경험적 분석의 기법에 초점을 맞추고 있지만, 이것이 지리학의 방법론적 기여는 관측이나 가설 검증에 국한되어 왔음을 의미하는 것으로 여겨져서는 안 될 것이다. 지난 수십 년 동안 지리학 분야에서는 지리적 과정을 개념화하고 모델화하는 이론적 연구가 매우 활발히 이루어져 왔다.

여러 많은 방식으로 이러한 이론적 발전은 지리학의 공고한 지적 기반을 제공해 주고 있다.

4.1 관측

지리적 현상과 이벤트, 즉 사건의 **관측**은 복잡한 현실 세계를 정확히 표현하고자 하는 지리학의 관심에 핵심적 요소이다. 전통적이지만 여전히 폭넓게 활용되고 있는 관측의 방법은 현장관측과 탐사를 통하여 지리학자와 대상 간의 '현지에서'의 직접적인 접촉에 의거하는 것이다. 현장조사(踏査)는 예를 들어 단일 분수계(分水界)나 특정 도시에 관한 연구로 특성화되듯이, 미시 규모에서 중간 규모에 이르는 관측에 특히 효과적이다. 현장조사는 집중적인 수고를 요구하는 관측 기법이다. 그것은 특별히 장기간에 걸쳐 수행되는 경우 상당한 인적 및 재정적 자원의 투자를 필요로 할 수 있다.

현장조사는 집중적 특성을 지니고 있기 때문에, 이는 지표면의 거시 규모의 관측에는 비현실적이다. 따라서 넓은 지역에 대한 거시적 관측에는 현장조사보다 항공기나 인공위성에 탑재된 관측 장비를 이용한 원격탐사 기법이 가장 효과적이다. 이러한 기법의 개발과 특히 원격탐사를 통한 공간 데이터의 수집 및 분석과 관련한 기법 개발은 빈번히 지리학자에 의하여 주도되어 왔다.

4.1.1 현장 관측 및 탐사

지리적 조사의 주된 실험실은 현장(field)이다. 사실, 세이어(Sayer, 1993)는 현장 관측을 통하여 가능한 집중적인 비교 사례 연구가 지리학자들이 연구에서 특화한 장소 간의 변이를 이해하는 데 핵심적 역할을 한다고 주장하였다. 지리학이 가장 주목하는 물음의 대부분은 자연적 또는 문화적 경관에서 나타나는 변화에 집중되고 있으며, 이러한 물음을 다루는 데에는 일반적으로 현장 관측과 공간적 표본추출 측정이 필수적이다. 사회적 패턴과 과정에 관심이 있는 지리학자들도 보다 일반적으로 사회과학과 결부되어 있는 기

자료 4.2

공간적 확산과 전염병

혁신의 공간적 확산에 대한 이론적 논구는 토스텐 헤거스트란트의 새로운 개념적, 방법론적 기여로부터 시작되었다(Torsten Hägerstrand, 1953; Hägerstrand, 1967). 헤거스트란트는 지리적 현상의 확산에는 공간적 구조와 패턴 그리고 무작위 선택이 복합적으로 작용한다는 인식을 바탕으로 하여 시뮬레이션 기법에 기반을 둔 몬테카를로(Monte Carlo) 접근법을 적용하고, 이를 통하여 인구집단을 통한 각종 혁신은 개인 간의 접촉에 의거하여 전달되는 정보를 통하여 사회적, 공간적으로 확산된다는 사실을 밝혀냈다. 인문 사회과학 분야에서 몬테카를로 기법을 적용한 것은 그의 연구가 최초였으며, 그의 시뮬레이션 기법은 제2차 세계대전 동안 맨해튼프로젝트에서 수학적 문제를 해결하기 위하여 노이만(John von Neumann)과 울만(Stanislav Ulman)이 사용한 기법을 차용한 것이었다.

헤거스트란트의 이론은 당시 인문지리학 분야에서 발전하고 있던 연구 아이디어를 이론화한 것으로, 이후 광범위한 지리적 현상의 분석에 활용되어 왔다. 예를 들어, 홍역에서부터 후천성면역결핍증(AIDS)에 이르는 전염성 질환의 확산에 관한 연구들은 헤거스트란트의 이론에 토대를 두고 있으며, 전염병의 확산과정에 대한 이해를 제고하는 데 결정적 역할을 한 것으로 평가된다. 관련 연구들에 따르면, 인간집단을 통하여 확산되는 많은 전염성 질환들의 흐름은 개인 간 접촉 패턴의 지리적 분포에 상당한 영향을 받는 것으로 밝혀졌다(Cliff et al., 1986; 그림 4.1을 참조할 것).

보다 최근에 들어와서 여러 연구에서 지리적 현상의 공간적 확산은 개개인의 행동 패턴만큼이나 공간적 확산이 발생하는 사회적 맥락에 의해서도 영향을 받는다는 주장이 제기되었다(Brown, 1981; Blaut, 1987). '공급자' 관점으로의 개념적 전환은 공간적 확산에 대한 물음을 개별 수용자의 취약성에 초점을 맞춘 접근에서 확산과정에서의 사회적 작용력에 초점을 맞춘 접근으로 변화시켰는데, 사회적 작용력이 확산 개체(예를 들어, 전염되는 병균)가 이동하는 공간을 어떻게 구조화하는지의 방식에 집중하는 연구들을 포함하고 있다. 이러한 개념적 전환은 이전의 연구들과는 다른 새로운 형태의 정보 및 경험적 연구 전략의 필요성을 제기하였다.

지리학의 재발견

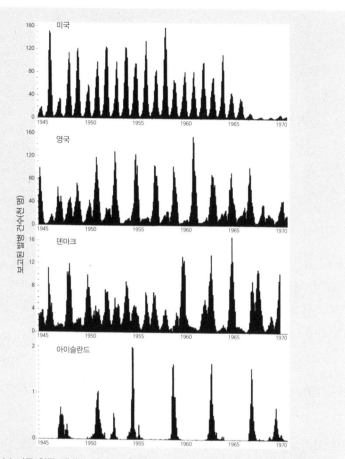

그림 4.1 미국, 영국, 덴마크, 아이슬란드의 월별 홍역(Measles) 발병 보고 건수 변화 그래프에서 나타나고 있듯이, 홍역과 같은 전염성 질환은 일정한 시간 주기에 따라 증감을 한다. 홍역의 발병 건수는 인구집단의 크기 및 분리 정도와 밀접하게 관련되어 있는데, 미국과 같이 인구 규모가 크고 연결성이 높고 인구이동이 활발한 인구집단에서는 발병 건수가 많고, 아이슬란드와 같이 인구 규모가 작고 고립된 인구집단에서는 발병 건수가 적은 것을 볼 수 있다. 출처: 클리프 등(Cliff et al., 1981).

록물 조사와 인터뷰 및 설문조사, 참여 관찰법 등에 의거하여 지리적 현상을 분석한다.

현장조사를 통하여 지리학자는 국지 데이터가 누락되거나 데이터의 신뢰도가 낮다고 의구심이 드는 장소에서 직접적으로 관측을 행하고, 인구통계와 같은 기존 2차 자료의 유효성을 확인할 수 있다. 원격탐사를 활용한 자료수집이 일반화되면서 일부 연구에서 현장조사의 필요성이 줄어드는 것처럼 보일수 있지만, 실제로 원격탐사 영상의 정확한 해석을 위해서는 실제 패턴에 대한 자세한 현장 지식이 필수적이기 때문에 현장조사의 중요성은 더욱더 강조될 수밖에 없다. 예를 들어, 숲이 우거진 지역에서 질병에 감염된 숲이나 미성숙한 숲과 대조되는 건강하고 성숙한 숲을 선별하기 위해서는, 연구자들이 현장조사를 통하여 획득한 건강하고 성숙한 숲의 전자기 분광 특성 데이터와 원격탐사 영상의 이미지를 대조하는 작업은 필수적이다.

인구통계와 같은 기타 2차 자료의 유효성을 검증하는 것과 마찬가지로, 원격탐사 영상의 판독을 통하여 작성한 자료(예를 들어, 식생지도)의 유효성을 검증하기 위해서도 현장조사 방법이 유용하게 활용된다. 최근 원격탐사 영상의 판독을 통하여 작성된 수치화된 지도 데이터나 인구조사 데이터 등 2차 자료가 다양해지고 구득하기도 용이해지면서, 학생들과 연구자들이 다운로드 등을 통하여 필요한 데이터를 한층 손쉽게 구득하여 분석할 수 있게 되었다. 그런데 불행하게도 그러한 데이터들은 흔히 정보의 출처나 신뢰성에 대한 자세한 설명을 포함하고 있지 않은 경우가 적지 않다. 이처럼 데이터의 신뢰성에 대한 데이터, 즉 '메타 데이터'가 누락된 경우에는 연구자가 현장조사를 통하여 데이터의 신뢰성을 평가할 수 있는 경우에만 그러한 디지털 데이터를 유용하게 사용할 수 있다. 다시 말해, 우주공간에서 '자동적으로' 지상의 이미지를 수집하고 온라인을 통하여 2차 자료를 손쉽게 다운로드할 수 있는 디지털 시대에 오히려 현장조사를 통한 데이터의 신뢰성 확보는 한층 더 중요해지고 있는 것이다.

지리학은 기본적으로 위치와 종합을 강조하는 학문이기 때문에, 현장조사 기법의 발전에 크게 기여해 왔다. 제3장에서 언급하였듯이, 지리학자들은 특정 현상의 공간적 분포와 패턴에 관심을 기울이고 있다. 따라서 이러한 연계 속에서 지리학자들은 혁신적인 지도화 기법을 통하여 분포와 패턴에 대한 이해에 기여해 왔다. 지리학자에게 현장의 지도는 단순히 방향과 위치를 찾는 데 도움을 주는 도구 이상이다. 즉 관찰한 현상 간의 공간적 관련성을 기록하고 밝혀내기 위한 도구이다. 지리학자들은 공간적 인지에서 문화적 특성의 기원과 전파에 이르기까지 모든 지리적 현상의 원리를 규명하기 위한 기술로서 현장 지도화 기법(field mapping techniques)을 개발해 왔다. 지리정보시스템(GIS), 전지구적위치확인시스템(Global Positioning System: GPS)을 비롯해 관련 기술들의 폭발적인 발전으로, 지리학자들은 현장조사 데이터의 편집과 조작, 분석을 자동화하는 데에서도 선도적 역할을 하고 있다(그림 4.2를 참조할 것).

그림 4.2 사진은 제4기 고기후학과 생물지리학에 관한 연구 프로젝트를 위하여 도미니카공화국의 고원지대를 답사하는 동안, 현장조사 위치 데이터를 기록하는 데 사용되는 전지구적위치확인시스템(GPS) 장비를 보여 준다. 이렇게 하여 수집된 위치 데이터는 이후 지리정보시스템(GIS)에 입력하여 답사 경로와 지형학적 측정 데이터를 지도화하는 데 활용된다.

공간적 분포와 패턴에 대한 현장 지리학자의 관심은, 궁극적으로 특정 현상들이 특정 장소에서 지역 고유의 환경을 어떻게 그리고 왜 만들어 가는지 하는 종합에 관한 보다 큰 관심의 일부를 형성한다. 따라서 결국 지리학자들의 현장조사는 자연적 그리고 사회적 현상을 아우르는 폭넓은 주제에 대한 관측과 연구로 귀결된다. 예를 들어, 토지개혁에 관한 지리학 연구는 토양 표본 측정뿐만 아니라 지역 주민들과의 인터뷰까지를 포함한 다면적인 조사를 포함하게 된다.

현장조사를 중시하는 지리학의 전통은 연구를 넘어서 교육의 영역으로까지 확장되고 있다. 교육을 통하여 환경 및 문화적 인식을 확장하고자 할 때, 지리적 현장조사는 독특하고 가치 있는 관점을 제공한다. 대부분의 지리학 교과목은 현장견학과 현장실습을 포함하여 운영되고 있는데, 이는 학생들에게 그들이 거주하는 환경에 대하여 관심을 갖게 하고, 지역의 경관 및 문화가 왜 어떤 과정을 거쳐 형성되었는지에 대한 탐구를 장려하기 위한 것이다. 이처럼 현장조사는 지식 습득의 도구임과 동시에 문화 및 환경에 대한 인식과 평가를 증진시키는 수단을 제공한다.

4.1.2 원격탐사

원격탐사는 항공기나 인공위성에 탑재된 센서, 곧 감지기를 사용하여 지표면 및 대기에서 반사(혹은 방출)되는 전자기 신호를 탐지하고 기록하는 것으로 정의된다. 이러한 신호는 대개 디지털 형식으로 기록되며, 그 '숫자(digit)'는 지표면의 작은 영역의 평균 속성에 대한 정보를 나타낸다.

지리학자들은 원격탐사가 본격적으로 시작된 약 50년 전부터 원격탐사 데이터를 적극적으로 활용해 왔다. 예를 들어, 지구의 기후조건을 연구하는 지리학자들은 인공위성을 활용하여 대기환경에 대한 데이터를 수집하여 기후

변화를 모니터링하고 예측한다. 또한 원격으로 감지된 데이터는 지표면의 물리적, 생물학적, 문화적 현상을 지도화하고 이를 업데이트하는 데 매우 유용하다. 특히 대기의 구름을 투과하여 지표면의 현상을 '관찰'할 수 있는 적외선 센서와 같은 특수한 센서 시스템이나 지상에서는 접근하기 힘든 지역에 대한 원격탐사 데이터는 다른 방법으로는 획득할 수 없는 귀중한 정보를 제공한다.

지리학자들은 지역적 규모나 지구적 규모에서 지표 피복을 조사하고 모니터링하기 위하여 위성 데이터를 활용하려는 노력에서 중요한 역할을 담당해 왔다. 예를 들어, 미국 지질조사국(USGS) 지구자원관측과학데이터센터(EROS Data Center)와 고등토지관리정보기술센터(Center for Advanced Land Management Information Technologies)는 공동으로 여러 원격탐사 데이터를 조합하여 미국 전역의 지표 피복을 159개 유형으로 분류하는 프로젝트를 수행하였다(컬러도판 11을 참조할 것). 또한 미국 국가연구위원회(NRC)와 국제지권생물권프로그램(International Geosphere−Biosphere Program)은 전 세계 지표 피복 자료의 구축을 최우선 과제로 지정하기도 하였다(Townshend, 1992; NRC, 1994).

또한 지리학자들은 미국 국립해양대기국(National Oceanic and Atmo−spheric Administration: NOAA)이 수행하는 주정부와 연방정부의 공동 프로젝트인 해안감시변화분석 프로젝트(Coast Watch Change Analysis Proj−ect)에서 원격탐사 데이터를 수집하고 처리하는 데 주도적 역할을 수행하기도 하였다. 이 프로젝트는 연안 습지나 고원지대 및 수생 생태계의 환경변화를 모니터링하기 위한 프로젝트이다. 대표적 사례로, 클레마스 등(Klemas et al., 1993)은 위성 이미지를 처리하여 연안의 지표 피복을 분류하기 위한 지표 피복 분류체계를 개발하였다. 이 체계는 기존 해안지도 작성 프로그램 및 데이터베이스와 지리정보시스템이 호환될 수 있도록 개발되었다. 도슨 등(Dobson and Bright, 1991; Dobson et al., 1993)은 체사피크(Chesapeake)

만(灣) 유역을 대상으로 연안 생태계의 위치와 특성 그리고 변화를 지도화하는 시범연구를 수행하였으며, 젠슨 등(Jensen et al., 1993a, b)은 연안 습지에서 해수면 변화의 영향을 예측하기 위하여 원격탐사 데이터를 활용하였다(컬러도판 3을 참조할 것).

축척(sale) 혹은 해상도(resolution)는 원격탐사 자료의 수집에서 매우 핵심적인 고려 요소이다. 원격탐사 데이터의 정밀도를 나타내는 해상도는 공간 해상도, 분광(spectral) 해상도, 방사(radiometric) 해상도, 시간 해상도 등으로 세분되는데, 이 모든 것들은 개별이든 조합에 의한 것이든 간에 원격탐사를 통하여 수집한 데이터의 품질과 활용도를 결정하는 중요한 요인으로 작용한다. 지리학자들은 특정 현상을 원격탐사를 이용하여 측정하기 위하여 필요한 최적의 공간 해상도와 시간 해상도를 찾아내고 규격화하는 데에도 주도적인 역할을 수행하고 있다.

또한 지리학자들은 통합 지리정보시스템에서 다양한 해상도의 위성 데이터를 통합하고 분석하고 시각화하기 위한 신기술 개발에도 주도적으로 관여하고 있다. 다른 유형의 데이터와 함께 위성 이미지를 통합하고 시각화하는 것은 연구자와 자원 관리자, 의사결정자가 지구의 인문 및 자연 환경을 파악하고 이해하고 관리하는 데 엄청난 잠재력을 지니고 있다고 할 수 있다.

4.1.3 표본추출 및 관측의 선택

많은 지리학 연구의 중요한 요소 중 하나는 표본 측정을 통하여 변수의 값을 추정하는 작업이다. 따라서 표본추출 설계의 효능을 평가하는 작업은 지리학 연구의 중요한 주제 가운데 하나이며, 지리학의 연구 기법의 적용에서도 중요한 측면 가운데 하나이다.

지리학에서도 전통적으로 통계학에서 수립된 표본 추출법을 일반적으로

지리학의 재발견

활용해 왔으나, 공간적 위치를 고려해야 하는 많은 지리데이터의 특성 때문에 일반적인 통계적 표본 추출법은 지리데이터 표본의 대표성을 보장하지 못한다는 문제점을 안고 있었다. 즉, 공간적 현상의 작동 원리는 시간과 공간에 따라 달라지기 때문에 무작위 표본추출로는 모집단을 대표하는 표본을 추출하기 어려운 것이다. 공간적 위치 정보를 가진 지리데이터의 경우에는 표본의 수를 증가시킨다고 해서 표본의 대표성이 비례하여 증가하지도 않는다. 따라서 지리데이터의 표본추출에서는 추가적인 위치 정보를 이용하여 표본에 따라 차별화된 가중치를 반영하는 방법이 빈번히 사용된다. 예를 들어, 베이지안(Bayesian) 가중치 부여 체계는 질병발생 분포의 지리적 패턴을 해석하는 데 특히 유용하게 활용되고 있다. 베이지안 가중치 부여 체계에서 질병발생 '표본'은 알려진 질병발생 원리에 따라 발생한 것으로 가정되며, 이에 따라 연구자는 질병의 발생에 영향을 미치는 것으로 알려진 환경요인의 지리적 분포가 모집단에도 동일하다는 가정하에 관찰된 질병발생 분포와 예상되는 질병발생 분포패턴 간의 차이를 통계적으로 검증하는 방식으로 연구를 진행하게 된다(Langford, 1994). 알려진 공간 현상의 작동 원리에 기초하여 표본을 생성하고 참조 분포를 계산하며 관찰된 표본 추정치와 참조 분포 간의 관계를 찾아내는 일련의 과정은 일반적으로 몬테카를로(Monte Carlo) 시뮬레이션 방법을 이용하여 수행된다(Openshaw et al., 1987; 1988).

지리데이터 가운데 상당수는 인구센서스 데이터처럼 다른 목적을 위하여 설계된 데이터를 가공하여 사용한다. 이와 같이 표본 데이터로부터 다시 표본을 추출하는 과정은 고전적인 통계확률 평가와 가설 검정을 복잡하게 만드는 요인이 되기도 한다. 이에 따라 많은 지리학자들은 고전적인 통계적 접근 방식에서 벗어나 지리적 이해를 통합하는 보다 유연한 접근방법으로의 인식의 전환을 시작하였다. '직접' 추정방식에서 연관 변수를 활용한 '간접' 추정으로 전환하여, 소지역 변수의 추정을 시도한 일련의 연구들이 이러한 변화를 잘 보여 준다. 인문지리학의 정성적 접근방법에서는 공간을 기계적인 표본추출을 통하여 파악할 수 있는 속성을 지닌 '빈' 공간이 아니라 비연속적인 방식으로 공간을 가로질러 변화하는 지역에 부여된 의미를 지닌 차별화된 공간으로 개념화하기 때문에, 형식적인 통계적 표본추출 기법을 적용하는 것이 적절하지 않다는 논의가 종종 제기되었다. 정성적 분석에서는 일차원적이고 단방향적인 것으로 여겨지는 시간과 다차원적이고 다양한 방향으로 정렬된 것으로 간주되는 공간을 구별하고, 각각에 적합한 표본추출 기법을 고민하는 경향이 있다. 자연과학의 보편성과 역사학의 특수성 사이의 경계 영역에서 연구를 행하는 정성적 지리학자들에게는 공간 변화의 의미를 해석하는 것이 주요한 연구 목표가 되며, 이를 위하여 적절한 표본추출 기법을 고안하고자 하는 연구가 많이 진행된다.

  표본추출 기법의 설계 및 평가에 대한 새로운 접근방법의 사례로는 기상관측소의 관측 데이터를 이용한 글로벌 기후 측정 및 기후변화 예측 연구를 거론할 수 있다. 강수량을 측정하는 기상관측소의 위치 네트워크는 지속적으로 변화하는 글로벌 강수 분포를 측정하기 위한 표본 수집 네트워크이다. 그림 4.3에서 살펴볼 수 있듯이, 기상관측소의 공간적 분포는 통계적 표본처럼 무작위적이지 않고 특정 지역에 집중되어 있는 것으로 보인다. 그럼에도 불구하고 이 표본 네트워크의 노드(즉, 기상관측소의 위치)는 강수량의 공간적 분포와 역사적 변동성을 가장 잘 표현할 수 있는 것으로 평가된다. 표준적인 통계적 표본추출 기법은 위에서 언급한 여러 가지 이유로 인하여 글로벌 강수의 변동성을 평가하기에 적합하지 않다. 대신에 컴퓨터를 집중적으로 활용하는 비모수적 추정법으로 강수량 네트워크를 평가하고, 이를 활용하여 글로벌 강수량 분포를 추정하여 기후변화를 이해하는 것이 더욱 더 유용하다는 사실이 연구 결과를 통하여 입증되어 왔다.

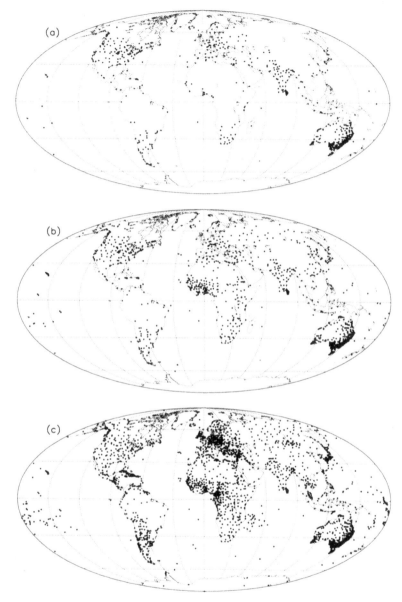

그림 4.3 미국 국립대기연구센터(National Center for Atmospheric Research)의 세계 지표 기후학(World Surface Climatology)에서 활용하고 있는 전 세계 강수 측정소의 공간적 분포. (a) 1900년, (b) 1930년, (c) 1960년. 출처: 윌모트 등(Willmott et al., 1994).

4.2 시각화와 분석

  공간, 즉 위치 참조 지리정보를 시각적으로 표현하기 위하여 사용되는 지리학의 전통적인 도구는 지도이다. **지도학**은 지도 제작과 관련한 제반 기술과 고려 요소들을 연구하는 지리학의 하위 분야이다. **지도**라는 용어는 일반적으로 점, 선, 면 형태의 데이터를 고정된 2차원의 종이 표면에 표현한 그림을 의미한다. 하지만 현대에 들어오면서 자료의 수집과 저장, 분석 그리고 시각화 기술이 획기적으로 발전하여 지도에 대한 이러한 전통적인 시각이 크게 확대되었다. '현대적' 개념의 지도는 디지털 형식으로 존재하는 역동적이고 다차원적인 시각화 도구로 발전하였으며, 이러한 지도의 도래는 지리 조사를 위한 새로운 연구 및 응용 분야의 가능성을 열었다.

  25여 년 전에 교육을 받고 활동하던 지리학자가 시간을 뛰어넘어 현대 지리학에서 공간정보를 기록하고 처리하는 데 사용하는 방법을 보게 된다면, 그 차이에 크게 놀랄 것이다(Laurini and Thomas, 1992). 이 변화는 지리정보시스템의 개발을 넘어서서 지리적 시각화 및 공간통계 분석에서의 새로운 기술 개발까지 포함하며, 이러한 지리적 시각화 및 공간통계 분석에서의 새로운 기술 개발은 점점 더 복잡해지고 있는 세상을 종합적으로 이해하기 위한 효과적인 분석기술을 제공하고 있다. 하지만 위에서 언급한 동일한 지리학자는 여전히 풀리지 않고 남아 있는 여러 가지 문제점들에 대해서도 깊은 인상을 받을 것이다. 예를 들어, 다양한 공간통계 분석과 지리적 시각화 기법이 개발되고 있지만, 여전히 그 방법론들이 지리정보시스템에 완전히 통합되지 못한 상황에 있다. 사실, 과학적 연구 분석 플랫폼으로서 지리정보시스템은 아직 성숙단계에 이르지 못하고 있으며, 따라서 많은 지리학자들은 정보과학으로서 지리정보시스템에 다양한 시각화 기술 및 공간분석 방법이 통합된다면, 더욱 더 큰 학문적 성과를 얻을 수 있을 것으로 기대하고 있다.

아래에서는 최근 들어 집중적으로 발전하고 있는 데이터 시각화와 분석 기법에 대한 지리학의 실질적인 방법론적 기여의 몇 가지를 살펴보고자 하는데, 여기에는 지도학, 지리정보시스템, 지리적 시각화, 공간데이터 분석 등이 포함된다.

4.2.1 지도학

지리학은 공간과 장소를 연구 대상으로 삼고 있는 학문분야이기 때문에, 연구 결과를 표현하는 지도는 지리학에서 매우 중요한 분야이다. 따라서 지리학의 하위 분야로서 지도학 연구의 전통도 지리학 발전에 필수 불가결한 요소가 되어 왔다.

지도학 분야는 일차적으로 컴퓨터의 폭넓은 활용에 힘입어 지난 30여 년 동안 크게 변화해 왔다. 컴퓨터의 발전은 동적(즉, 애니메이션) 지도, 개별 사용자를 위한 맞춤형 지도, 대화식 지도와 같은 새로운 형태의 시각화를 가능하게 하였다. 또한 컴퓨터와 그래픽 기술의 발전은 지도학에서 과학적 시각화와 공간데이터 분석을 위한 새로운 방법들의 발전을 가능하게 하였다.

지리적 지도학자들은 특히 자동화된 지도제작 시스템의 개발에 큰 기여를 하였다. 지도 해석의 작동 원리, 지도제작 기술, 지도학적 일반화, 지도 디자인 등에 대한 지리적 지도학자들의 왕성한 연구는 지도 제작자의 직관에 따라 수동적으로 진행되던 지도제작 절차를 자동화하고 고도화하는 성과를 거두었다. 예를 들어, 지도 일반화의 개념이 고안되면서 전통적으로 지도제작에 적용되었던 주관적이고 전체론적인 접근을 지도 구성 요소별로 분리하는 개념적 모델로 전환하고, 이를 디지털 지도제작 소프트웨어에 성공적으로 통합할 수 있게 되었다(McMaster and Shea, 1992). 지도학자는 또한 지도제작을 위한 전문가 시스템을 개발하여 컴퓨터 지도제작 시스템의 그릇된 사용과

적절하지 못한 지도의 활용을 방지하기 위한 노력을 계속해 왔다.

오늘날 지리학자들이 수행하는 지도학 연구 가운데 가장 흥미롭고 잠재적으로 유용한 연구의 몇 가지는 동적 시각화 또는 애니메이션 지도제작과 관련된 것이다. 애니메이션(animation)을 사용하면, 지리적 현상의 변화 및 지리적 현상 자체의 속성을 공간을 가로질러 그리고 시간의 변화에 따라 시각적으로 파악할 수 있다(자료 4.3을 참조할 것). 초기 애니메이션 지도 가운데 하나는 미국 펜실베이니아주(州)의 카운티(county) 단위 후천성면역결핍증(AIDS)의 확산에 관한 것이었는데(Gould, 1989), 이 애니메이션 지도는 일련의 정적(static) 지도보다 질병의 초기 집중지역과 그 공간적 확산을 보다 효과적으로 시각화한 것으로 평가되었다. 애니메이션 지도를 통한 공간 현상의 극적인 묘사는 보건의료 연구자들과 일반인들에게 지리적 현상의 변화 및 패턴을 효과적으로 알리고 교육시키는 성과를 거두었다. 이 연구에서 개발된 지도제작 기술로 인해 이후 일련의 애니메이션 지도가 유명한 CD-ROM(읽기용 콤팩트디스크 기억장치) 백과사전 중 하나에 수록되기도 하였다.

지리학자들은 전자 지도집(electronic atlas)과 CD-ROM 지도집 같은 또 다른 새로운 지도제작 형식에 대한 연구를 주도해 왔다. 플로리다주립대학와 플로리다주 교육부, IBM(International Business Machines Corporation)이 공동으로 수행한 최근 프로젝트에서 플로리다지도집은 CD-ROM 형식으로 출판되어 주(州) 내의 모든 학교에 배포되었다("Atlas of Florida," 1994; 그림 4.5를 참조할 것). CD-ROM 형태의 전자지도는 지도뿐만 아니라 오디오, 비디오, 애니메이션 또는 수많은 사진 및 기타 그래픽 자료 등과 같이 전통적인 인쇄 지도로는 수용할 수 없는 멀티미디어 자료를 포함할 수 있다는 장점을 지니고 있다. 전자 지도집과 지리 관련 소프트웨어는 교육환경, 특히 유치원에서 고등학교 3학년에 이르는 초중등 교육과정에서 특히 효과적으로 활용될 수 있음이 증명되고 있다. 1995년 윌리엄 로이(William Loy)가 피어리스

자료 4.3

기후와 식생 변화

애니메이션 지도는 대륙 규모에서 기후변화에 따른 식생의 변화를 분석하는 데 유용하게 사용되어 왔다. 그림 4.4는 지난 1만 8,000년 동안 북아메리카 동부 지역의 가문비나무 꽃가루(화분)의 밀도 분포를 시뮬레이션한 결과와 토양조사를 통하여 측정한 결과를 나타낸 일련의 **등화분분포도(isopoll map)**를 비교하여 보여 주고 있다. 토양조사를 통하여 측정한 꽃가루 밀도 분포 지도는 지역을 가로질러 328개 측정 지점에서 채집한 꽃가루 화석을 탄소연대 측정을 통하여 분석하여 작성한 지도이며, 시뮬레이션 지도는 1만 8,000년의 기후변화를 3,000년 간격으로 나누어 현재 기후와 가문비나무 꽃가루 분포의 상관관계에 따라 가문비나무 분포를 추정하여 작성한 것이다(COHMAP, 1988). 이러한 개별 '스냅숏' 지도들을 애니메이션 동영상으로 만들어 표본조사를 통하여 작성된 꽃가루 분포와 시뮬레이션으로 작성된 꽃가루 분포의 차이를 보여 주거나 개별 지도 사이의 시간적 간격 간의 미세한 변화를 추정할 수 있도록 애니메이션 지도가 활동된 사례이다. 애니메이션 지도를 통한 시각적 분석은 통계적 분석 결과와 함께 식생변화와 기후변화 간의 상관관계를 설명하기 위한 **동적 평형가설(dynamic equilibrium hypothesis)**을 검증하는 데 활용되었다. 지난 1만 8,000년 동안 대륙 규모의 식생분포 패턴에 대한 분석 결과에 따르면, 식생변화는 1,500년 미만의 시간적 차이를 두고 기후변화를 반영하는 것으로 나타나고 있다(McDowell et al., 1991; Prentice et al., 1991; Webb and Bartlein, 1992).

가문비나무 꽃가루 분포(측정 결과)

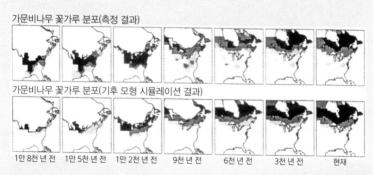

가문비나무 꽃가루 분포(기후 모형 시뮬레이션 결과)

1만 8천 년 전   1만 5천 년 전   1만 2천 년 전   9천 년 전   6천 년 전   3천 년 전   현재

그림 4.4 북아메리카 동부지역의 가문비나무(Picea) 꽃가루 분포에 대한 표본 측정 결과와 기후모델 시뮬레이션 결과를 나타낸 등화분분포도. 검정색은 20%, 진회색은 5% 그리고 연회색은 1% 이상의 꽃가루 밀도를 나타낸다. 출처: 웨브와 바틀레인(Webb and Bartlein, 1992: 그림 2).

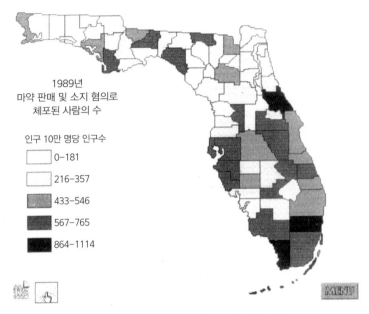

1989년
마약 판매 및 소지 혐의로
체포된 사람의 수

인구 10만 명당 인구수

0–181

216–357

433–546

567–765

864–1114

그림 4.5 1989년 마약 판매 및 소지 혐의로 체포된 사람의 수를 카운티 별로 표시한 플로리다지도
집(Atlas of Florida) CD-ROM에 포함된 단계구분도(Choropleth map). 지도 화면 왼쪽 하단의 그
래프 아이콘을 클릭하면, 마약 관련 범죄 및 단속 기록의 연도별 변화를 보여 주는 애니메이션 막대
그래프가 나타난다. 출처: 플로리다지도집(Atlas of Florida, 1994).

스프링 소프트웨어(Pieris Spring Software)사(社)의 'Digital Chisel' 소프트
웨어로 개발한 멀티미디어 CD-ROM인 'ExplOregon: A Geographic Tour
of Oregon'은 오리건주(州) 전역의 학교에서 주의 지리를 가르치고 배우는
방식을 획기적으로 변화시킨 것으로 평가된다. 지리교육에 대한 국가 표준이
개발되면, 전자 지도집과 같은 교육 보조 도구는 반드시 피할 수 없는 도구로
사용될 것이다.

4.2.2 지리정보시스템

미국 지질조사국(USGS)은 1992년 지리정보시스템(GIS)을 "지리적으로 참

지리학의 재발견

위치 정보의 기호화

미국 인구조사국(U.S Census Bureau)은 미국 전역의 도로, 강 그리고 기타 많은 시설물들을 1:100,000 축척으로 지도화하고 이를 디지털 지도데이터 파일로 개발하여 일반에 공개하였다. '위상학적 통합 지리 인코딩 및 참조 시스템(Topologically Integrated Geographical Encoding and Referencing: TIGER)'으로 명명된 이 수치지도 데이터에는 모든 도로의 구간별 주소 정보가 포함되어 있다. 이를 기반으로 수많은 소프트웨어 개발업체들이 'TIGER' 파일을 지도화하고 새로운 정보를 추가하여 편집할 수 있는 소프트웨어를 개발하여 배포 혹은 판매하고 있다. 'TIGER' 파일을 이용하면, 미국 내의 거의 모든 주소를 약 20미터(m) 이내의 오차범위 안에서 정확하게 지도에 표시할 수 있다. 주소 데이터를 지도상에 정확하게 표시하는 주소 기호화(Address matching) 기법을 이용하면, 환자와 병원 간의 거리 또는 취학 아동과 학교 간의 실제 이동 거리를 정확히 계산하거나 범죄발생 분포 분석 및 경찰 최적 순찰 경로 탐색 등 다양한 목적에 유용하게 활용할 수 있다.

정확한 위치정보 기호화는 이 밖에도 다양한 목적으로 활용될 수 있다. 예를 들어, 기업들은 정확한 위치정보를 이용하여 보다 효과적인 마케팅 활동을 할 수 있으며, 정부는 이 정보를 사용하여 사회복지 서비스 또는 경제지원 서비스를 획기적으로 개선할 수 있다.

이에 따라 지리적으로 점점 더 복잡해지는 세상에서 공간적으로 사고하는 것이 중요하다는 것을 인식하게 된 많은 민간 및 공공 분야의 조직에서 'TIGER' 데이터를 활용할 수 있는 능력을 갖춘 지리학 전공자에 대한 수요가 증가하고 있는 추세이다.

조된 정보를 조합, 저장, 조작 그리고 표시할 수 있는 컴퓨터시스템"으로 정의하였다(USGS, 1992). 사실, 지리정보시스템은 지리학 분야뿐만 아니라 폭넓은 학문분야에서 이 정의를 훨씬 능가하는 능력과 유용성 그리고 중요성을 지니고 있다. 컴퓨터 지도제작 시스템과 차별화되는 지리정보시스템의 가장 중요한 잠재적 능력은 연구 및 응용 문제에 대한 공간적 분석을 수행할 수 있다는 점이다.

지리정보시스템의 성공적인 보급과 활용을 위해서는 공간데이터를 표현하고 컴퓨터에 저장하는 방법을 개발하는 것이 필수적이다(자료 4.4를 참조할 것). 적절한 방식으로 코드화된 데이터가 구축되면, 지리정보시스템을 이용하여 다양한 공간데이터의 조작 및 분석을 수행할 수 있다. 가장 기본적인 수준에서는 거리, 면적, 중심점, 기울기, 부피 등의 계산을 손쉽게 행할 수 있다. 기본적인 계산 기능에 지리정보시스템의 공간 참조 능력을 추가하면, 좀 더 복잡한 작업도 수행할 수 있는데, 예를 들어 도시 내 하수도의 전체 길이를 계산하는 단순한 기능을 넘어 도시 내 특정 지역에 포함되는 하수도 관망의 길이를 추출하거나 그 하수도 관망 중에서 설치한 지가 50년 이상인 노후 하수관이 얼마나 되는지를 계산하는 것 등의 좀 더 복잡한 기능도 수행할 수 있다. 지리정보시스템을 이용하여 수행할 수 있는 좀 더 복잡한 작업에는 다음과 같은 것들이 포함된다. (1) 기존 데이터의 속성을 기반으로 새로운 공간데이터를 구축하는 작업(예를 들어, 표고 데이터로부터 사면 경사도 데이터를 구축하는 것), (2) 사용자가 지정한 기준에 따라 둘 이상의 공간데이터를 중첩 분석하는 작업(예를 들어, 토양 투수성 데이터와 유독 폐기물 배출 위치 데이터를 중첩하여 심각한 토양 및 지하수 오염이 우려되는 지역을 찾아내는 작업), (3) 고속도로에서 2마일(mile) 거리 이내에 위치한 상업 용지를 찾아내는 것과 같이 사용자가 정의한 조건을 만족시키는 지역을 찾아내는 작업, (4) 다양한 시나리오에 따라 그 결과를 시뮬레이션하는 작업(예를 들어, 인공 제방을 설치하였을 경우와 설치하지 않았을 경우 미시시피 강에서 발생하는 홍수의 피해를 시뮬레이션하는 것) 등이다(컬러도판 10을 참조할 것).

지리정보시스템은 공공 및 민간 부문에서 다양한 행정관리 및 각종 계획과 관련한 의사결정을 보조하기 위하여 유용하게 활용되고 있다. 예를 들어, 미국 노스캐롤라이나주(州) 웨이크카운티(Wake County)에서는 새로운 학교나 도서관 그리고 기타 시설물을 건설하기 위한 입지 후보지를 찾을 때, 카운티의 도시 기반시설 분포, 경사도 등의 지형요건, 지역적 인구분포 및 인구구조 등을 고려하여 모든 조건을 만족시키는 적절한 면적의 공지를 찾아내는

　　　　　　　　　　　　　　　지리학의 재발견

데 지리정보시스템을 활용하였다. 웨이크카운티 도시계획 담당자는 1990년 센서스의 인구조사 데이터를 지리정보시스템에 통합함으로써 미래의 인구변화와 주택 공가율을 예측하고, 그에 따라 지역의 행정서비스 수요 증가율을 산출하여 행정에 적극적으로 활용할 수 있었다(Juhl, 1994).

컬러도판 4는 다양한 자료를 통합 분석하여 도시계획 담당자나 정책결정자의 의사결정을 지원하는 지리정보시스템의 다양한 기능을 보여 준다. 지도는 미국 사우스캐롤라이나주(州) 콜롬비아시(市) 일부 지역을 대상으로 1990년 인구센서스의 집계구별 인종구성 자료와 필지별 토지이용 자료를 중첩 분석한 결과를 나타낸 것이다. 지도와 함께 표시된 원(파이) 그래프는 집계구별 인종구성 비율을 나타낸 것으로, 사회 통합을 고려한 선거구 조정 등에 효과적으로 활용할 수 있다.

지리정보시스템을 유용하게 활용할 수 있는 또 다른 도전적 분야로는 천연자원 모니터링을 거론할 수 있다. 예를 들어, 지리정보시스템은 댐의 방류가 하류 지역의 하천유량 변화와 환경변화에 어떤 영향을 미칠 것인지를 분석하고 예측하는 데 효과적으로 활용된다(Powers et al., 1994)[1]. 연구자들은 연구지역의 공간 좌표와 하류 협곡의 식생, 지질과 지형 및 수문학에 관한 정보를 지도 '레이어'(layer)로 작성하여 데이터베이스화하고, 이 세 가지 속성의 상관관계를 분석하여 댐의 방류로 인한 하류지역의 식생 성장과 서식지 그리고 하천 침식 및 하천 유로 변경과 같은 '사건'의 시간적 변화를 모니터링하는 데 활용하였다.

또한 지리정보시스템은 복지와 안전 등과 관련한 국제적 협력 프로젝트 및 계획 분야에서도 중요한 역할을 수행하고 있다. 특히 제2장에서 언급한 이슈를 횡단하는 연구로 주목할 만한 사례 가운데 하나는 국제학술연합회(Inter-

---

1. 예를 들어, 미국 글랜캐니언댐(Glen Canyon Dam)의 방류가 그랜드캐니언(Grand Canyon)을 거쳐 콜로라도강(江)의 유수량에 미치는 영향을 평가한 것이다.

national Council of Scientific Unions: ICSU)와 국제지리연합(International Geographical Union: IGU)이 공동으로 추진한 방글라데시 홍수실행계획(Flood Action Plan: FAP)이다. 이 방글라데시 홍수실행계획(FAP)은 홍수 경보를 발령하고 홍수 발생 시 지원 대책을 계획하고 장기적인 홍수저감 계획을 수립하기 위하여 고안된 대규모 국제협력 연구 및 정책 프로젝트이다. 이 프로젝트는 방글라데시의 지리학자들과 국제지리연합이 구성한 국제적 전문가들이 협력하여 다카(Dhaka)대학에 홍수 관련 지식 및 기술 기반을 구축하기 위하여 수행되었다. 이 프로젝트에서 특별히 중요한 구성요소는 휴대용 전지구적위치확인시스템(GPS) 수신기와 모바일 컴퓨터를 결합하여 현장 정보를 즉각적으로 입력하고 지도화하는 기술이다. 이렇게 수집된 데이터는 온라인으로 데이터베이스화되어 최신 위성영상 등과 통합하여 홍수 현장의 지도를 실시간으로 업데이트하는 데 활용된다.

점점 더 많은 분야에서 지리정보시스템을 활용하고 있지만, 지리정보시스템의 활용 잠재력은 이보다 훨씬 더 크다고 할 수 있다. 지리학자들은 적어도 세 가지 입장에서 지리정보시스템의 가능성에 주목하고 있다. 즉, (1) 연구 및 응용을 위한 지리정보시스템 사용자로서, (2) 지리정보시스템과 관련한 기법, 이론 그리고 응용 프로그램의 개발자로서, (3) 마지막으로 교육 현장의 교육자로서 등이 그것이다. 그 이유는 지리정보시스템의 활용 분야가 빠르게 증가하고 있으며 그 영향력도 막대하기 때문에, 교육 도구로서의 지리정보시스템에 대한 관심은 점점 더 중요해지고 있다. 지리학자들은 미래 세대의 지리정보시스템 사용자들을 준비시키는 데 책임이 있을 것인데, 이들에게 지리적 현상의 과정과 패턴, 공간 분석 그리고 공간 시각화 기법을 이해하는 강력한 배경 지식을 제공해야 한다.

작동 원리를 고민하지 않고 지리정보시스템을 이용하는 최종 사용자들에게 지리정보시스템은 마우스 클릭 몇 번으로 명쾌한 결과를 보여 주는 신기한 도구, 간략해 말해 '블랙박스'로 인식될 수 있다. 하지만 이러한 이유 때문에 지리정보시스템은 무지한 사용자에 의하여 오용되어 부적절하거나 그릇된 의사결정을 내리게 할 수도 있다는 위험성을 지니고 있다(Cartography and Geographic Information Systems, 1995). 따라서 지리정보시스템을 효과적으로 의미 있게 활용하기 위해서는 사용자들은 자신이 다루는 주제와 시스템의 작동원리에 대하여 깊이 있게 이해할 필요가 있다. 지리정보시스템을 활용하여 어떤 문제를 분석하고 싶은지, 어떤 분석 기법을 사용해야 하는지, 지리정보시스템 분석의 결과를 어떻게 해석할 수 있는지에 대한 이해가 없다면, 지리정보시스템은 효과적으로 활용될 수 없기 때문이다.

지리정보시스템의 발전(지리적 시각화와 공간 통계학과 연관된 것으로, 이들 각각에 관해서는 아래에서 별도로 논의하고자 함)과 함께 활발히 연구되고 있는 파생 분야 가운데 하나는 지리정보분석(Geographic Information Analysis: GIA) 도구를 개발하는 것이다. 지리정보분석 도구들은 일반적으로 수치적 해석과 정교한 시각화 방법을 제공하는 기존 지리정보시스템에 부가적으로 개발되거나 지리정보시스템을 위하여 설계된 데이터 구조에 기반을 두고서 실행된다. 지리정보분석 도구 개발의 시초라고 할 수 있는 도구로는 지리분석기(Geographical Analysis Machine: GAM)가 있는데, 이 도구는 연구 대상지역을 전체적으로 개괄하여 특정 패턴이 나타나는 지역이 '어디인지'를 자동적으로 찾아내는 것을 목표로 개발되었다(Openshaw et al., 1987). 이 지리분석기(GAM)는 인문지리학 연구에서 다양한 사회적, 경제적 데이터베이스를 활용하여 귀납적 접근방법으로 유용한 일반화된 규칙을 찾아내고자 하는 접근방법인 '컴퓨터 인문지리학(computational human geography)'를 구축을 위한 노력의 일환이다. 초기 연구에서 지리분석기는 백혈병 집중 발병 지역을 식별하기 위하여 성공적으로 활용되었으나, 초기 목적과는 달리 전산 분석을 이용하여 억지스럽게 해답을 찾아내어 논리적 개연성이 떨어진다는 비판을 받기도 하였다.

　최근 지리분석기의 추가 개발에서 오펜쇼(Openshaw, 1995)는 지리정보
시스템에 직접 연결된 지리정보분석(geographic information analysis: GIA)
도구인 시공간속성분석기(space-time-attribute analysis machine: STAM)
를 구현하였다. 이 시공간속성분석기(STAM)의 목표는 통계적으로 비정상
적인 패턴을 보이는 사례들을 식별할 수 있는 지리정보시스템 도구들의 묶
음을 찾아내어 조합하는 것이었다. 가장 최근의 구현에서 시공간속성분석기
(STAM)는 '유전적(genetic)' 알고리즘(즉, 예를 들어 특정 문제상황에 적합한
공간적 축척 및 해상도를 정의함으로써 환경에 적응하는 알고리즘)의 사용을
통합하고 있기도 하다.

　지리정보분석(GIA)에서 또 다른 중요한 발전은 객체지향 프로그래밍
(object-oriented programming: OOP) 개념의 통합인데, 객체지향 프로그
래밍을 이용하여 지리정보시스템 데이터베이스로부터 분석에 필요한 데이터
를 추출하여 공간 분석 문제를 해결하고, 이어서 분석 결과를 다시 지리정보
시스템으로 보내 추가적인 분석을 수행하거나 지도화하는 것이다. 이러한 객
체지향 프로그래밍을 통합한 지리정보분석 개발의 한 사례는 아프리카 남부
원조식량 수송사업과 관련한 의사결정에서 미국 국제개발처(United States
Agency for International Development: USAID)가 사용하기 위하여 맞춤
형 수송경로 결정 소프트웨어를 개발한 것이다(Ralston, 1994). 아프리카 남
부는 대량의 식량 곡물을 수입하는 지역으로, 경제상황이 악화되면 선진국으
로부터 대량의 식량 원조를 받아야 한다. 미국 국제개발처(USAID)를 위하여
개발된 원조 식량 수송경로 의사결정 소프트웨어는 상용 지리정보시스템 프
로그램인 아크인포(ArcInfo)에 객체지형 프로그래밍(OOP) 방식의 지리정보
분석(GIA)을 통합한 것으로, 이로써 저장 시설별 식량 비축량, 수송 수단 확
보 방안, 새로운 저장시설 입지결정, 식량 배포, 식량수송을 취한 최적경로,

수송수단 결정, 병목 현상이 예상되는 지역의 위치와 관련 소요 비용 등을 분석하고 결정할 수 있는 유연한 도구를 제공한다. 객체지향 프로그래밍 접근 방법은 관련 환경이 급변하는 상황에서 원조 식량의 수송과 배포를 결정하는 의사결정 과정에서 특히 유용한 것으로 드러났다.

4.2.3 지리적 시각화

지리적 시각화(Geographic Visualization: GVis)는 "인간의 정보처리 능력 중 가장 강력한 능력인 시각을 이용하여 공간적 맥락과 문제를 파악할 수 있도록 (중략) 시각적 표현을 효과적으로 사용하는 것"으로 정의될 수 있다 (MacEachren et al., 1992: 101). 오늘날 다양한 센서 시스템과 컴퓨터 기술의 발달로 매일 수집되고 생성되는 지리데이터의 양이 급격히 증가하면서, 이는 지리데이터를 분석하고 이해할 수 있는 우리의 능력을 넘어서고 있다. 이러한 상황에서 패턴을 인식하고 공간정보를 종합하는 시각적 인지력은 엄청난 속도로 증가하는 데이터를 처리하고 분석하는 데 가장 효과적이다. 예를 들어, 미국의 48개 주(州) 간 재정 이전은 단일 시점에서만으로도 48×48, 즉 2,304개의 정보량을 갖게 되지만, 이러한 정보는 지도를 활용하면 간결하게 요약하여 표현될 수 있다(그림 4.6을 참조할 것).

지리적 시각화(GVis)는 분석과 지도를 이용한 표현 기능을 결합하여 공간적 현상의 패턴과 관계를 찾아내고 이상 징후를 식별하며 방향과 흐름을 분석하고 지역을 구분하고 다양한 스케일의 정보를 통합하는 등의 분석을 가능하게 한다(그림 4.6을 참조할 것). 유연한 지리적 시각화 도구의 개발은 지리데이터의 정보 '콘텐츠'를 완전히 활용하는 데 필수적인 도구이기 때문에 지리적 연구의 중요한 주제이다. 학문분야로서 지리학은 지리적 시각화의 개발과 적용 그리고 사용성 평가의 세 가지 측면에서 지리적 시각화를 연구하고

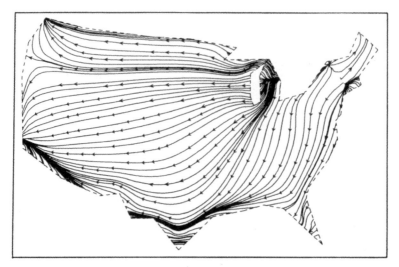

그림 4.6 1975년 연방정부 회계를 통한 주(州)간 재정 이전 궤적 추정 결과(Tobler, 1981). 400km 해상도, 동서 95개와 남북 61개의 격자로 미국 전역을 나눈 뒤, 재정 이전의 흐름을 방향과 규모에 따라 화살표 선으로 표현하였다. 흐름선은 주(州)간 재정 이전을 이용하여 푸아송(Poisson) 방정식으로 계산한 뒤 격자 값으로 변환한 것이다. 간단하면서도 효과적인 시각적 묘사는 미국 내 주간 재정 흐름의 일반적 방향을 극적으로 보여 주며, 흐름의 지역적 분할을 대단히 명료하게 묘사하고 있다. 하지만 연구가 시행된 1981년 당시의 컴퓨터 기능의 한계로 공간 해상도가 매우 낮고 재정 흐름의 출발-도착지를 명시하지 못하는 등의 한계도 지니고 있다.

있다.

지리적 시각화 분야에서 가장 활발하게 이루어지고 있는 연구 주제는 탐색적 공간데이터 분석(exploratory spatial data analysis: ESDA) 및 공간 분석과 교육 그리고 정책결정에서의 멀티미디어 활용이다. 탐색적 공간데이터 분석(ESDA)에 관한 연구에는 이 장(章)의 뒷부분에 설명하고 있듯이, 공간 데이터를 처리하기 위하여 고전적 통계학을 확장하는 작업이 포함된다. 또한 새로운 데이터 변환과 새로운 기호화 기법의 개발, 상호작용 기반 공간데이터 분석을 위한 컴퓨터 인터페이스 개발도 탐색적 공간데이터 분석의 중요한 연구 주제가 되고 있다(자료 4.5를 참조할 것).

멀티미디어 연구 분야에서 지도학자들은 애니메이션을 공간 패턴의 인식

도구로 사용할 수 있도록 하는 기법과 컴퓨터 인터페이스를 개발하고 있다. 또한 인간과 환경 간의 상호작용과 관련된 문제에서 지리적 과정의 복잡성을 이해하기 위하여 지도와 그래픽, 텍스트 그리고 데이터를 연결하는 멀티미디어 도구들도 개발되고 있다. 상호작용 학습을 지원하기 위한 멀티미디어 도구의 설계에도 지리적 시각화의 개념이 활용되기도 한다. 멀티미디어 시각화 기술은 디지털 지리도서관(digital geographic library)의 맥락에서 중요하다. 이러한 맥락에서 특히 혁신적 발전은 최초라고 할 수 있는 포괄적인 아메리카원주민지도(Native American maps) 컬렉션이다(Andrews and Tilton, 1993). 아메리카원주민지도 컬렉션에는 다양한 해상도의 지도와 이미지 자료 그리고 멀티미디어 데이터가 포함되어 있으며, 이들 데이터는 하이퍼미디어[2] 개발 도구를 활용하여 비선형으로 상호 참조되어 서로 손쉽게 연결되어 찾아볼 수 있도록 설계되어 있다.

지리적 시각화는 직접적으로 매개변수를 바꾸어 모델의 결과를 시뮬레이션하거나 지도 요소를 변경할 수 있는데, 애니메이션을 통하여 동적 표현이 가능하다는 장점을 지니고 있다. 따라서 지리학자들은 지리적 시각화의 동적 능력을 활용하여 복잡한 공간적 과정을 분석하는 데 활용하고 있다. 자료 4.3에서 확인할 수 있듯이, 지리적 시각화 기법의 대표적 사례인 애니메이션 지도는 북아메리카의 기후나 식생의 변화와 같이 넓은 지역에서 장기간에 걸쳐 발생하는 지역 변동을 용이하게 표현하고, 그 작용원리를 시각적으로 인지하도록 도움을 준다.

상호작용 기반 지리적 시각화는 탐색적 연구에서의 역할 외에도 정책결

---

2. **하이퍼미디어**(hypermedia)라는 용어는 개별 정보(즉, 텍스트 자료, 그래픽, 음성정보)가 전자적으로 상호 연결되어 관련 정보의 검색과 조회를 용이하게 만든 자료 구조를 의미한다(Lindholm and Sarjakoski, 1994). 하이퍼미디어 활용의 대표적인 사례는 월드와이드웹(World Wide Web: WWW)이다.

정의 도구로서 빠르게 발전하고 있다. 하나의 양호한 사례는 시퍼(Shiffer, 1993)가 개발한 멀티미디어 환경으로, 새로 건설할 공항의 위치를 결정하는 공청회에서 참가자들이 직접 지정된 위치에서 발생할 항공기 소음 수준을 들어 보고, 적절한 공항 입지를 선택하도록 개발된 지리적 시각화 도구이다.

지리적 시각화와 과학적 시각화는 일반적으로 엄격한 정량적 분석에 구애받지 않고 시각이라는 감각과 이를 이용한 인지 능력에 의존하는 정성적 접근방법을 지향한다. 특히 모델링 및 시뮬레이션과 함께 사용되는 경우, 지리적 시각화는 지리학과 여타 과학 분야에 중요한 파급효과를 가지는데, 여기에는 연구 논제의 틀이 어떻게 구성되는지, 연구를 위하여 조사할 만한 문제가 무엇인지 등과 같은 원론적인 이슈가 포함된다. 지리학자들이 전통적인 형태의 종이지도 대신에 지리적 시각화를 이용하여 다양한 형식의 지도를 만들어서 사용하게 되면서, 지도를 통하여 표현된 '진실'을 어떻게 평가할 수 있는지 그리고 지리적 '진실'이 과연 무엇인지하는 문제를 이해할 필요가 있다. 특히 공공정책 분야에서 지리적 시각화와 지리정보시스템의 활용이 확대되면서, 지도 표현 혹은 시각적 분석에서 분석 결과의 정확도 평가와 연구 진실

자료 4.5

공간데이터의 상호작용 기반 분석

탐색적 공간데이터 분석 기법 가운데 눈여겨 볼만한 것으로 지리적 브러싱(geographic brushing)이라는 기법이 존재하는데, 그림 4.7에서 보는 것과 같이 자료를 나타낸 그래프와 지도를 동적으로 연결하는 컴퓨터 기법이다(Monmonier, 1989). 이 기법은 사용자가 산포도 그래프에서 하나 혹은 일련의 점들을 선택하면, 다른 그래프나 지도 영역에서도 동일한 지역들이 선택되어 어느 지역들인지를 파악할 수 있게 해 준다. 반대로 지도에서 특정 지역들을 선택하면, 그 지역들이 그래프에서 어느 점에 해당하는지도 실시간으로 보여 줄 수 있다. 시간 '브러시', 즉 시간을 나타내는 막대에서 특정 기간을 선택하면, 선택된 기간 동안의 변화를 지도와 그래프 영역에서 표현할 수 있다.

지리학의 재발견

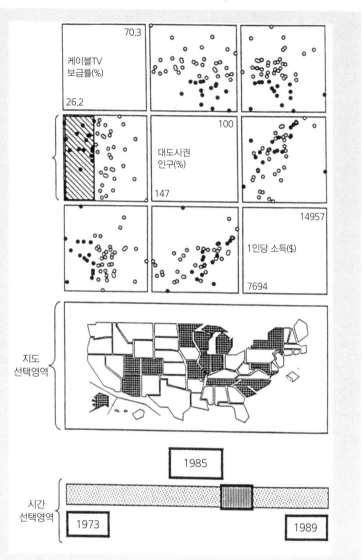

그림 4.7 지리적 브러싱을 구현한 컴퓨터 화면. 그림 위쪽의 산포도 그래프는 케이블TV 보급률, 대도시권 인구, 평균소득 등 세 가지 변수 간의 상관관계를 보여 준다. 그림 아래쪽의 슬라이드 막대는 연구대상 기간을 나타낸 것으로, 그림에서와 같이 특정 연도(1985년)를 선택하면, 위의 그래프와 지도에는 1985년에 해당하는 자료가 표시된다. 사용자가 그림에서와 같이 산포도 그래프의 특정 부분을 선택하면, 선택된 점들에 해당하는 지역이 지도 영역에서 회색으로 강조되어 표시된다. 출처: 먼모니어(Monmonier, 1989).

성 확보 문제 등이 중요한 이슈로 대두하고 있다.

4.2.4 공간 통계학

위치 정보가 포함된 지리데이터의 분석은 대부분의 다른 분야의 데이터 분석에서는 찾아볼 수 없는 특수한 형태의 통계학적 문제를 야기한다. 우선, 지리데이터는 위치 정보가 포함되어 선, 면, 부피, 즉 3차원 입체 등 다차원적 성격을 가지므로, 다른 통계 측정치와 달리 연속적인 배열의 수치 정보로 처리할 수 없다. 둘째, 지리데이터의 측정값은 공간적으로 또는 시공간적으로 공변성(공선성)을 지닌 경우가 많다. 즉, 특정 지점에서의 측정값은 주변 지점의 관측값 혹은 동일 지점의 이전 측정값과 유사한 경향을 갖는 것이다. 통계적 공변성의 문제는 측정값이 서로 독립적이라는 기존 통계학이론의 핵심 가정을 위반한다.

이러한 도전적 문제에 대처하기 위하여 새로운 하위 통계학 분야의 개발이 촉진되었다. 이 작업은 생태학이나 생물통계학에서 시작되었으며 최근 들어 통계학자들의 학문적 관심을 끌고 있지만, 관련 연구의 상당 부분은 지리학자들이 주도하고 있다. 예를 들어, 지리학자들은 점, 선, 면 형태의 지리데이터에서 공간적 자기상관의 정도와 특성을 예측하는 방법을 개발하였으며, 공간 패턴에서의 주기성이나 파동과 같은 복잡한 특징들을 분석하는 통계기법을 연구하는 데에도 크게 기여하였다. 지리학자들은 또한 지리데이터가 지닌 고유한 특징인 공간적 그리고 시간적 자기상관(공분산)을 처리하기 위하여 다변량 통계 분석법을 개발하는 데 중요한 역할을 수행해 왔다.

공간 데이터는 지리학자가 연구하고 있는 주제인 특별한 문제를 야기하기도 한다. 지리데이터는 때때로 고전적 통계이론에서 가정하는 모집단 분포와 부합하지 않는 데이터 분포를 가진 경우가 적지 않기 때문에, 지리학자들은 통계적 상관관계를 측정하기 위한 분포와 무관한 분석방법, 즉 비분포법을 개발하는 데 중심적 역할을 하였다. 따라서 지리학자들은 모집단 분포가 다르더라도 적용할 수 있는 통계 분석법을 개발하려는 시도에도 깊이 관여하고, 각 지역 특유의 참조 분포를 생성하는 몬테카를로 시뮬레이션(Monte Carlo simulations)이나 조사자가 이미 알려진 상관관계의 지식을 통계적 조사에 통합할 수 있도록 하는 베이지안(Bayesian) 분석방법 등의 개발을 주도하고 있다.

지리데이터의 공간적 의존성 정도를 평가하는 방법에 대한 연구가 최근에 들어와서 지리학자들로부터 큰 관심을 끌고 있다(예를 들어, Getis and Ord, 1992). 지리데이터가 지닌 공간적 의존성 정도를 평가할 수 있다면, 데이터의 공간적 패턴을 파악하고 공간관계를 이해하여 해당 지리데이터에 적합한 분석기법을 선택하는 데 큰 도움이 된다. 제2장에서 살펴본 다양한 사회적 문제를 통계적으로 분석하기 위해서는 다양한 사회경제적 변수들을 고려해야 하는데, 이때 데이터가 지닌 공간적 의존성 문제는 통계분석에서 가장 큰 걸림돌이 된다. 공간적 의존성을 고려한 통계분석을 위해서는 복잡하고 대용량의 데이터처리가 가능한 컴퓨터시스템이 필수적이기 때문인데, 이러한 딜레마를 해결할 수 있는 방안으로 대용량 병렬 처리기법을 공간통계 분석에 적용하는 기법에 관한 연구도 주목할 만하다(Armstrong and Marciano, 1995).

지리정보시스템의 최근 연구는 공간적 의존성, 공간적 이질성 그리고 위치정보를 반영한 회귀모델 진단 등 공간 통계학에 적용할 수 있는 '데이터모델'(data model)을 개발하는 것을 목표로 삼고 있다. 이러한 공간데이터 모델은 공간통계 분석을 수행하기 위하여 데이터를 적절한 형식으로 준비하는 데 필수불가결한 것으로, 일상적으로 사용되는 마이크로소프트(MS) 엑셀과 같은 스프레드시트 소프트웨어나 상용 통계패키지 수준으로 공간통계 분석체계를 구현하는 데 필수적인 요소이다(Anselin et al., 1993).

위치 정보가 포함된 지리데이터는 그 자체로 복잡하고 고유한 특성을 지니고 있어 일반적인 통계분석과는 다른 접근이 필요하고 상당한 속도와 용량의 전산 처리능력을 요구하기 때문에, 공간 통계학에 대한 연구는 여전히 초기 단계에 있다. 추가적인 연구가 필요한 대표적인 주제로, 이를 테면 통계분석 기법과 표본추출 디자인 과정에서의 축척(scale) 의존성에 대한 연구가 있다. 지리데이터의 축척 의존성에 대한 이해는 집계 단위가 달라짐에 따라 동일한 통계분석의 결과가 예측 불가능하게 급변하는 현상■3을 이해하는 데 필수적이다(예를 들어, Tobler, 1969). 보건의료 관련 연구에서 환경적 영향을 지리적 분포에 따른 변화와 어떻게 분리할 것인지에 관한 연구도 필요한데, 예를 들어 암 발생 집중지역을 찾아내고자 할 경우 암을 유발하는 환경적 요인의 분포와 암 발생에 취약한 인구의 집중 분포 지역의 영향을 분리하여 분석할 수 있는 공간분석 기법에 대한 연구가 필요한 것이다. 이러한 연구는 공공정책 문제나 의사결정에서 매우 중요하게 고려해야 할 문제이다.

4.3 결론

지리학의 분석 기법의 현재 추세는 연구자나 학생, 민간 기업 및 공공 기관의 정책 결정자가 각자의 데스크톱에서 공유한 공간 데이터를 직접 분석하고 지도화하여 실세계를 이해하는 미래를 제시하고 있다. 그들은 다양한 메뉴를 제공하는 지리정보시스템의 소프트웨어를 이용하여 분석 대상 지역을 선정하고 희망하는 축척에서 적절한 분석기법을 적용하여 지리데이터를 분석하고 그 결과를 지도를 포함한 다양한 멀티미디어 형식으로 시각화하는 것을

---

3. (옮긴이) 동일한 지역을 대상으로 인구자료를 분석하였을 때 분석 단위가 행정동 단위냐 시군구 단위냐에 따라 통계분석 결과가 상이하게 나타나는 현상을 말한다.

요청할 것이다.

지리정보시스템(GIS) 및 지리적 시각화(GVis)의 미래 도구를 개발하는 개발자는 분석 대상이 되는 지리적 문제의 맥락과 사용자의 지식 및 기능 수준에 대하여 좀 더 유연하게 접근할 필요가 있다. 미래의 지리정보시스템 사용자들은 현재보다 학문적 배경이나 관점 그리고 기능 수준에서 한층 더 광범한 집단이 될 것이기 때문이다. 실제로 지리학이나 지리정보 관련 기법에 대한 이해가 떨어지는 사람들이 지리정보시스템을 점점 더 많이 활용하게 될 것이고, 그에 따라 새로운 지리정보분석 도구를 설계하는 전문가의 역할이 더욱 더 중요해질 전망이다.

다른 관점에서 살펴보면, 지리정보시스템과 지리정보분석 기법의 사용자층이 확대되는 것은 지리학과 지리정보시스템에 대하여 전혀 다른 새로운 관점과 이론적 시각을 가져오는 효과를 줄 수 있다. 따라서 지리학자와 지리정보시스템 개발자들은 새로운 분석 도구와 이론을 설계할 때, 더 많은 사람들이 손쉽게 이해할 수 있고 폭넓게 활용할 수 있도록 기술적 고려를 충분히 반영해야 할 것이다.

제5장

지리학의 과학적 이해에 대한 기여

지리학은 지식의 최전선을 확장하기 위해 폭넓고 창의적이며 학제적인 노력을 통하여 과학에 기여하고 있다. 이렇게 하는 과정에서 지리학은 과학이 직면하고 있는 몇 가지 주요 문제들을 해결하는 데 중요한 통찰을 제시하고 있으며, 이러한 노력은 과학 그 자체의 목적과 사회의 복지 증진을 향한 지식의 추구와 관련되어 있다.

이 장(章)에서는 과학적 이해에 대한 지리학의 실질적, 잠재적 기여를 사례를 통하여 살펴보고자 한다. 이 장 자체는 지리학자들이 세상을 바라보는 세 가지 '렌즈'를 중심으로 구성되어 있는데, 장소에서의 통합, 장소 간의 상호의존, 규모(scale) 사이의 상호의존 등이 그것이다. 이 세 가지 요소는 공간적 표현과 더불어 이 장(章)의 주요 절(節)을 구성한다. 각 절에서는 지리적 사고와 접근방법이 일반적으로 과학적 이해에 어떻게 기여하는지를 설명하기 위하여 지리학의 주제로부터 비롯된 사례들을 활용하고자 한다. 그리고 그러한 사고가 중요한 과학적, 사회적 이슈에 적용되는 방식을 사례를 통하여 살펴보고자 한다. 사례를 살펴본 뒤, 공간적 표현에 관한 간략하고 선별된 토론으

지리학의 재발견

로 이 장을 마무리할 것이다.

　논의를 간결하게 진행하고 지리학을 전공하지 않은 독자들의 이해를 돕기 위하여 이 장(章)은 일차적으로 지리학의 연구 분야를 보여 주는 몇 가지 사례를 활용하여 지리학의 기여를 설명하고자 한다. 물론 이 책에서 특별히 주목하고 있는 것보다 지리학자들의 훨씬 많은 연구들이 과학에 중요하게 기여하고 있다는 것은 주지의 사실이다. 이러한 연구의 사례들은 이 책 전반에 걸쳐 인용되어 있다.

5.1 장소에서의 통합

　지리학은 전통적으로 특정 장소에서 통합되어 펼쳐지고 있는 현상과 과정에 관심을 기울여 왔으며, 이는 오늘날 '복잡성의 과학'으로 일컬어지는 연구와 관련하여 과학에서 새로운 관련성을 지니고 있다.

5.1.1 지리학의 연구 주제

　지리학은 장소에서의 통합에 관한 연구로부터 장소에서의 통합 문제와 과학적 이해를 위한 통합적 관점의 중요성을 보여 주는 많은 연구물을 산출하고 있다. **환경−사회적 동학**과 **장소의 고유성**이 이와 관련한 두 가지 중요한 예이다.

5.1.1.1 사례: 환경−사회적 동학

　적어도 맬서스(Malthus)■1의 등장 이후, 인구와 그 사회적, 환경적 자원 기반 간의 관계는 과학의 주요 이슈로 자리 잡아 왔으며, 지리학은 국지적, 현대적 맥락에서부터 지구적, 역사적 과정에 이르기까지 다양한 범주에서 이러한 관계의 본질에 대하여 오랫동안 관심을 가져왔다. 지리학자들은 인구, 환경 그리고 사회적 반응의 변화 간의 연계를 밝혀내기 위하여 자료를 수집하고 분석하는 데 관여하고 있다.

예를 들어, 지리학자들은 전 세계의 수많은 장소에 대하여 인구와 자원의 동학을 재구성해 왔다. 부처(Butzer, 1982)에 따르면, 이러한 연구 결과로부터 오랜 시간에 걸친 이들 사이의 관련성에서 보이는 여러 가지 중요한 측면들을 아래와 같이 찾아낼 수 있다.

- 지속적인 인구증가가 아대륙(sub-global), 즉 지역적(regional) 수준에서는 규범이 아니다; 충분한 시간 동안 관찰하게 되면 국지적 그리고 지역적 차원에서는 중대한 인구감소가 발생하기도 한다.
- 이러한 인구감소는 전형적으로 정치적 퇴보와 연관되어 있다.
- 인구가 언제나 혹은 일반적으로 그들이 속해 있는 사회 기술적 조건이 허용하는 최고점까지 성장하는 것은 아니다.
- 인간이 초래한 환경변화는 인구의 부문에서 지속적인 시행착오를 통한 조정을 거치게 된다. 농경사회에서는 이러한 조정이 의식적으로 단기 및 장기적 필요의 균형을 찾는 전략과 관련되어 있다.

또 다른 사례로, 물자와 에너지 그리고 아이디어의 장소 간 흐름은 인간이 환경을 이용하는 데 강력한 영향을 미칠 수 있으며, 이러한 영향은 현대의 환경변화에 대한 기본적인 이해를 어렵게 만들 수도 있다. 16세기 아메리카 대

---

1. 영국의 경제학자이며 수학자인 토마스 맬서스(Thomas R. Malthus, 1766–1835)는 1798년에 출간된 그의 《인구의 원리》(Essay on the Principle of Population)에 담겨 있는 인구 및 자원에 관한 연구로 잘 알려져 있다.

자료 5.1

스페인 침략 이전의 인구와 그 붕괴

아메리카 대륙의 원주민 인구가 스페인의 침략 이후 급속히 감소한 것에 대해서는 논란의 여지가 없으며, 그 주된 원인이 전염성 질병의 유입 때문이라는 점 또한 널리 인정되고 있다(Cook and Lovell, 1992). 그렇지만 약 400여 년이 지난 현재 스페인 침략 당시 원주민의 인구규모와 그 붕괴가 어떤 경로를 거쳐 얼마나 감소하였는지는 여전히 아메리카의 인구사에서 가장 쟁점이 되는 이슈로 남아 있다. 이 논란은 아마도 멕시코 분지(현재의 멕시코시티)에서 가장 잘 드러나고 있다. 분지 일대의 정복 직전 인구는 100만명에서 300만 명 사이로 추정된다. 약 100년 후 7만 명에서 35만 명 정도의 원주민이 남아 있었으며, 이는 최소 65%의 원주민 인구가 감소한 것이다.

지리학자인 토마스 화이트모어(Thomas Whitmore, 1992)는 스페인의 침략 이전의 인구규모와 이의 감소 추세에 대한 다양한 가설을 테스트하기 위하여 인간−생태 시뮬레이션 모델을 이용하였다. 이 모델은 여러 가지 요소를 다루고 있는데, 연령구조와 사망률, 출생률, 유입 질병에 의한 이주, 식량부족과 살인 및 기타 원인에 따른 인구구조의 변화, 지나치게 높은 사망률과 좋지 못한 건강상태에 따른 농업상의 변화, 각각의 유행병이 건강과 사망률에 어떤 영향을 미치는지와 관련된 질병의 변화 등이 이에 해당한다. 이에 더하여 극단적이거나 불순한 날씨, 살인, 노동력 철수 등과 같은 외적 요소들도 다루어졌다. 이 모델은 널리 받아들여진 보수적인 기법을 이용하여 매개 변수를 추정하고 민감도 테스트를 통하여 조정하였다.

중간 정도의 인구감소에서 극심한 인구감소에 이르는 세 가지의 역사적 인구 재구성 시나리오가 멕시코 분지를 대상으로 시뮬레이션을 통하여 검증되었다. 그 결과 '중간 정도'의 인구감소가 가장 적합한 것으로 밝혀졌는데, 이는 1519년 160만 명이었던 인구가 여러 차례의 대참사를 겪으면서 계단식으로 감소하여 1610년에 약 18만 명으로 감소하였다는 것으로, 인구가 90%가량 감소하였다는 것을 뜻하며, 이 감소분의 80%는 처음 50년 동안에 발생한 것으로 나타났다. 시뮬레이션 결과는 인구감소에서 가장 중요한 요인은 질병으로 인하여 단기간에 급증한 사망률이었음을 보여 준다. 살인과 같은 여타 요인들은 면역체계가 전혀 없거나 거의 없는 집단에 새로 들어온 질병에 비하면 그 영향이 매우 미미하였다.

륙의 인구감소는 이러한 측면을 잘 보여 주는 예이다(자료 5.1을 참조할 것). 스페인 정복자들은 아메리카 대륙 전역에 걸쳐 많은 인디언들이 존재한다고 보고하였으나, 유럽과 아프리카에서 유입된 새로운 질병과 사회정치적 질서

로 인하여 100년이 채 지나지 않은 시간 동안 중남미의 인디언 인구는 3분의 2 이상 감소하였다. 지리학자들이 상당한 관심을 기울여 온 이 사건(Dene-van, 1992)은 역사인구학과 역학사(epidemiological history)에 매우 중요하게 받아들여지는 것인 동시에 글로벌 변화 연구의 중심적 이슈인 오늘날의 토지 피복을 이해하는 데에도 중대한 함의를 지니고 있다.

지난 수십 년 간 인간이 지구에 영향을 미친다는 것은 충분히 명확해 졌으며 많은 우려를 자아내고 있으며, 따라서 인간과 환경의 관계에 대한 과학은 학문과 국경을 가로질러 매우 높은 우선적 관심사가 되어 왔다. 예를 들어, 기후변화에 대한 정부간 패널(Intergovernmental Palnel on Climate Change: IPCC), 국제 지권생물권 프로그램(IGBP), 세계 환경변화의 인간영향 프로그램(Human Dimensions of Global Environmental Change Programme) 등의 대두는 이러한 추세를 잘 보여 준다. 지리학은 이들 이니셔티브의 의제 설정과 연구에 중대하게 기여하고 있다(Townshend, 1992; Henderson-Sellers, 1995; Turner et al., 1995).

5.1.1.2 사례: 장소의 고유성

제3장에서 살펴본 바와 같이, 지리학의 가장 특징적 관점 중 하나는 장소가 중요하다는 것이다. 다시 말해, **어디**에서 발생하는 사건은 국지적 조건의 중개 효과로 인하여 **무슨** 사건이 벌어지는지에 영향을 미친다. 지리학자가 장소에 갖는 관심은 이들로 하여금 개별 장소의 특성뿐만 아니라 인간이 지표면을 다양한 용도로 분할하여 사용하는 과정을 탐구하도록 이끌고 있다. 이처럼 지리학자들은 인간의 **영역성**(territoriality)에 직접적으로 관심을 보이고 있는데, 색(Sack, 1981: 55)은 영역성을 "특정한 지리적 영역에 걸쳐 영향력을 행사함으로써 (사람과 사물 그리고 관계의) 작용과 상호작용에 영향력을 행사하거나 조정하고자 하는 시도"로 정의하고 있다. 지표면의 분할은 사

람들이 그들이 살아가는 장소에 대하여 생각하는 방식은 물론이고 그들의 의사결정과 행동을 반영하고 이를 형성하기 때문에, 지리학자들은 인간의 영역성에 깊은 관심을 보인다.

영역성을 떼어놓고 인류의 역사 또는 과거와 현재의 인류의 행동을 온전히 이해하는 것은 불가능하다. 지리학자들은 주어진 단위 영역 내에서 무슨 일이 벌어지고 있는지를 단순히 묻기보다는 어떻게, 왜 그 영역이 처음에 존재하게 되었는지 그리고 그 발전의 역사는 어떠한지를 검토한다(Earle et al., 1996). 지리학자들은 정치적 영역과 환경지역 간의 차이, 영역적 구성이 민족 관계에 영향을 미치는 방식, 사회적 목표를 달성하기 위한 영역적 전략의 이용 등을 포함한 영역성에 관련된 매우 다양한 이슈들을 논의해 왔다(Demko and Wood, 1994).

장소의 고유성에 관한 지리학 연구는 산업집적과 지역 경제발전, 장소 기반 정치적 정체성의 역할, 개인적 그리고 사회적 기회 혹은 제약으로 작용하는 장소, 인간이 살고 있는 환경의 문화적 의미 등과 같은 경제적, 정치적, 사회적 이슈들을 폭넓게 다루고 있다(자료 5.2를 참조할 것). 이러한 연구는 장소가 사회과학에서 개념화되는 방식을 구체화한다. 예를 들어, 경제적 번영이 지리적으로 군집을 이루는 것을 일시적 이상(異常)현상으로 오랫동안 주장해 온 경제학자들은, 이제 장소의 진화적 특성이 이러한 불균형을 예외적 현상이 아니라 법칙으로 만들어 내고 있음을 인식하고 있다(Arthur, 1988; Krugman, 1991). 지리학자들은 경제적 메커니즘을 넘어서서 경제적 역동성을 촉진하는 지역의 '거버넌스 구조'를 만들어 내는 정치적, 사회적 과정의 역할을 살펴보고 있다(Storper and Walker, 1989). 이러한 연구는 모든 공간적 규모에서 진화하는, 하지만 지속적인 경제적 번영의 지리적 불균등을 설명하고자 한다.

현대 국가에서 정치적 선호에 관한 대부분의 연구에서는 차이가 계급, 종

자료 5.2

실리콘밸리의 성장

지리학의 장소에 대한 주목은 실리콘밸리(Silicon Valley)의 이례적인 경제적 성공에 관한 연구를 통하여 확인할 수 있다. 이러한 성공은 특정 **장소**에서 작용하는, 경제적 성공을 강화하지만 궁극적으로는 경제적 성공을 쇠퇴시킬 수도 있는 경제적, 정치적, 사회적 과정의 총체를 반영한다(Hall and Markusen, 1985; Scott, 1988a; Saxenian, 1994).

실리콘밸리는 첨단산업에 적합한 조건을 이미 갖추고 있었으며, 이는 지역의 특정한 조건들이 집적의 계기로 작용하는 점을 잘 보여 준다. 하지만 이러한 조건들이 실리콘밸리의 성공을 미리 결정하였다고는 볼 수 없는데, 다른 곳에서도 유사한 조건들을 찾아볼 수 있기 때문이다. 지리학자들은 실리콘밸리와 남부 캘리포니아와 같은 새로운 입지의 산업지구 성장이 새로운 경제적 그리고 노동 조건을 필요로 하며, 때로는 전통적 생산방식과 연관된 입지와 어느 정도 떨어진 곳에서 산업 활동을 행하고자 하는 의지를 지닌 새로운 산업 부문의 등장을 어떻게 반영하는지를 제시하였다(Storper and Walker, 1989). 경쟁과 협력이 동시에 일어나면서 기술변화가 가속화되었으며, 선택된 기업들에게 시장의 틈새 수요가 확보될 수 있었다.

실리콘밸리와 같은 곳에서는 장소의 특성과 경제활동 간에 상호 강화하는 환류(피드백)가 작용한다. 이러한 환류는 경제의 상호의존성과 경제성장을 지원하는 정치적 조치를 반영하며, 집적이 어떻게 수익을 증가시켜 경제적 역동성을 창출하는지를 보여 준다. 실리콘밸리는 경제적, 정치적, 사회적 활동의 새롭고 특별한 조합의 사례이며, 현재 단지 몇몇 장소에서만 유사한 사례를 발견할 수 있으나 다른 많은 입지로 광범위하게 확산되어 가고 있다(Scott, 1988b, c).

실리콘밸리의 일부 조건들은 최종적으로 경제성장의 저해를 초래할 수도 있다. 이러한 조건으로는 높은 인건비를 들 수 있는데, 이는 저임금, 미숙련 고용을 동남아시아로, 기술을 필요로 하는 소프트웨어 개발 업무의 일부를 인도와 중국으로 이전시키는 결과를 초래할 수 있다. 이 밖에도 혼잡과 환경오염, 그리고 심지어 빈곤과 고임금 노동자와 미숙련 노동자 간의 사회적 불평등의 강화를 거론할 수 있다(Saxenian, 1994). 더군다나 실리콘밸리의 분권화된 조직구조는 장기적인 경제적 번영을 어렵게 할 수 있다. 왜냐하면, 이러한 조직구조는 과도한 경쟁과 기술 노동력의 높은 이동성, 산업 분화 등을 유발하기 때문이다(Florida and Kenney, 1990).

장소가 경제적 역동성을 유지하기 위하여 지역적 조건을 어떻게 변화시키는지 그리고 그러한 장소에서 이러한 역동성으로부터 혜택을 보는 사람들이 누구인지 하는 문제는 미국 내의 경제활동의 지리적 조직과 글로벌 경제에서 미국의 경쟁적 우위를 강화하는 것에 관심을 가진 사람들이 지속적으로 연구해야 할 과제이다.

교 혹은 인구학적 경계선에 따른 사회적 분열의 산물로 여겨진다. 이러한 가정은 정치에서 장소가 매우 작은 역할만을 수행함을 의미한다. 장소 기반 정체성과 영향력을 고려하는 것은 정치적 생활의 국가화를 향한 일반적 경향을 거부하는 시대착오적인 것으로 간주하는 것이다. 다시 말해, 사람들이 사는 장소를 부차적인 것으로 간주하는 것이다. 하지만 지리학 연구는 정치적 과정에서 장소의 경험이 지속적으로 중요함을 증명하면서 '특정 장소의 유동적이면서도 끊임없이 재생산되는 지역적 정치문화'(Agnew, 1992: 68)의 중요성을 확립하였다.

같은 맥락에서, 지리학 연구는 문화적, 사회적 정체성과 경험을 형성하는 데 장소가 중요함을 강조해 왔다. 20세기 후반 미국인들이 민족, 인종, 국적, 성별, 세대 등과 같은 인류의 다양성이 불러일으키는 긴장을 해소하고 이 다양성으로 인한 풍요로움을 향유하려고 할 때, 장소에 대한 생각이 사람들을 분열시키기도 하지만 이들을 연결시킨다는 연구는 개인과 사회의 가치에 대한 새로운 시각을 제공할 수 있다(Agnew, 1987).

또한 지리학자들은 많은 사회과학 연구에서 인간이 살아가는 환경을 역사가 만들어 낸 수동적 부산물로 치부하는 경향에 반기를 들어왔다. 지리학자들은 인간이 살고 있는 환경의 물질적 특성이 개인적, 사회적, 환경적 이해를 반영하고, 또한 이에 영향을 미친다고 주장해 왔다. 사회과학이 인간사(人間事)에서 상징과 이미지의 역할을 보다 심각하게 받아들이기 시작할 때, 경관의 사회적 차원에 대한 지리학의 관심이 다시금 주목을 받게 되었다. 지리학자들은 경관에 착근된 정치적, 사회적 의미와 영향 그리고 갈등(예를 들어, Cosgrove and Daniels, 1988; Anderson and Gale, 1992를 참고할 것)과 경관의 재현(예를 들어, Harley, 1990; Pickles, 1995b)을 밝혀내기 위하여 무수한 연구를 수행해 왔다.

사람들이 살아가고 일하는 유형적 환경에 초점을 맞춤으로써, 지리학 연구는 사회 변화에서 일상생활의 중요성을 이해하려는 사회과학 내에서 점점 더 주목을 받고 있다(예를 들어, Giddens, 1985). 이와 함께 지리학자들은 인간의 아이디어와 행동을 그것들이 뿌리내리고 있는 배경과 연결시킴으로써 이러한 연구의 방향 설정에 영향을 미치고 있다.

5.1.2 지리학의 과학 및 사회 이슈와의 관련성

장소에서의 통합을 다루는 지리학 연구는 과학에 대한 도전으로서 통합을 실험하는 최전선에 자리매김하게 되었다. 장소에서의 통합에 대한 지리학의 경험은 예를 들어 **복잡성과 비선형성** 그리고 **중심화 경향과 변이**와 같이 과학이 큰 관심을 갖고 있는 이슈들에 유익한 통찰을 제공해 왔다. 장소에서의 통합에 관한 지리학 연구는 중요한 사회적 이슈에 대한 과학적 이해에 중요하기도 한다. 이러한 중요성을 설명하기 위하여, 아래에서 **경제적 건전성(健全性), 생태계 변화, 분쟁과 협력** 등의 세 가지 사례를 살펴보기로 한다.

5.1.2.1 사례: 복잡성과 비선형성

장소는 서로 맞물려 돌아가는 다양한 과정과 활동을 나타낼 뿐만 아니라 다른 장소와 상호 연계되어 있기 때문에, 장소는 복잡성을 연구하는 데에 적합한 자연발생적 실험실이다. 비선형 성장 및 쇠퇴는 잘 발달된 조절효과가 부족한 곳에서 새로 들어온 과정 혹은 활동으로 인하여 국지적으로 발생하기도 한다. 지리학자들은 어떻게 그리고 왜 장소가 변화하는지를 보다 잘 이해하기 위하여 장소의 복잡계와 비선형 체계를 탐구해 왔다. 예를 들어, 미국 도시체계의 진화에 관한 역사적 연구는 인간 정주(定住)체계의 진화적 본질을 잘 설명해 준다. 해당 연구는 초기 정주패턴이 미래의 정주체계 진화에 '경로의존성(path dependencies)'을 만들어 낼 수 있음을 보여 준다. 이 연구는 또한 중상주의에서 산업 자본주의로의 전환과 같은 경제적 구조조정, 즉 재구조화가 어떻게 특정 지역에 새로운 성장 결절을 만들어 내고 다른 지역에서는 성장을 멈추게 하는 정주체계의 '분기점'을 창출할 수 있는지를 보여 주고 있다 (Borchert, 1967; 1987; Conzen, 1975; Dunn, 1980; Pred, 1981). 이론적 연구들은 공간경제의 역동성이 지닌 복잡성이 불안정한 모순과 사회갈등을 어떻게 반영하는지, 그리고 이로 인하여 민간 부문과 국가가 새로 등장하는 갈등과 위기를 공간의 재구성을 통하여 극복하고자 주기적으로 노력한다는 점을 밝혀냈다(Harvey, 1982; Sheppard and Barnes, 1990).

지리학자들은 자연재해로 야기된 자연과 사회 간의 복잡한 상호작용을 이해하기 위하여 다층적인 조정과 이에 수반되는 환류(피드백) 과정을 포함하는 체계이론(system theory)을 적용하였다(Cutter, 1993). 지리학자들은 또한 생태계의 안정과 변화 메커니즘을 연구해 왔는데, 특히 인간과 다른 단기 및 장기적인 생태계 변화의 행위자들에 관심을 가져왔다(Zimmerer, 1994). 이에 더하여 특정 장소에서 벌어지는 무질서한 행태나 재난적 사건에 대한 아이디어는 도시 내 그리고 도시 간 성장에 대한 연구에 기여해 왔다(Allen and Sanglier, 1979; Dendrinos, 1992). 이러한 연구들은 지리학자들이 환경과 사회의 시스템에 대한 보다 근본적인 이해를 돕는 데에 생태학자와 공학자, 수학자, 물리학자 그리고 여타 자연과학 분야의 종사자들이 관여하는 방식으로 기여하고 있음을 보여 주고 있다.

다른 지리학 연구들은 비선형, 복잡계 또는 혼돈스러운 동학으로부터 출현할 수 있는 패턴을 발견하고 기술하는 데 직접적으로 초점을 맞추고 있다. 특히 프랙털 차원(fractal dimension)은 비선형, 혼돈 또는 복잡계 동학의 결과를 단순화하고 표현하는 데 이용되어 왔다(Goodchild and Mark, 1987). 도시적 환경(Batty and Longley, 1994)과 인공위성 및 지도 이미지(Malanson et al., 1990)는 프랙털 개념을 통하여 효과적으로 분석되고 그 특징을 찾아낼 수 있었다.

5.1.2.2 사례: 중심화 경향과 변이

공간에서의 그리고 자연과의 상호작용은 특정한 공간적, 환경적 규칙성을 만들어 내는 경향이 있기 때문에 이는 지리학 분야에서 예상된 결과, 즉 중심화 경향의 연구로 이끌었다(Chorley and Haggett, 1967). 지리학자들은 사회적, 자연적 세계에서 관찰되는 기하학적 구조와 배열이 본질적으로 동적이며, 이에 대한 해석이 다차원적이라는 사실을 인식해 왔다. 특정한 지리적 패턴은 경제적 생산체계에서와 마찬가지로 효율성을 반영하기도 하지만, 이는 변화할 수 있고(시간이나 비용 거리와 같은) 필연적으로 가변성을 지니고 있는 매우 협소하게 정의된 조건하에서만 가능하다. 변화와 필연적 가변성은 때로는 관찰된 변이에 영향을 미치는데, 이 변이는 중심화 경향에서 비체계적인 괴리, 중심화 경향 자체에 대한 변화 혹은 분산구조에서의 변동에 영향을 끼치기도 한다. 변이의 변화는 시스템의 상태가 변화함을 알려줄 수 있기 때문에, 이를 무시하는 것은 해로운 혹은 때때로 재난적 결과를 가져다 줄 수 있다. 변화 및 가변성의 본질과 더불어 중심화 경향에 대한 지리학 연구는 장소의 역동성에 관하여 많은 것을 밝혀냈다(Dendrinos, 1992). 다른 학문분야에서와 마찬가지로 지리학자들은 변이와 중심화 경향이 통상적으로 상호의존적이며 분리하여 평가되거나 이해될 수 없음을 잘 인식하고 있다.

5.1.2.3 사례: 경제적 그리고 사회적 건전성

지리학 관점은 전체 경제체제가 균형점에 가까워지든 멀어지든 간에 경제변화가 여러 장소에 걸쳐 경제적 불균형을 만들어 내거나 악화시킬 수 있다는 것을 알려준다. 지리학자들의 주요 관심사 가운데 하나는 어느 한 장소에 있는 사회의 서로 다른 집단, 특히 계급과 성별 그리고 인종으로 구별되는 집단에 대한 경제적 변화가 지닌 의의이다. 이와 관련된 이슈에는 사회적 작용력(social forces)에 뿌리를 둔 노동력의 구성과, 협력 대 분열의 잠재력이 포함된다(자료 5.3을 참조할 것).

지리학자들은 다른 지역의 성장 잠재력을 평가하는 모델로 첨단기술센터를 조사해 왔다(자료 5.2를 참조할 것). 지리학자들은 혁신센터 입지 선정에 있어서의 고려 사항은 분공장(分工場) 같은 다른 산업 활동과는 다르다는 점을 확인하였다(예를 들어, 혁신센터의 경우 높은 기술수준이 특별히 중요함). 노동력은 자본에 비하여 이동성이 떨어지기 때문에 기술변화에 따른 지역 성장은 기존의 노동력의 기술수준에 따라 결정되고, 이는 상대적으로 기술수준이 높지 않은 지역의 위기를 가중시키는 결과를 가져온다(Malecki, 1991).

자료 5.3

로스앤젤레스 시민 소요사태

1992년 4월 29일과 30일 수천 명에 달하는 로스앤젤레스 주민들이 아프리카계 미국인 운전자를 체포할 때 공권력을 남용한 혐의로 고발된 시(市)경찰관이 법원에서 무혐의 처분을 받자 도시의 중남부 지역 일대에서 약탈과 방화 그리고 폭력 행위에 가담하였다. 폭력 사태를 진정시키고 화재를 진압하는 데 2만 2,700명의 경찰관과 소방대원, 주 방위군과 기타 연방 군인이 투입되었다. 이 사태로 1만 6,000명 이상의 사람들이 체포되었으며 2,300명 이상이 상해를 입었고 43명이 사망하였다. 재산상 손실액은 7억 5,000만 달러에서 10억 달러에 이르는 것으로 추정되었다.

존슨(Johnson)과 동료 학자들의 연구에 따르면(Johnson et al., 1992), 이 시민 소요사태는 지역사회, 국가, 세계적 차원에서 벌어진 각종 경제적, 사회적, 정치적 변동이 한데 어우러져 사회적 '폭발'을 위한 무대를 만들어 내고, 여기에 적절한 도발이 계기가 되어 나타난 결과였다. 로스앤젤레스 중심부에서 공장 폐쇄가 많이 발생하고 고용주에게는 보다 넓은 대도시권 내에서 그들의 입지 선택을 넓혀 준(그림 5.1) 지역사회에 있어서의 경제 기반의 변동과 빈번한 국제적 인구이동은 이 일대에서 문화적, 민족적 그리고 사회경제적 구성에 급격한 변화를 불러일으켰다(그림 5.2를 참조할 것). 이러한 변화가 지역사회의 사회적 불안정과 긴장 수위를 높인 것이었다.

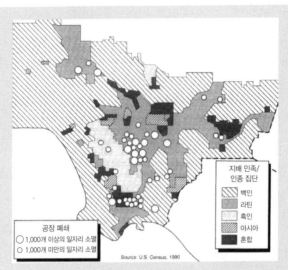

그림 5.1 로스앤젤레스 카운티 내의 공장 폐쇄, 1978~1982. 자료: 존슨 등(Johnson et al., 1992).

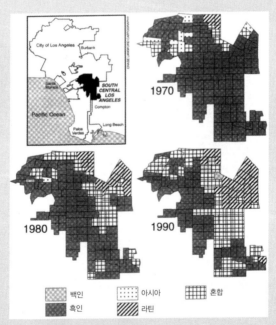

그림 5.2 중남부 로스앤젤레스의 인종구성 변화, 1970~1990. 자료: 존슨 등(Johnson et al., 1992).

지리학의 재발견

5.1.2.4 사례: 환경변화

지난 수십 년 동안 환경변화에 대한 과학적 관심이 현저히 높아져 왔다. 지리학자들은 인간이 초래한 기후변화, 생태계 동학과 생물 다양성, 지표면의 변동과정 등에 대한 연구를 통하여 이러한 환경변화에 대한 이해를 도모하는 데 중요한 기여를 해 왔다.

인구는 예를 들어 도시와 도시 교외지역에 점점 더 집중하고 있다. 이에 따라 이들 지역의 지표면은 대단히 비자연적인 모자이크로 변질되고 있는데, 이 모자이크는 종종 서로 연결되어 있고 불침투성인 건물과 교통망의 조각들로 구성되게 되었다. 농촌 경관이 도시 및 도시 교외 경관으로 바뀌면서, 국지 및 지역의 기후는 급격한 변화를 겪고 있다(자료 5.4를 참조할 것). 예를 들어, 지난 수십 년 동안 지리학자들은 도시의 열(熱)과 건조(乾燥) 양상을 측정하고 시뮬레이션해 왔다(예를 들어, Erjung and O'Rourke, 1980; Arnfield, 1982; Grimmond and Oke, 1995). 지리학자들의 연구는 도시화로 인한 기후변화의 결과를 설명하는 것뿐만 아니라, 이들의 모델은 미래의 도시화가 기후변화에 가져올 잠재적 영향력을 평가하는 수단을 제공하기 시작하였다.

환경변화에 대한 또 다른 연구의 초점은 주의 깊은 현장조사와 역사적 분석을 통하여 산지와 관목지 그리고 사막지역에서 최근 들어 벌어지는 생태계 교란 패턴과 생태적 과정을 재구성하는 것과 연관되어 있다(자료 5.5를 참조할 것). 지리학자들은 또한 다양한 생태계에서 획득한 호수 침전물을 분석하여 오랜 기간에 걸친 생태계의 교란과 변화를 알아내기도 한다(Horn, 1993; Liu and Fearn, 1993; Whitlock, 1993). 광범위한 지역에 걸쳐 고(古)환경 자료를 수집함으로써 지난 200만 년 동안의 선정된 시점에 생물종과 생태계의 경계를 지도화할 수 있게 되었다(Wright et al., 1993). 이들 지도는 과거 지구의 변화에 따른 생물계의 반응을 확인하고, 또한 지구의 기후체계 모델을 평가하는 수단을 제공한다.

도시 기후학

　도시화는 지표면을 크게 변화시키고 도시화 이전의 지역 기후를 독특한 '도시 기후'로 바꿔 놓는다. 도시화가 도시의 강수, 습도, 바람, 대기의 질에 미친 영향에 대한 관심도 많이 있지만, 가장 잘 알려지고 가장 널리 연구된 도시 기후의 특징은 아마도 '도시 열섬'일 것이다. 지리학자들은 현장조사와 수리 모델링을 통합적으로 사용하여 지역의 기후에 대한 도시의 영향(특히, 도시 표면 물질과 지형의 효과)을 평가하는 데 가장 최전선에서 연구를 수행해 왔다(Oke, 1987). 지리학자들의 연구는 전 세계적으로 도시화 및 교외화와 함께 일어나는 지표의 광범위한 변화가 글로벌 기후변화에 영향을 미칠 수도 있음을 지적하기 시작하였다.

　그리먼드(Sue Grimmond)와 오크(Tim Oke)는 현장에서 측정한 내용을 매우 효과적으로 도시 기후의 수치모델에 통합하여 연구를 진행하였다(Grimmond and Oke, 1995; Grimmond et al., 1996). 열과 수분 흐름에 관한 조사관찰 결과 및 지표 특성 데이터를 이용하여 연구팀은 로스앤젤레스와 시카고, 마이애미, 밴쿠버, 새크라멘토, 투산, 멕시코시티와 같은 많은 북아메리카 대륙의 도시에 대하여 연구를 수행하였다. 이들은 도시 내 및 도시 간에 이들 수치에 차이가 크다는 점을 보여 주었으며, 이와 동시에 변동의 일상 패턴과 최고 수치가 나타나는 시각이 도시 간에 매우 유사하게 나타난다는 점을 밝혀냈다. 이들의 연구는 다수의 주거지역에서 증발산이 기대치보다 높게 나타난다는 사실을 확인하였는데, 이는 식물에 물을 주기 위하여 관개(灌漑)를 행하기 때문으로 밝혀졌다. 증발산이 도시의 다른 지역에서는 낮게 나타났는데, 도시를 데우기 위하여 가용한 에너지를 대부분 사용하기 때문으로 설명되었다.

　이들은 지표 정보, 현장 관측 수치, 모델 시뮬레이션을 통합하여 사용하기 위하여 지리정보시스템(GIS)을 활용하였다(Grimmond and Souch, 1994). 이들의 혁신적 접근방법을 통하여 종종 열과 습기 변동의 원인으로 잘 드러나지 않았던 지역을 밝혀낼 수 있었으며, 그 지역의 지표 특성을 파악할 수 있게 되었다(컬러도판 6을 참조할 것). 물론 다른 연구자들도 이러한 지역을 연구하긴 했지만, 이들은 다른 이들보다 먼저 해당 지역을 찾아내고 수치화하였으며 도시화와 기후변화 사이의 시공간적 관계를 밝혀냈다. 이들의 연구 결과는 건조환경(建造環境)이 글로벌 기후변화에 미치는 영향을 추출해 내는 데 큰 도움을 줄 것으로 기대된다.

　지구적 및 지역적 환경변화에서 가장 시급한 이슈 가운데 하나는 생물 다양성의 상실을 포함한 생태계의 변화이다(USGCRP, 1994). 지리학은 경관을 연구하는 오랜 전통을 지니고 있는데, 특히 자연적 및 인위적 과정이 경관과 그 속의 생태계에 미치는 영향에 관심을 기울여 왔다. 예를 들어, 지리학자들은 동식물 종의 분포와 이러한 분포가 인간활동을 포함하여 특정 국지 및 지역의 환경조건에 따라 그리고 인간이 영향을 미치는 이동과 선택에 따라 어떻게 형성되는지를 연구한다(Sauer, 1988). 지리학은 또한 '자연적' 및 농업적 경관 내의 생물 다양성의 공간적 패턴과 인간적 및 비인간적 결정요인을 연구하는 오랜 전통을 지니고 있다. 이러한 전통은 최근의 생물 다양성 상실에 대한 관심을 훨씬 앞서는 것이다.

최근의 지리학 연구는 화재, 벌목, 벌채, 홍수와 같은 인간적 및 자연적 교란의 성격, 재발, 생물학적 귀결이 공간상에 다양하게 나타나는 것에 초점을 맞추어 왔다(Vale, 1982). 이러한 연구는 국지적, 지역적, 지구적 규모에서 생물 다양성을 보존하기 위한 체계를 고안하는 데 필수적인 지식을 제공한다 (Baker, 1989a; Young, 1992; Medley, 1993; Savage, 1993).

지리학자들은 지표면의 과정에 초점을 맞추고 있기 때문에 변화 자체의 성격과 서로 다른 변화 상태 간의 이행에 큰 관심을 기울이고 있다. 또한 지표면 시스템을 통한, 그리고 지표면 시스템에 걸친 에너지와 질량의 흐름에 대한 관심이 점점 더 높아지고 있는데, 이는 환경변화의 기저 구조를 이해하는 첩경으로 여겨지기 때문이다. 지리적 조사는 그러한 변화를 1년보다 짧은 시간에서 수십만 년에 이르기까지 다양한 시간 척도, 즉 규모에서 살펴보고 있다.

수십 년에서 수 세기에 이르는 시간 규모에서 지리학 연구는 주로 지표면 시스템의 변화를 기록하고 그 원인을 평가하는 데 관심을 두고 있다. 지리학 연구의 한 초점은 지역의 기후변화를 평가하기 위하여 사진 및 측량을 통하여 빙하의 역사적 차원을 재구성하는 것과 연관되어 있다(예를 들어, Chambers et al., 1991). 이와 유사한 시간 규모에서 지리학 연구의 또 다른 중요한 초점은 인간의 정주(定住)가 하천에 미치는 영향에 맞추어지고 있는데,

환경 경도에 따른 교란 체제

지리학자인 톰 베블렌(Tom Veblen)과 동료 학자들이 수행한 남아메리카 최남단의 생태계에 화재가 미치는 영향에 관한 연구(Veblen and Lorenz, 1988; Veblen et al., 1989; 1992)는 자연과 인간이 초래한 교란의 생태적 영향을 이해하는 데 큰 도움을 주고 있다. 베블렌과 동료들은 파타고니아 북부에 위치한 온대 우림과 스텝을 가로지르는 선을 따라 발생한 화재의 빈도와 크기가 시공간적으로 어떻게 다른지를 재구성하였다 (그림 5.3을 참조할 것). 이들은 1722년부터 1991년까지 이르는 시기에 대한 화재 자료는 (수목의) 나이테 데이터를 이용하였으며, 1939년부터 1989년에 걸친 화재 자료는 국립공원의 기록을 통하여 수집할 수 있었다(Kitzberger 등, 미출간 자료). 화재의 역사 자료를 몇몇 식생 종류와 강수 지대와 관련하여 구득하였기 때문에, 기후 및 인간의 영향을 판단할 수 있었다.

전체 연구 기간(1722~1991) 동안 화재 발생 빈도가 서쪽의 우림 지역에서 다소 건조한(하지만 여전히 숲을 이루고 있는) 중앙 지역으로 이동할수록 증가하고, 스텝의 수목 성장 한계 지점에서는 그 빈도가 떨어지는 일반적인 공간적 패턴을 발견할 수 있었다. 연구지역 일대에서 화재가 가장 빈번히 발생하는 중앙부는 식생 성장에 적절한 수분이 공급되는 동시에 마른 연료를 제공하는 데 적합한 봄과 여름의 건기가 결합하여 화재가 발생할 수 있는 최적의 조건을 갖추고 있었다.

화재 상황에 대한 인간의 영향은 온대 우림과 스텝을 가로지르는 선을 따라 각 위치마다 매우 다르게 나타났다. 건조한 식생 지대에서는 1800년대 중반에 화재가 급증하였는데, 이는 칠레에서 이주해 온 인디언들과 관련이 있었다. 반대로 중습성(mesic) 산림 지대에서는 토착민들이 산재하여 분포해 있었고 1890년대 백인들이 정착할 때까지 화재는 드물게 발생하였다. 화재의 발생 빈도가 가장 극적으로 증가한 것은 유럽의 식민지 개척자들이 소 방목지를 조성하기 위하여 광범위하게 삼림을 태운 중습성 산림지대 내였으며, 이들은 방목지를 제대로 조성하지도 못하였다. 1920년대 이후 화재의 발생 빈도는 건조 산림 지대와 습한 산림 지대 둘 다에서 감소하였는데, 이는 온대 우림과 스텝을 가로지르는 지대 전역에 걸쳐 화재 발생 감축을 위한 정책의 실시와 스텝에서 사냥을 위하여 불을 놓는 것을 금지한 것에 따른 결과로 파악되었다.

화재에 기후가 미치는 영향 또한 온대 우림과 스텝을 가로지르는 지대의 각 위치에 따라 서로 다른 양상을 보였다(Kitzberger 등, 미출간 자료). 습한 삼림 지대에서는 상대적으로 봄과 여름의 건기가 짧아도 화재가 발생하기 쉽다. 심지어 매우 짧은 건기 동안에도 대나무의 아래쪽은 충분히 마르게 되고, 이는 화재의 연료가 될 수 있다. 건조한 식생 지대에서는 짧은 가뭄보다 연료를 생성할 수 있는 습윤한 시기가 지나고 나서 1년에서 2년 정도의 기간 동안 평년보다 건조한 상황이 화재 발생과 관련성을 지니고 있다.

이 연구는 자연과 인간의 교란을 별도로 보기보다 함께 고려해야 하며, 경관 규모에서 식생 패턴을 설명하기 위해서는 교란의 공간적 변이를 확인해야 한다는 점을 증명한다고 볼 수 있다.

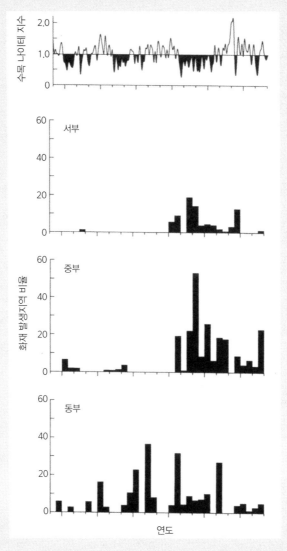

그림 5.3 안데스 우림(서쪽 부분)으로부터 중습성 산림 지대(중앙부)를 거쳐 건조한 삼림 지대(동쪽 부분)에 이르는 지역에서 5년 단위로 화재로 소실된 지역의 면적 비율 및 파타고니아 북부의 지역적 기후 변이를 반영하는 한발 민감성 수목 나이테 연표

예를 들어 케셀 등(Kesel et al., 1992)은 미시시피강(江)의 하천 유사량(流砂量)[2]에 인간의 정주가 미치는 영향을, 울먼(M. G. Wolman)과 그의 제자들은 지잔 수십 년 동안 도시화가 강물과 유사 유출에 미치는 영향을 연구하였다. 이 밖에도 그로브 칼 길버트(Grove Karl Gilbert)는 광업이 하계에 미치는 영향에 대한 연구를 착수하였으며(James, 1989; Mossa and Autin, 1996), 던(Dunne)과 여타 지리학자들(예를 들어, Abrahams et al, 1995)은 개발도상국에서 토지이용 변화가 사면과 하천 흐름에 미치는 영향(자료 5.6을 참조할 것) 그리고 트림블 등(Trimble et al., 1987)은 식생 복원이 하천의 동학에 미치는 영향을 탐구하였다.

1만 년에서 10만 년에 이르는 시간 규모에서 지리학 연구는 공전궤도의 변화가 지표면에 도달하는 실질 태양 복사량에 미치는 영향(Cervany, 1991)과 같은 기후변화와 지구의 물리적 반응 사이의 관계를 이해하고자 노력해 왔다. 이른바 공전궤도 혹은 밀란코비치(Milankovitch) 변동은 북태평양의 주기적인 빙하 '범람' 및 다른 대양 표면의 반응(Broecker, 1994)과 사막니스(rock varnish)로 알려진 기후상의 육지 변화(Liu and Dorn, 1996)를 설명하는 데 이용되어 왔다. 육상의 기후변화에 대한 증거는 그레이트플래인스(Great Plains)[3]에 바람에 의하여 퇴적된 실트(뢰스토양)(Feng et al., 1994), 그레이트베이슨(Great Basin)[4]의 호수 수위 변동(Currey, 1994) 그리고 시에라네바다(Sierra Nevada)의 빙퇴석(Scuderi, 1987) 등과 같이 다양한 자료를 들 수 있다.

---

2. (옮긴이) 유수의 작용으로 수중에서 하상 위를 이동하거나 부유하는 모든 토사들의 양을 말한다.

3. (옮긴이) 북아메리카 대륙 중앙에 남북으로 길게 뻗어있는 고원 모양의 대평원을 말한다.

4. (옮긴이) 네바다, 유타, 캘리포니아, 아이다호, 와이오밍, 오리건 등 6개 주에 걸쳐 있는 광대한 분지로, 서쪽은 시에라네바다산맥과 캐스케이드산맥 남부, 동쪽은 콜로라도고원과 워새치산맥, 북쪽은 컬럼비아고원, 남쪽은 모하비사막으로 둘러싸여 있다.

토지이용과 토양 침식

토양의 침식과 퇴적은 경관 형성 과정에 매우 중요한 요소이며, 특히 농경지의 생산성이나 수력 발전을 위한 저수 능력을 감소시킬 수 있어 인간의 거주에 큰 영향을 미치게 된다. 지리학자인 캐롤 하든(Carol Harden)은 북아메리카와 중앙아메리카 그리고 남아메리카의 인간이 정주하는 지역에 위치한 하천 유역에서 발생하는 토양의 침식 현상에 관하여 연구하였는데, 그의 연구는 토양 침식이 어떻게 그리고 어디에서 일어나며, 토양 침식이 농경민들에게 미치는 영향과 아울러 농경민들이 토양 침식에 미치는 영향 그리고 침식된 토양이 강에 의하여 어떻게 운반되는지 혹은 저수지에 남게 되는지 등을 밝히고 있다. 하든은 매우 다양한 지점에서 반복적으로 작은(15cm 직경) '폭풍우'를 인공적으로 만들기 위하여 휴대용 강우 시뮬레이터를 사용하였다. 각각 30분 동안 지속되는 '강우' 실험 동안, 그는 '강우'의 양과 비율을 측정하고 물이 토양에 흡수되는지 아니면 쓸려 나가는지를 관찰하고, 또한 흘러나간 빗물, 곧 유출수와 침식된 침전물을 측정하였다. 이러한 실험을 다양한 토양과 토지이용 지역에서 반복하면서, 그는 토양 침식이 빈번히 묘사되는 것보다 공간적으로 한층 더 복잡하며, 분지 일대의 토양 유실은 일반적으로 유역 모델링에서 간과되어온 두 가지 종류의 토지이용, 즉 '폐경지'와 도로 및 도보 통행로에 의하여 큰 영향을 받고 있다는 사실을 밝혀냈다.

에콰도르 고지대에 위치한 5,186㎢에 이르는 파우테(Paute)강(江) 유역에 관한 연구에서, 하든(Harden, 1991 ; 1996)은 폐경지나 휴경지가 곡물 경작지나 최근 개간된 토지에 비하여 통계적으로 유의미한 수준에서 유출 계수를 갖고 있음을 발견하였다(그림 5.4a를 참조할 것). 또한 퇴적물 이탈이 높은 반면, 토양 탄소량(유기물을 반영함)은 매우 낮았다(그림 5.4b). 하든은 이러한 패턴이 나타나는 것은 에콰도르 고지대의 폐경지나 휴경지가 토지 경작의 관점에서 방기되지만, 이러한 땅을 지역 주민들은 공유지로 인식하고 여전히 이용하기 때문으로 해석하였다. 규제받지 않는 가축의 방목이 식생 피복을 감소시키고 토양을 밀집시키게 되며, 그 결과 높은 수준의 유출 계수가 나타나게 된다.

낮은 강수량과 빠른 유출수로 인한 수분 부족은 식생의 재생을 어렵게 하여 침식을 가속화시키는 동시에 토양과 식생을 훼손하는 악순환이 발생하게 된다. 하든의 연구 결과는 종종 토지이용이 전혀 없다고 여겨지는 폐경지나 휴경지가 인간이 거주하는 지역에서 토양 침식을 이해하고 모델링하는 데 핵심 변수이며, 토지이용과 토양 침식의 관계를 연구하는 데 반드시 포함되어야 한다는 것을 보여 주었다.

더군다나 에콰도르와 코스타리카 그리고 미국의 도로(도보 통행로)와 비통행 지역을 비교한 강우 시뮬레이션 실험에서 도로와 통행로가 토지 피복 유형을 지역에 따라 가중치를 부여한 전통적인 모델링 접근방식에서 제대로 다루어지지 않았지만, 대단히 중요한 제2의 토지이용 유형임을 밝혀냈다. 하든의 연구는, 도로와 도보 통행로가 비가 동일하게 내리더라도 유출이 먼저 시작되며 다른 곳에서는 유출이 어려운 적은 양의 비에도 유출이 발생하여 하계망을 효과적으로 확대시키는 과정을 통하여 많은 열대 및 온대 지역에서 빗물을 유출시키는 가장 중요한 요인임을 증명하였다(Harden, 1992; Wallin and Harden, 1996). 도로와 통행로가 지표면의 매우 적은 비중(1% 미만)을 차지하고 있기는 하지만, 하든의 연구 내용은 이러한 용도의 지표가 지형/침식 과정에 심대한 영향을 미치기 때문에 수문 및 토양 침식 모델에 포함되어야만 한다는 사실을 보여 주고 있다.

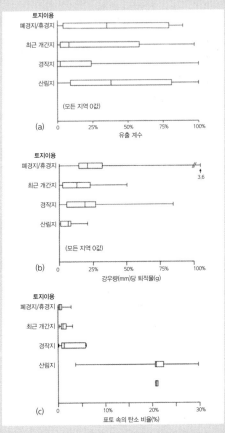

그림 5.4 (a) 미리 적셔놓은 토양에 인공 강우를 내린 뒤 유출 계수(유출량/강수량)를 나타낸 상자 그림은 빗물 유출의 차이를 보여 주는 동시에 폐경지와 초지에서 높은 수준의 유출이 발생하고 있음을 나타내어 준다. (b) 토지 방기가 토양 침식에 미치는 영향은 그래프 a가 보여 주듯이 높은 유출과 높은 퇴적물 이탈도가 결합할 때 명백해 진다. (c) 폐경지에서 얻은 토양 표본에서는 탄소 비율이 매우 낮은데, 이는 식생의 재건이 지연되는 곳에서 발생하는 지속적인 토양 퇴화의 악순환을 보여 준다.

지리학의 재발견

5.1.2.5 사례: 갈등과 협력

개인과 집단이 어떻게 서로 관련되어 있는지를 이해하기 위해서는 그 맥락을 파악하는 것이 중요하다. 장소에서 벌어지는 현상의 통합 및 한 장소를 다른 장소와 연관 지워 위치시키는 지리학의 관점은 맥락을 이해하는 데 핵심이 된다. 지리학에서는 자원과 토지이용 그리고 사람들의 분포 및 이동과 같은 사안의 중요성에 초점을 맞추고 있다. 또한 지리학 연구는 사회적 작용력과 물자 그리고 그것들이 착근되어 있는 공간적 상황 사이의 연계를 강조한다.

예를 들어, 지리학자들은 물을 둘러싼 갈등이 중앙아시아의 영토, 즉 영역 분쟁(Kliot, 1994)으로부터 서아프리카의 젠더(gender) 관계(Carney, 1993; Schroeder, 1993)에 이르기까지 모든 것에 어떻게 영향을 미치는지를 밝혀 왔다. 이른바 도시 하층계급에 대한 연구를 통해서는, 소수집단이 지리적으로 집중하는 현상이 주택시장에서 차별과 교외지역에서의 배제, 고소득 직종의 교외화, 중심 도시에서의 교육 재정의 악화, 교외지역의 주택시장에 접근할 수 있는 부유한 소수 민족의 이출 등의 결과를 통하여 소외 현상을 야기함을 알 수 있었다(예를 들어, Jackson, 1987).

이러한 종류의 연구들은 사회적 그리고 민족적 갈등의 성격을 이해하는 데 기여하고 있다. 이들 연구는 특정 장소가 지닌 물적 및 공간적 특성이 사회적 및 민족적 집단의 형성과 상호작용에 어떻게 영향을 미치는지를 이해하기 위하여 사회학적 분석을 뛰어넘어 설 필요성을 보여 준다. 또한 이러한 연구들은 분쟁과 협력을 가능케 하는 힘을 이해하고자 하는 지속적인 학제적 노력에서 매우 중요한 연계성 및 관련성을 바라보는 통찰력을 제공하고 있다.

5.2 공간 간의 상호의존성

여러 측면에서 지리학은 흐름의 과학이다. 지리학은 세상을 공간 단위의 정태적 모자이크로 보지 않고, 경관과 이동 그리고 상호작용이 함께 수놓아진 끊임없이 변화하고 있는 태피스트리■5로 인식한다. 제3장에서 이미 언급하였듯이, 지리학자들은 '장소'가 부분적으로 다른 장소로부터 유래하는 사람과 상품, 아이디어 등의 이동에 의하여 정의된다고 인식하고 있다.

5.2.1 지리학의 주제

장소 간의 상호의존성에 대한 연구는 지리학 문헌에 잘 나타나고 있다. 예를 들어, 한 세대 전의 지리학은 공간적 상호작용을 해석하고 예측하며 최적화하는 것을 돕는 계량적 모델을 향상시키는 데 주도적인 역할을 수행하였다. 이와 같은 분야에서 오늘날의 연구는 공간적 상호작용의 행태적 측면을 결합하고, 발달된 공간 계량학을 활용하고자 한다. 비록 그러한 모델의 수리적 공식화가 지닌 의미에 대하여 많은 논의가 이루어지긴 했지만, 여전히 널리 응용되고 있는 것은 많은 실제 상황에서 그 유용성을 입증하는 것이다.

아래에서 소개할 **공간적 경제 흐름, 이주, 유역의 동학** 등에 관한 연구는 장소 간의 상호의존성을 이해하는 데 지리학자들의 기여를 잘 보여 주는 사례가 될 것이다.

5.2.1.1 사례: 공간적 경제 흐름

윌슨(Wilson, 1972)과 여타 학자들의 기초적 작업을 바탕으로 하여 지리학

---

5. (옮긴이) 여기서 테피스트리(tapestry)는 여러 가지 색실로 그림을 짜 넣은 직물 또는 그런 직물을 제작하는 기술을 말하는 은유이다.

자들은 사람, 상품, 자본의 이동과 소비자의 대안적 서비스 지점과 관련한 공간적 선택 패턴 등에 관한 연구를 진행해 왔다. 이러한 연구들은 미시적 수준에서 개인의 공간적 상호작용을 그리고 거시적 수준에서 지역 간 흐름을 다루고 있다.

미시적 수준에서 지리학자들은 공간적 상호작용의 패턴이 소득과 가족 내역할, 대가족 내에서의 지리적 관계, 개인과 이 개인이 상호 작용하는 사람들이 지닌 경험과 기대와 같은 특성의 영향을 받는 사회경제적 지위와 젠더에 따라 다르다는 점을 관찰할 수 있었다(Hanson, 1986). 이러한 영향을 모델화하고 일반화할 수 있는 수준에서, 지리학자들은 국지적 노동시장의 작동, 쇼핑 패턴, 정보 확산 등에 대한 이해를 도모할 수 있다. 지리학자와 경제학자 그리고 사회학자가 함께 실시한 학제적 연구에서 상품과 인구의 흐름에 가장 지속적으로 영향을 주는 요인의 하나가 거리임을 밝혀냈으며, 이는 표준적인 경제 및 사회 변수가 모순적으로 작용하는 경우에도 동일하게 나타났다. 하지만 지리학자들은 거리 자체로는 데이터가 될 수 없으며 서로 다른 장소 간의 장애물을 변화시키는 사회적 구성과 이들을 연결시켜 주는 통신기술이 중요하다고 주장한다.

장소 간의 상호작용에 대한 데이터(예를 들어, 인구이동, 기술 확산, 상업적 거래)는 개별 장소의 유사한 특징에 대한 데이터보다 일반적으로 활용 가능성이 낮다. 데이터의 문제는 상호작용이 일어나는 다양한 지리적 규모, 즉 스케일로 인하여 한층 더 복잡하다. 예를 들어, 사례 연구와 설문을 통하여 구득한 자료는 미국의 주(州)간 교역이 지난 수십 년 동안 증가해 왔음을 보여 주지만, 각 주가 미국의 다른 주와 교역한 것보다 이들 주가 국제적으로 교역한 것을 더 많이 알려주고 있다. 그림 5.5는 워싱턴주(州)에서 선택된 몇몇 기업들이 미국의 다른 지역에서 상품을 구입하거나 판매한 양을 보여 준다. 비록 구입 및 판매의 공간적 패턴이 주별로 상당히 다르고 이들 주가 구입하고 판

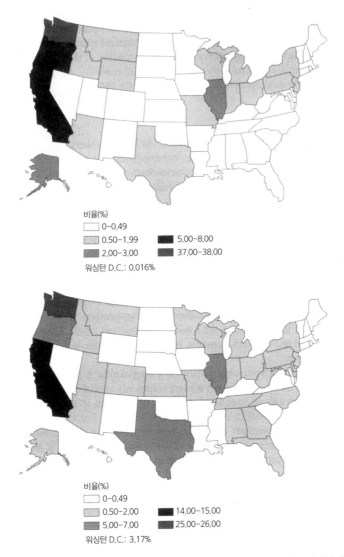

비율(%)

☐ 0-0.49
☐ 0.50-1.99   ■ 5.00-8.00
☐ 2.00-3.00   ■ 37.00-38.00

워싱턴 D.C.: 0.016%

비율(%)

☐ 0-0.49
☐ 0.50-2.00   ■ 14.00-15.00
☐ 5.00-7.00   ■ 25.00-26.00

워싱턴 D.C.: 3.17%

그림 5.5 미국 워싱턴주(州) 표본 기업들의 미국 다른 지역과의 상품 구입(위) 및 판매(아래).

매한 상품의 성격 또한 다르지만, 주간에 판매와 구매에는 대칭적인 모습을 찾아볼 수 있다. 지역별로 판매와 구입을 이용하여 구한 상관계수는 0.7 수준으로 매우 유의미한 것으로 나타나고 있다(Beyers, 1983).

공간적 상호작용 자료를 모델링하는 것은 지리적 분석의 핵심이다. 시간적 또는 공간적 변이와 관련된 발생 모델의 확장 방법으로 주요 계수를 구함으로써, 연구자들은 공간적 관계의 특수성을 보다 널리 밝혀낼 수 있었다. 이 방법은 문헌 소개에서부터(Casetti, 1972) 응용 및 해석의 방면에서의 활용에 이르기까지(Jones and Casetti, 1992) 지리적 분석에 널리 이용되어 왔다. 지리학자와 지역 과학자들의 연구는 전통적인 정보이론이나 최적 의사결정이론을 기반으로 하여 공간적 상호작용 모델을 어떻게 도출해 내는지를 보여 주었다. 이러한 이론적 연구는 소비자와 서비스 공급자 간의 상호작용을 분석하는 데까지 확장되었다. 공간적 상호작용의 시뮬레이션은 주(州)간의 상품 흐름에 대한 질문과 유사하게, 소매의 패턴과 행태에 대하여 '만약에'라는 물음을 던질 수 있게 해 준다. 〈**지리학적 시스템**〉(Geographical Systems), 〈**입지과학**〉(Location Science), 〈**컴퓨터, 환경, 도시시스템**〉(Computers, Environments and Urban Systems) 등과 같이 비교적 새롭게 등장한 학술지들은 이러한 모델을 많이 다루고 있다.

5.2.1.2 사례: 이주

이주에 관한 결정은 가구 단위에서 내리는 매우 중요한 의사결정 가운데 하나로, 장소 간의 연계에 깊은 함의를 갖고 있다. 월퍼트(Wolpert, 1965)와 브라운 및 모어(Brown and Moore, 1971)의 연구는 탐색 및 선택의 과정을 개념화하여 불확실성하에서 의사결정을 내리고 주택을 탐색하는 모델을 공식화하였다(Smith et al., 1979). 이 모델은 이주에 대한 선호와 기대 모두를 포괄하며, 주거 환경 내에서 가구의 탐색에 대한 중요한 통찰을 제공하고 있다.

이주 및 이동성을 모델링하는 최근의 연구는 이러한 과정의 역동성을 다루고, 연령과 가족 구성 그리고 경제적 상황이 이주에 관한 의사결정과 관련되는 방식을 설명하고자 노력하고 있다(Clark, 1992; Clark et al., 1994). 예를 들어, 개인이 이주를 행할 것인지에 가장 큰 영향을 미치는 미시적 결정요인은 연령 혹은 생애주기의 단계이다(자료 5.7을 참조할 것). 이들 결정요인의 영향은 1946년에서 1964년 사이에 태어난 지극히 큰 규모의 베이비붐 세대 집단이 이동의 최고조 시기(20~34세)를 보낸 1970년대 동안에 입증되었다.

몇몇 사회과학적 변수들에 관해서는 미래에까지 단정적으로 예측하기란 쉽지 않다. 하지만 대재난이 없다면, 노화의 냉혹함은 미래의 연령구조가 인구예측에 가장 중요한 독립변수의 하나임을 말해 준다. 지리학자들이 이주에 대한 이들 인구학적 영향력을 더 많이 밝혀낼수록, 인구 분석가들이 국가적 및 지역적 차원에서 보다 나은 공공정책을 만드는 데 그 역할을 할 수 있다.

자료 5.7

지역 간 인구이동에 대한 영향

지역의 연령구조 변화에 대한 최근의 지리학 연구는, 1970년대에 발생한 미국 북부를 동서로 뻗은 한랭지대(frostbelt)에서 미국에서 연중 날씨가 따뜻한 남부 및 남서부 지역의 온난지대(sunbelt)로의 대규모 인구이동과 같이 미국인들의 이동성 및 넓은 범위에서 지역 간 인구이동 패턴의 변화를 설명하는 몇 가지 요인을 밝혀냈다. 이스털린(Easterlin, 1980)이 후속 세대의 크기가 사회의 출산율 수준에 어떻게 영향을 미치는지를 살펴본 것과 유사한 아이디어를 활용하여, 플레인과 로저슨(Plane and Rogerson, 1991)은 1949년부터 1987년 사이에 20~24세 청년층의 연령별 지리적 이동성을 미국 전체 인구에 대한 해당 연령층이 차지하는 비율의 함수로 살펴보았다(그림 5.6을 참조할 것). 이 두 학자는 이동성과 연령 집단(cohort)의 크기 사이에 반비례 관계가 성립함을 확인하였는데, 이는 다른 크기의 세대에 속한 개인이 이른바 '확산효과'(spread effects)로 알려진 과정을 통하여 경제성장을 이끌어가는 경제체제 속에서 나이를 먹어감에 따라 서로 다른 경제적 및 사회적 운명에 처한다는 점을 반영하는 것이라고 해석할 수 있다. 규모가 큰 연령 집단에 속한 개인은 노동시장 및 주택시장에서 한층 극심한 경쟁 상황에 놓이게 되고, 이는 이동성의 감소를 가져오게 된다. 노동시장에 진입하는 인구수가 늘어날 경우 임금 수준은 떨어지게 되고 양질의 일자리도 감소하게 되며, 그 결과 이주에 따른 경제적 혜택이 줄어드는 것이다. 많은 사람들이 주택시장에 진입할 경우에도 추가적인 주택 공급이 이루어져야 하고, 주택 가격은 상승하게 된다.

이 관계는 그림 5.6에 제시되어 있으며, 플래인(그림 5.7)이 논의한 이동성의 붐-침체 주기(boom-and-bust cycle)와 매우 유사함을 알 수 있다. 이 주기에서 이동성은 다음 세대 동안 연령 집단 크기의 변화보다 약간 늦게 따라오며, '숫자 8'과 유사한 형태의 궤적을 갖는다.

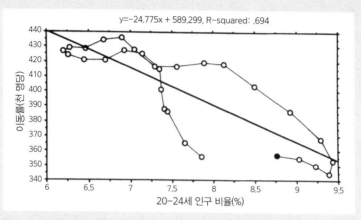

그림 5.6 미국 전체 인구에 대한 20~24세 청년층이 차지하는 비율의 함수로서 표현한 20~24세 청년층의 이동률. 그림의 데이터 지점들은 3년간 이동 평균을 나타낸다. 색칠된 원은 1985년에서 1987년 사이의 평균이며, 해당 연구가 행해질 당시 이용할 수 있었던 가장 최신의 자료였다. 1971년에서 1975년, 1976년에서 1980년 사이에는 데이터가 존재하지 않았다. 출처: 플래인과 로저슨(Plane and Rogerson, 1991).

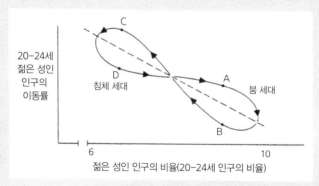

그림 5.7 전체 인구 대비 청년층(20~24세) 크기의 함수로 표현한 청년층(20~24세)의 기대 이동률. 붐(boom) 주기는 청년층 인구가 크게 증가하는 시기를 말하며, 침체 주기는 청년층의 인구수가 감소하는 시기를 나타낸다. 출처: 플래인(Plane, 1993).

5.2.1.3 사례: 유역의 동학

자연지리학자들은 환경을 이해함에 있어 장소 간의 상호의존성이 중요하다는 사실을 연구를 통하여 보여 주었다. 예를 들어, 지리학자들은 하천 생태계에 관한 연구에 공간적 연계성과 장거리에 걸친 영향을 확인하고 분석함으로써 크게 기여해 왔다. 비록 하천의 행태에 대한 공간적 분석은 1940년대에 시작되었지만, 이러한 작용과정의 지리에 대하여 온전히 이해하게 된 것은 비교적 최근의 일이다. 1970년대 중반까지 다수의 자연과학 분야에서는 개별 생태계를 구성하는 요소들의 작용과 이들 요소가 인접 요소와의 연계에 대하여 설명하는 데 그쳤다. 예를 들어, 필요한 생물종 혹은 멸종 위기종에 중요한 하천 서식지에 대한 설명과 분석은 식생과 토양 및 수질의 국지적 동학에 초점이 맞추어졌다. 이와 유사하게 하천의 행태는 특정 지점에 있는 물질의 수리적 및 물리적 특징의 측면에서 이해되었다. 이러한 분석적 접근방법에 초점을 맞추게 됨으로써 국지적 작용과정의 과학적 이해는 향상되었으나, 외부적 요인에 따른 환경변화를 예측하는 데에는 그다지 성공적이지 못하였다.

1970년대 중반부터 자연지리학자들은 (그리고 지리학 관점을 이용하는 다른 학문분야에 종사하는 과학자들은) 공간적 패턴, 연계, 장거리에 걸친 효과 등을 강조하는 한층 총체론적 시각을 채택하였다. 하천 서식지는 국지적 동학은 물론이고 상류 수계의 변화에 반응하는 것으로 여겨졌다. 예를 들어, 윌리엄 베이커(William Baker, 1989b)와 제이콥 벤딕스(Jacob Bendix, 1994), 조지 말랜슨(George Malanson, 1993)은 하천 유역의 삼림의 구성과 동학이 국지적 상황, 하계망에서의 산림의 위치, 물과 영양분에 영향을 미치는 원격지역 등에 달려 있다는 사실을 보여 주었다. 이와 유사하게 체사피크만(灣)과 여타 미국 동부 연안의 하구 지역으로 유입되는 오염물질의 이동에 대한 연구는 상류 수계에서 벌어지는 사건에 대한 분석이 하구의 환경을 이해하는 데 큰 도움을 줄 수 있음을 증명하였다(Marcus and Kearney, 1991). 이 연구의 이론적 틀을 원용하여 미국 환경보호국(Environmental Protection Agency: EPA)은 하구 지역으로 유입되는 퇴적물로부터 오염을 제어하는 보다 효과적인 감시체계 및 예방조치를 개발하였다.

또한 지형학에서는 공간적 관점이 점점 더 중요해지고 있으며, 지형시스템 분석은 물리적 힘과 압력, 유체 저항, 유토(流土) 등을 측정하고 지도화하는 데 있어 해당 지점과 공간적 연계 관계를 통합하는 것으로 확장되었다. 연어가 알을 낳는 강의 지점과 같은 취약지점에서 일어나는 환경변화를 예측하는 데 있어 경사와 수로망을 따라 공간상으로 연계된 시스템 전반에 걸쳐 발생하는 변화를 반영하기 때문에 효율성이 크게 높아지는 결과를 가져왔다. 따라서 지형학은 사회에 보다 유용하게 되었으며, 지형학자들은 오늘날 미국 농무부(Department of Agriculture)의 현장조사팀, 미국 환경보호국(EPA)의 교량 지점과 여타 건설사업 관련 조사, 지형적 위험저감 계획, 위험 서식지 평가 그리고 공공 토지 안정화 사업 등에 참여하고 있다.

5.2.2 과학 및 사회 이슈와의 관련성

공간적 상호의존성은 물리학과 천문학으로부터 기후학과 지정학에 이르기까지 다양한 과학에서 매우 중요한 이슈이다. 지리학 관점이 **복잡성**과 **비선형성, 형태와 기능** 간의 관계와 같이 과학 전반에서 관심을 끌고 있는 여러 가지 이슈들을 이해하는 데 기여해 왔는데, 아래의 사례로 설명할 수 있다. 공간적 상호의존성에 대한 지리학의 관심 또한 사회의 중요 이슈와 연관된 과학적 지식과 직접적으로 관련되어 있기도 하다. 이러한 사례로는 **갈등 및 협력**과 **인간의 보건의료**를 들 수 있다.

5.2.2.1 사례: 복잡성과 비선형성

지리학이 복잡계의 이론과 모델링에 크게 기여하고 있는 부분(Pines, 1986)은 장소 간 상호작용의 변화하는 패턴이 복잡성의 중요한 원천이 될 수 있다는 인식이다. 다른 과학자들 또한 이를 관찰하였지만(Farmer, 1990), 사회과학에서 큰 관심을 받지 못하였으며, 공간적 인구 통계학만은 예외였다. 이 분야에서 연구자들은 이주를 정태적 현상이 아니라 동태적 현상으로 간주하기 시작하였으며, 공간적 인구통계학을 오늘날 카오스 및 복잡계 이론(chaos and complexity theory)에서 빈번히 사용되는 비선형 동적 시스템으로 다루고 있다. 이주 행태는 개인의 이주 결정을 지배하는 규범뿐만 아니라 상호 작용하는 인구들의 입지적 배열구조에 좌우됨이 밝혀지고 있다.

이러한 연구는 지리학과 큰 범주의 과학에 관련된 다음과 같은 세 가지 개념적 통찰을 확립해 왔다. (1) 공간체계의 안정성은 해당 체계에서 발생하고 있는 공간적 상호작용의 본질에 달려 있다. (2) 체계의 지리적 배열구조에 대한 지식은 그 동적 행태를 이해하는 데 중요하다. (3) 동태적 상호작용이 있는 공간체계는 경로의존성, 초기 조건과 외부 불안 요인에 대한 과도한 민감성 및 비교적 단기간에 걸친 예측 불가능성 등의 특징을 지닐 수 있다.

이러한 통찰은 최근의 복잡계 이론과 직접적으로 연결되어 있는 동시에 인문지리학에서의 오랜 관심을 반영하고 있는데, 인문지리학에서는 경제활동과 정주체계의 입지를 설명하기 위하여 1960년대에 개발된 이론들의 균형 지향성에 대하여 지속적으로 비판을 가해 왔다. 예를 들어, 미국 도시체계의 진화에 대한 앨런 프레드의 연구(Allen Pred, 1977; 1981)는 초기의 이점, 누적적 인과관계, 도시 간 상호의존성이 어떻게 체계를 만들어 내는지를 증명하고, 이러한 개념적 통찰을 보여 준다. 이 연구는 폴 크루그먼(Paul Krugman, 1991)이 경제학자들의 주목을 끌고자 시도했던 수확체증(즉, 규모의 경제)과 집적의 아이디어가 현실에서 구현된 것을 보여 준 것이었다. 여타 지리학자들의 연구(Harvey, 1982; Massey, 1984; Scott, 1988a, b; Storper and Walker, 1989; Markusen et al., 1991)와 함께 프레드(Pred)는 공간적 경제과정이 어떻게 불안정성과 동적 복잡성뿐만 아니라 경로의존성과 관성(慣性)을 만들어 내고 기존 경제체제의 진화를 야기하는지를 보여 주었다.

지리학자들은 공간적 동학이 신고전주의 이론이든 정치경제학적 주장이든 간에 표준 경제이론의 일반성을 제한할 수 있음도 이론적으로 입증하였다. 이들은 공간경제는 매우 불안정하기 때문에 특화와 교역 그리고 완전 경쟁에 대한 표준 이론들은 문제가 있을 수 있으며, 지역 간 자유로운 자본 이동이 이윤율 혹은 자본에의 접근성을 균등화하는 결과를 가져오지 않을 수도 있음을 보여 주었다(Webber, 1987; Sheppard and Barnes, 1990). 이에 더하여, 정주체계의 진화적 동학을 보다 폭넓게 살펴보기 위하여 연구자들은 비선형적 동학을 원용한 개념적 통찰을 이용하였다(Allen and Sanglier, 1979; Dendrinos, 1992).

공간 균형의 모델이 주류 이론인 개인의 공간적 의사결정과 같은 미시적 수준의 연구에서도 이와 유사한 논의가 등장하고 있다. 공간적 가격 균형에 관한 최근의 연구에서는 실제 공간체계에서 그 어떤 가격 균형점도 기껏해야 국지적 의사(疑似) 안정(quasi-stable) 상태로 취급된다. 왜냐하면, 몇몇 기업들은 다른 기업에 비하여 입지적으로 약점을 지니고 있으며, 소비자들도 가격 차이에 반응하여 가격에 대한 의사결정을 바꿀 수 있기 때문이다 (Sheppard et al., 1992). 더군다나 이 균형 상태에 아주 작은 자극이라도 주어지게 되면, 가격 등락의 동학에 복잡하고 지속적인 불균형 상태가 초래되고, 가격 '전쟁'이 발생할 수도 있다는 것이다.

5.2.2.2 사례: 형태와 기능

공간상에서 발생하는 상호작용에 대한 지리학 연구의 또 다른 주제는 공간 패턴에 일정한 규칙성을 발견하는 것이었고(이러한 규칙성은 다시 상호작용에 영향을 미친다), 지리학자들은 이러한 현상, 특히 입지이론에 관련된 현상에 대한 학제적 연구에 지대한 기여를 해 왔다. 이러한 일련의 연구를 가능하게 한 동력은 주어진 공간 패턴이 매우 다양한 과정을 거쳐 만들어질 수 있기 때문에 그러한 공간 패턴으로부터 특정한 기능을 곧바로 도출해 낼 수 없다고 하는 논지였다.

물리학, 천문학, 생물학과 같은 다른 학문이 패턴을 무작위가 아닌 과정의 반영이며 영향력을 행사하는 것으로 보는 것과 마찬가지로, 지리학도 인간 정주와 자연경관에서의 패턴을 관찰하고 이해하고자 노력하고 있다. 패턴에 대한 관심이 이해를 위해 지도와 정보의 도식화를 활용하는 지리학의 특징과 관련되어 있음은 의심할 여지가 없다.

자료 5.8

국가 간 도시 이주의 장기파동 리듬

경제사와 정치사에서 패턴과 리듬의 일관성에 관한 방대한 연구들은 다양한 자료를 통하여 발견한 그 시간적 변화가 성장률과 가격 그리고 관련 정치적 압박의 '콘트라티에프 파동'(Kondratiev waves)과 일치함을 보여 주고 있다. 본질적으로 이 파동은 새로운 기술 경제적 시스템이 혁신에서 시작해 최고조에 도달하고 이후 교체되는 생애주기를 나타내게 되며, 이러한 시스템의 확장과 쇠퇴는 연속적으로 가격 인플레이션과 다른 경제적 작용력의 상승과 하락을 이끈다는 것이다.

지리학자들은 이러한 장기파동 리듬이 공간적 흐름에도 영향을 미칠 수 있음을 밝혔다. 예를 들어, 브라이언 베리(Bria5n Berry)는 1830년부터 1980년 사이에 세계적인 도시 성장이 장기파동 리듬의 행태를 따른다는 사실을 제시하였다(Berry, 1991; Berry et al., 1994). 해당 기간 동안의 도시 성장과 이주에 관한 데이터를 수집하여 베리는 리듬 행태가 국가 간 도시 이주의 성장과 쇠퇴에 부분적으로 연관되어 있으며, 동일한 기간 국가 내의 이촌향도 인구이동은 주기적 경향을 보여 주지 않는다는 사실을 확인할 수 있었다. 이러한 분석 결과는 경제발전 장기파동의 역사적 패턴이 도시 성장의 공간적 패턴에 영향을 주었으며, 이러한 발전은 "연쇄적으로 지구적 도시 성장이 새로운 단계의 상호의 존성으로 넘어가게 하였다"(Berry, 1991).

지리학의 재발견

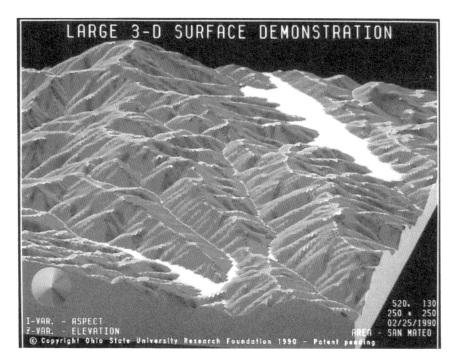

컬러도판 1. 산안드레아스(San Andreas) 단층에 인접해 있는 캘리포니아주(州) 산마테오(San Mateo) 지역의 3차원 지도. 뒤쪽에 있는 호수는 단층 위에 놓여 있다. 이 지도는 기복을 인식할 수 있도록 하기 위하여 128가지의 색상을 사용하고, 묄어링과 키멀링(Moellering and Kimerling, 1990)이 출원한 특허인 'KS-ASPECTTM 프로세스'(미국 특허 제5,067,098호 및 제5,283,858호)를 이용하여 생성한 것이다. 지작권은 1990년 오하이오주립대학 연구재단에 있다.

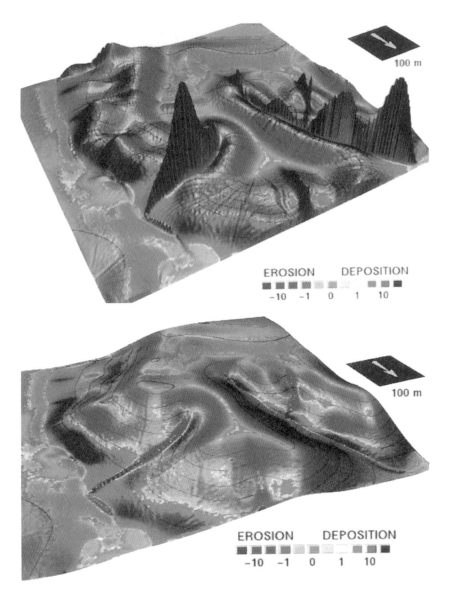

컬러도판 2. 위: 한 지역의 침식과 퇴적에 대한 지형 잠재력을 수학적 모델을 통하여 시각적으로 표현한 것이다. 색상은 지형의 방향 도함수(침식과 퇴적에 대한 지형 잠재력)를 보여 주는 표면의 운반력을 나타낸다. 침식 잠재력은 퇴적물 운반력이 증가하는 곳에서 높다(적색 표시 지역). 퇴적 잠재력은 운반력이 감소하는 곳에서 높다(청색 표시 지역). 아래: 밋밋하고 수직으로 과장된 실제 지역을 3차원으로 살펴본 것이다. 색상은 침식과 퇴적의 잠재력을 나타낸다. 두 이미지로 지역의 모습과 침식/퇴적 모델의 결과 사이의 관련성을 평가할 수 있다. 출처: 미타소바 등(Mitasova et al., 1996).

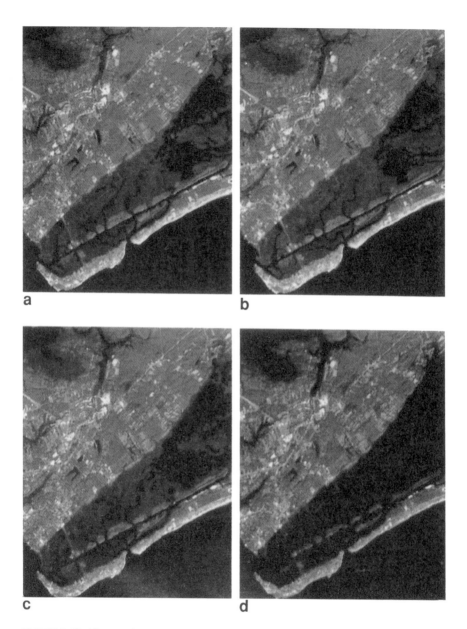

컬러도판 3. 랜드샛(Landsat)의 주제도제작기(Thematic Mapper: TM) 데이터와 고도 및 수심 측정의 디지털 파일 그리고 토지 피복 데이터 등을 바탕으로 하여 사우스캐롤라이나주(州) 찰스턴(Charleston)시 인근 해안 지역의 해수면 상승의 예상 효과. 수치는 (a) 현재의 평균 해수면(MSL)보다 28센티미터(cm)가 상승하는 기준선 추정치; (b) 현재의 평균 해수면보다 3센티미터(cm)가 상승하는 최저 추정치; (c) 현재의 평균 해수면보다 46센티미터(cm)가 상승하는 최적 추정치; (d) 현재의 평균 해수면보다 124센티미터(cm)가 상승하는 최고 추정치에 대한 2010년 해수면 상승 시나리오를 보여 준다. 침수는 어두운 음영으로 표시되어 있다. 저지대 인구밀집 지역은 최고 추정치 조건에서 침수될 것이다. 출처: 젠슨 등(Jensen et al., 1993b).

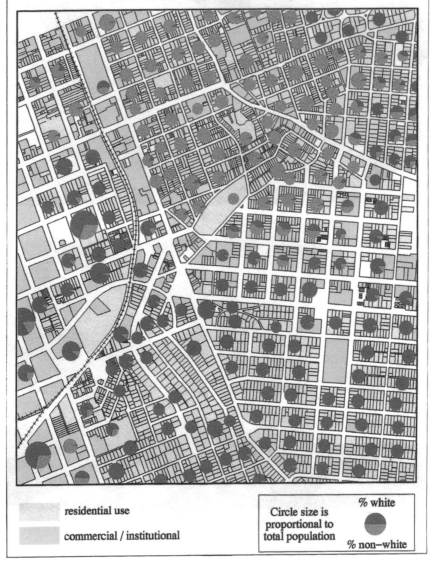

1990 Block Level Census Information Overlaid on Parcel Land Type Characteristics

Five Points Area of Columbia, S.C.

residential use

commercial / institutional

Circle size is proportional to total population

% white

% non-white

컬러도판 4. 사우스캐롤라이나주(州) 콜롬비아(Columbia)시 근린지구의 인구규모와 인종구성 그리고 토지이용. 출처: 코웬 등(Cowen et al., 1995).

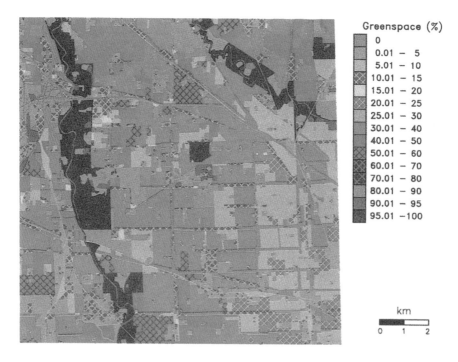

컬러도판 5. 일리노이주(州) 시카고(Chicago)시의 녹지(즉, 나무, 관목 그리고 잔디)의 측정을 통한 토지 피복의 특성을 보여 주는 지도. 출처: 그리먼드와 소치(Grimmond and Souch, 1994).

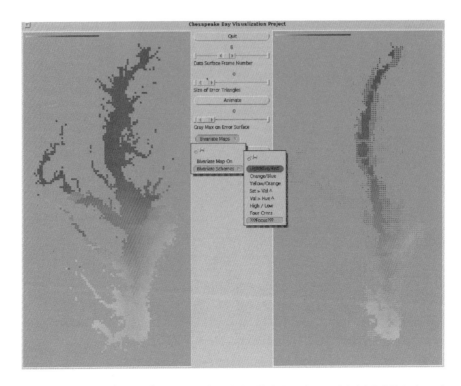

컬러도판 6. 인터페이스(interface)의 왼쪽 패널은 체사피크만(灣)의 49개 표본 지점에서 추출한 수치로부터 보간한 용존 무기질소(DIN)의 분포면을 보여 준다(어두운 빨간색은 높은 용존 무기질소의 농도를 나타냄). 오른쪽 패널은 공간 보간법을 통하여 생성된 추정치의 신뢰성에 따라 조정된 동일 데이터를 묘사한다. 수치를 높게 신뢰할 수 있는 그리드 격자형 셀은 완전히 채워져 있다. 셀의 추정치가 불확실해짐에 따라 적색의 색조로 채워진 셀의 비율은 거의 신뢰할 수 없는 셀의 용존 무기질소 수준을 전혀 해석할 수 없는 지점까지 감소한다. 출처: 맥이츤 등(MacEachren et al., 1993).

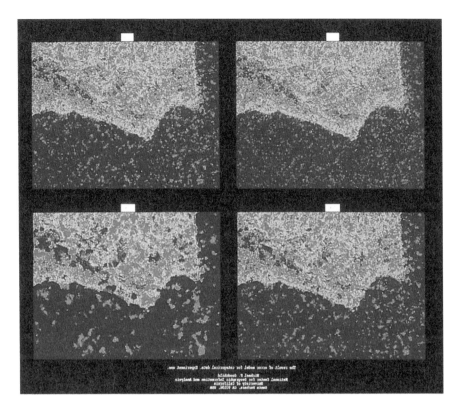

컬러도판 7. 캘리포니아주(州) 산타바바라(Santa Barbara)시 식생 분포의 네 가지 '구현물'. 각각의 구현물은 위성센서(주제도제작기)로 수신된 반사율 신호의 격자형 셀(즉, 단위 픽셀)별 분류를 표현한다. 각각의 보기는 주제도제작기(TM)가 각 셀에 대하여 측정한 내용을 해석할 수 있도록 제시하고 있다. 가능성 간의 차이점은 각 픽셀의 바로 인접한 픽셀이 하나의 픽셀을 식생 등급에 할당함에 있어 고려되는 정도를 조정하는 가중치 매개 변수의 조작에 따른 결과이다. 높은 공간 가중치는 고립된 픽셀이 거의 없는 보다 균질한 지역을 생성한다(반 사율이 인접 구역과 가장 유사한 등급에 등급 경계 근처에 배치되는 픽셀을 할당함으로써). 출처: 굿차일드 등 (Goodchild et al., 1994, 컬러도판 20).

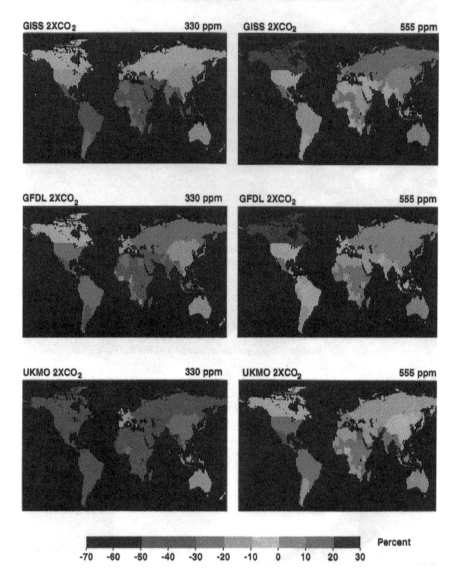

POTENTIAL CHANGE IN GRAIN YIELD

컬러도판 8. 대기 중 이산화탄소가 두 배로 증가함에 따른 기후변화가 국가별 곡물(밀, 쌀, 조립곡물, 단백질 사료) 수확량에 미치는 영향을 보여 주는 컴퓨터 시뮬레이션. 색상은 GISS(나사의 고다드우주연구소 모델 – Goddard Institute for Space Studies model)와 GFDL(프린스턴대학의 지구물리학유체역학실험실 모델 – Geophysical Fluid Dynamics Laboratory model) 그리고 UKMO(영국 기상청 모델 – United Kingdom Meteorological Office model)의 세 가지 일반적인 순환모델에 의하여 예측된 기후변화하에서 곡물 수확량의 변화(현재와 비교한)를 보여 준다. 왼쪽 세로줄은 기후변화가 곡물 수확량에 미치는 영향을 분리하고 있다. 오른쪽 세로줄은 기후변화 및 두 배로 증가한 이산화탄소가 곡물 수확량에 미치는 결합 효과를 보여 준다. 출처: 로젠츠바이크 등(Rosenzweig et al., 1995).

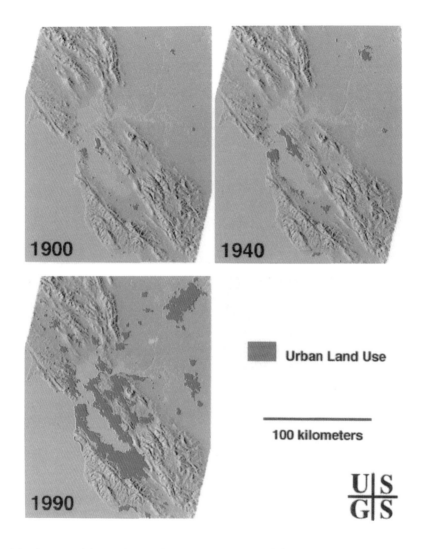

Urban Land Use

100 kilometers

U|S
G|S

컬러도판 9. 1900년과 1940년, 1990년 세 시기의 샌프란시스코만(灣) 지역의 도시화를 묘사한 영상 이미지. 영상 이미지는 지도(1900년, 1940년)와 랜드샛(1990년) 데이터로 제작한 것이다. 출처: 미국 지질조사국 아메스연구센터(Ames Research Center)의 윌리엄 아세베도와 레너드 게이도스(William Acevedo and Leonard Gaydos).

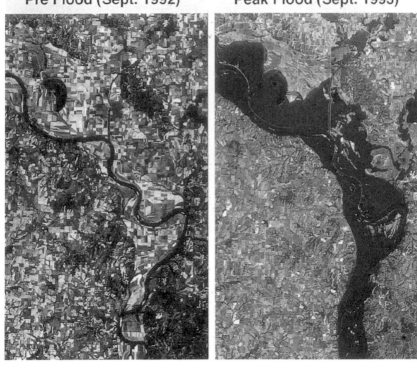

A
Pre Flood (Sept. 1992)

B
Peak Flood (Sept. 1993)

컬러도판 10. 미주리주(州) 글래스고(Glasgow)시 인근의 미시시피강(江) 계곡의 위성 영상 이미지. 북쪽이 두 영상 이미지의 위에 해당한다. 즉, (A)는 1992년 9월(1993년 홍수 이전)에 촬영된 영상 이미지이다. 활발한 하도(검은 색)는 적극적으로 경작이 이루어지고 있는 범람원 내에서 사행하고 있다. 왼쪽 상단의 아치형 모양은 우각호이다. (B)는 1993년의 홍수 동안 위와 동일한 지역을 촬영한 영상 이미지이다. 홍수로 인하여 영상 이미지의 3분의 2에 미치지 못하는 크기의 전체 범람원이 침수되었다. 영상 이미지의 윗부분에 해당하는 강의 북동쪽 지역은 범람을 피했다. 출처: SAST(1993).

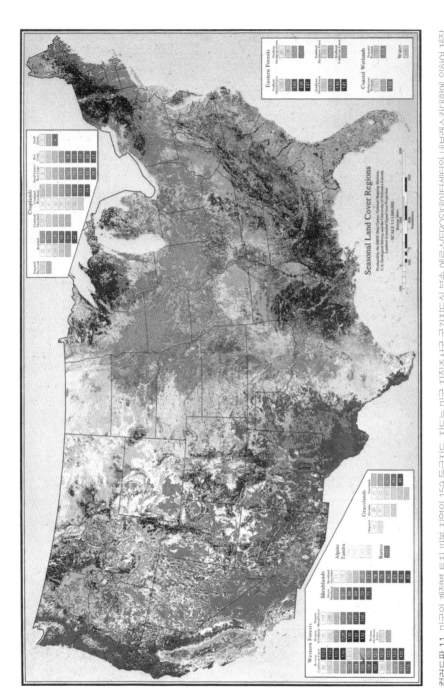

컬러도판 11. 미국의 계절별 토지 피복 지역이 159 등급지도. 지도는 미국 지질조사국 국가지도실 부속 에로스(EROS)데이터센터와 네브래스카대학에 의하여 제작된 것이다. 출처: 러브랜드 등(Loveland et al. 1995).

그런데 공간적 상호작용 모델의 경우처럼, 지리학자들은 사회적 및 자연적 세계에서 관찰되는 기하학적 구성은 본질적으로 동태적이며, 그것에 대한 해석이 다차원적임을 터득해 왔다. 따라서 지리학자들은 그러한 동태적 과정을 이해하기 위해서는 시간과 공간의 측면 모두에서 바라보는 것이 중요함을 인식하고 있다. 이는 복잡한 기하학적 형태를 탐구하는 방법으로 동태적인 다차원적 시각화의 도구를 개발하는 동인으로 작용하였다(Dorling and Openshaw, 1992). 지리학의 패턴에 관한 호기심은 선도적인 학자들이 공간과 시간의 맥락에서 패턴을 살펴보고, 이 두 유형의 패턴이 어떻게 상호 관련되는지를 살펴보도록 유도하였다(자료 5.8을 참조할 것).

5.2.2.3 사례: 갈등과 협력

갈등은 어느 한 장소에서 제한적으로 발생하는 경우가 거의 없다. 갈등은 다른 지역에서 벌어지는 일에 영향을 받으며, 갈등의 효과는 많은 경우 널리 퍼져나간다. 갈등의 힘을 이해하기 위한 지속적인 노력에서 장소 간의 관련성을 고려하는 것이 매우 중요하다. 즉, 어떤 장소가 특정 갈등과 관련되어 있는지, 그러한 갈등이 다른 지역과 영역에 어떻게 영향을 미치는지를 이해해야 한다는 것이다. 공간구조 및 공간적 흐름을 확인하고 지도화하며 분석하는 지리학의 오랜 관심은 이러한 요구에 부응한다. 예를 들어, 다른 장소에서 연유하는 영역에 대한 관점이 갈등을 어떻게 발생시키는지를 이해하고자 하는 지정학 연구, 변화하는 접촉 및 의사소통의 패턴을 살펴보는 연구, 사람들의 이동에 초점을 두고 있는 연구 등에서 이러한 점이 잘 드러난다.

갈등과 협력에 관한 연구에서 이러한 문제를 고려하는 것이 중요하다는 점은 몇몇 사례가 잘 보여 주고 있다. 지정학적 전통에 충실한 사울 코헬(Saul Cohel, 1991)의 연구는 냉전 질서가 사라진 뒤 전략적 이해의 변화가 전략적 경쟁지역, 즉 분쟁지대(shatter-belt)가 어떻게 과거에 분열되었던 영역을 연결하는 관문지역으로 변화하는지를 보여 주었다. 정보통신 지리학의 연구는 새로운 연결성의 패턴이 어떻게 갈등과 협력에 영향을 미칠 수 있는지를 밝혀 주었다(Brunn and Leinbach, 1991). 난민에 관한 지리학 연구는 사람의 흐름이 정치체제를 어떻게 불안정하게 만들고 시민권 및 공동체에 대한 기본적 인식을 위협하는지를 강조하며, 장소의 상호 연결성을 직접적으로 입증해 주고 있다(Wood, 1994).

5.2.2.4 사례: 인간의 보건의료

공간적 상호의존성을 가장 잘 보여 주는 사례는 감염병의 확산을 다룬 지리학 연구에서 찾아볼 수 있다. 이러한 질병의 확산은 지극히 공간적 과정으로, 이는 때때로 공간적 모델링 기법을 통하여 파악되고 예측될 수 있다(자료 5.9를 참조할 것). 전염병 확산에 대한 지리학자들의 연구는 위치와 통합 그리고 규모(스케일)와 관련된 많은 지리학 관점을 접목시키고 있다.

5.2.3 규모 간의 상호의존성

장소에 대해서는 규모(scale)를 언급하지 않고서는 논의할 수 없으며, 장소 간의 상호의존성 또한 다양한 종류의 규모를 고려하지 않고서는 논의할 수 없다. 이론을 처음 만들어 내던 때부터 지리학은 글로벌에서 로컬에 이르는 규모 간의 상호의존성에 깊은 관심을 기울여 왔다. 이러한 경험은 기초과학 및 응용과학 모두와 긴밀히 관련되어 있다. 미시 규모와 거시 규모의 현상과 과정 사이의 관계는 여러 많은 과학의 관심을 끌고 있으며, 글로벌 변화와 같은 사회적 관심에 대한 지식 기반 의제에 중추적 역할을 하고 있다.

규모 간의 상호의존성에 대한 주목을 통하여 지리학자들은 최소한 두 가지 유형의 오류를 범하지 않고 있다. 첫째, 특정 현상이나 과정의 본질을 잘못된

지리학의 재발견

통근 흐름과 후천성면역결핍증

 뉴욕 대도시지역의 후천성면역결핍증(AIDS) 감염률에 관한 최근의 연구는 '통근 집중도'의 값을 활용하여 감염률을 예측할 수 있음을 보여 주고 있다(Gould and Wallace, 1994). 통근 흐름과 이 지역에 공간적으로 다르게 나타나는 사회경제적 조건이 인체면역결핍바이러스(HIV)를 전파하는 통로로 작용한다는 것이다. 뉴욕 대도시지역에서 후천성면역결핍증의 확산은 버로우(borough)와 카운티(county)로 구성된 24개의 공간 단위로 분석하였는데, 이 단위 지역으로 각 행과 열을 만들어 매일 통근하는 평균 인원으로 그 안을 채워 넣는 행렬을 만들어낸다. 하루의 흐름을 보여 주는 24×24 '통근자 행렬'에서 흐름의 양을 해당 열의 총합으로 나누어 확률 행렬(즉, 마르코프 과정을 보여 주는 확률적 행렬)을 만들어 낸다. 이 행렬의 고유 벡터는 통근 집중도의 값이 되며, 이 값은 이미 질병에 감염된 사람이 다른 사람을 감염시킬 확률과 관련되어 있다고 가설을 세우고 있다.

 1984년과 1987년 그리고 1990년에 통근자 접근성 지표는 후천성면역결핍증 발생률을 상관계수 0.85에서 0.92 사이의 값으로 예측하였다(그림 5.8을 참조할 것). 다시 말해, 전통적 지도의 단순한 지리적 공간이 아니라 공간상에 나타나는 인간의 구조가 인체면역결핍바이러스의 확산과 그에 따른 후천성면역결핍증의 발생을 유도하는 것으로 나타난 것이다.

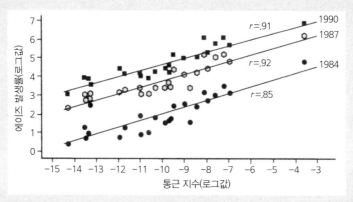

그림 5.8 1984년, 1987년, 1992년 뉴욕 대도시지역에서 후천성면역결핍증(AIDS) 감염률과 통근 지표 간의 분산 그래프. 각 연도의 최적 회귀선과 상관계수가 제시되어 있다. 출처: 굴드와 윌러스(Gould and Wallace, 1994).

자료 5.10

지역 분할의 중요성

국가 단위의 추세가 지역적 경제활동을 정확히 설명하는가? 일리노이대학의 지역경제학응용분석실과 시카고 연방준비은행(FRB)이 조사한 미국 중서부의 지역경제를 모델화한 지리학자들의 최근 연구에 따르면, 그 대답은 '아니오'이다. 지리학자들은 시카고 경제가 미국 전체에 비하여 한층 빠른 속도로 재구조화되었음을 밝혔다. 1970년에서 1990년 사이에 미국 전체의 제조업 고용자 수는 비교적 유사한 수준(약 1,900만 명)에서 유지되었으나, 시카고 지역의 제조업 고용자 수는 거의 50%가 감소하였다. 하지만 불변가격으로 환산하였을 경우 1990년 시카고 지역의 제조업 생산량은 1970년과 유사하게 나타났다. 이는 동일 기간 동안 제조업 노동 생산성이 44%나 증가하였음을 의미한다. 이러한 생산성 향상은 도시의 제조업 기반의 구조조정, 즉 재구조화의 덕분이었다. 노동집약적 산업이 보다 다각화되고, 노동력을 덜 사용하는 산업 활동으로 대체된 것이었다. 시카고는 1980년대 초반 2년을 제외하고는 미국의 생산성 증대를 주도하였으며, 이는 1982년부터 1988년 사이 일본의 생산성 증대량과 유사하거나 능가하는 수준이었다(그림 5.9를 참조할 것).

시카고 지역의 수입 및 수출 구조 또한 1970년대와 1980년대에 변화하였다. 대도시지역 경제는 공급자로서 혹은 시장으로서 자체 지역에 한층 더 의존적으로 되었다. 다른 지리적 규모를 이용하여 분석해 보면, 시카고 지역은 중서부의 다른 지역과 보다 더 깊이 통합되었다. 예를 들어, 1993년을 기준으로 하여 인디아나주(州)로부터 수입하는 철강의 양(24억 달러)은 일리노이주(州) 전체가 멕시코로 수출하는 양의 두 배에 달하였다.

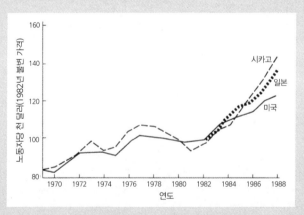

그림 5.9 시카고와 미국(1969~1988) 그리고 일본(1982~1988)의 제조업 생산성의 변화.
출처: 미출판 그래프, 시카고 일리노이대학 지역경제학응용분석실(Regional Economics Applications Laboratory, University of Illinois, Chicago, 1995)

지리학의 재발견

공간 규모에서 바라볼 경우에는 그것을 이해하기란 어렵다는 것이다. 예를 들어, 국지적 과정과 동태에 대한 부정확하거나 불완전한 이해는, 하위국가 단위의 추세를 국가 단위의 자료로 추정하는 것과 같이 다른 규모에서 수집된 자료를 토대로 하여 관련성을 추정하고자 하기 때문에 발생할 수 있다(자료 5.8을 참조할 것). 두 번째, 규모를 제대로 적용하지 않을 경우에는 원인과 결과의 해석에 심각한 오류를 초래할 수 있다는 것이다. 예를 들어, 국지적 규모에만 초점을 맞출 경우에는 조절 과정이 지역적 또는 지구적 규모에서 발생하는 현상임에도 국지적 원인의 측면에서 해석될 수 있다(자료 5.10을 참조할 것). 이와 마찬가지로 지역 규모에 초점을 맞춘 분석은 국지적 수준에서 존재하는 문제를 은폐할 수 있다. 예를 들어, 미국 도시의 여러 국지적 규모에서 영아 사망률은 매우 높지만, 지역적 수준에서 이를 살펴보게 되면 균등하게 낮은 유아 사망률이 나타나는데, 많은 경우 지역적 규모에서 사망률에 대한 분석이 이루어지고 있다. 규모 간의 이러한 연계를 찾아내는 것, 특히 중간 혹은 메소 규모(mesoscale)에서 발생하는 과정의 중요성을 확인하는 것은 지리학의 과학에 대한 중요한 기여이다.

5.2.4 과학 및 사회 이슈와의 관련성

다양한 과학 분야와 지리학의 주요 관심사 가운데 하나는 거시 규모와 미시 규모의 과정 간 연계인데, 이는 곧 서로 다른 시공간적 규모에서 발생하는 현상들이 놀라우면서 이질적이고 예측 불가능한 방식으로 어떻게 상호 작용하는지를 말해 준다. 생물학자들은 분자와 세포 및 유기체 간의 연계를, 생태학자들은 부분과 생태계 및 생물군계 간의 연계를, 경제학자들은 기업과 산업 및 경제 간의 연계를 이해하고자 노력한다. 이러한 과정에서 최소한 세 가지 질문을 던지게 된다. 즉, 연구 대상인 대규모 조직의 행태가 작은 단위의 개별 행태를 모아놓은 것으로 볼 수 있는가? 어떤 것은 분석 규모에 관계없이 적용되고, 어떤 것은 그 적용이 불가능한가? 행위 주체와 구조는 다른 규모에서 어떻게 상호 작용하는가? 입자, 생명, 사회 혹은 우주 등의 기원과 조직 및 변화에 대한 학제적 연구 주제에서보다 이러한 질문이 더 절박한 곳은 없다.

거시 규모의 사건은 미시 규모의 사건을 단순히 합쳐놓은 것이 아니라고 가정하고 중간 규모의 현상을 통하여 연계를 찾아내는 데 초점을 맞추면서, 지리학자들은 경관생태학, 지역경제학 혹은 역학(疫學)과 같은 다양한 과학 분야에서 규모에 의존적인 과정을 이해하는 데 도움을 주고 있다(자료 5.5와 그림 5.10을 참조할 것). 글로벌 변화와 같은 통합된 주요 연구에서 지리학자들은 지구적 변화와 국지적 장소 간의 연결을 찾고자 적극적으로 노력하면서 두 종류의 규모에 대한 이해를 제고하고 있다(Wilbanks, 1994). 다음 절(節)에서 소개하는 것처럼, 규모의 관계는 인구와 자원, 환경변화, 경제적 건전성 그리고 갈등과 협력 등과 같은 중요한 사회적 이슈들을 과학적으로 이해하는 데 중요하다.

5.2.4.1 사례: 인구와 자원

글로벌 변화에 관한 여러 가지 연구 가운데 환경변화에 대한 인간의 최종적 책임보다 더 큰 감정을 불러일으키는 주제는 아마도 없을 것인데, 이 주제는 오랜 기간 학술적으로나 대중적으로나 논쟁의 대상이 되어 왔다. 인구와 자원 이용은 이 논쟁을 대표한다. '잘 알려져 있는' IPAT는 환경에 대한 영향(I)이 인구(P), 경제적 풍요 정도(A), 기술(T) 간의 자기 강화적 상호의존성에 따른 결과임을 나타내는 것인데 때때로 환경변화를 조절하는 과정으로 파악되기도 한다.■6 이는 부분적으로 PAT 변수들이 대기 중 이산화탄소의 양과 삼

---

6. IPAT 공식은 환경에 영향을 미치는 요인을 규명하는 데 거시적 방향을 제시하는 공식으로, I=P×A×T로 정의되며, I는 인간이 환경에 작용한 압력이나 영향의 크기(environmental impact), P는 인구

림 및 농업 지대의 지표 피복 변화와 매우 유의미한 관계를 보이고 있기 때문이다. 하지만 지리학자들이 수행하는 국지적 사례 연구들은 종종 폭넓은 범위의 '사회적으로 미묘한 차이가 있는' 요소들이 인간 행동의 주요 유발자로 작동하여 가스 배출, 삼림 파괴, 경작지 증가 등을 초래함을 보여 준다(Meyer and Turner, 1992; Kasperson et al., 1995).

이를 테면, 글로벌 변화와 관련해서는 지구적 규모에서 작동하는 몇 가지 설득력 있는 함수가 존재한다. 대기 중 온실가스의 성분과 이와 관련된 글로벌 기후체계의 변화, 글로벌 금융시스템과 규제 패턴, 기술 및 정보의 이동 등과 같은 주제가 이에 해당한다. 경제활동과 자원이용 그리고 인구변동의 바탕이 되는 개인적 의사결정의 대부분은 보다 하위의 규모에서 이루어지는 것 또한 자명한 사실이다. 다시 말해, 지구적 과정은 국지적 장소에 영향을 미치지만, 국지적 활동은 지구적 추세에 기반이 된다(Kates, 1995).

글로벌 변화를 이해하는 데 있어 과학이 답변해야 하는 중요한 문제는 (1) 어떤 규모에서 변화를 관찰하고 분석해야 하는가를 밝히는 것과 (2) 거시 그리고 미시 규모에서 작동하는 과정들 간의 연계를 찾아내는 것을 포함한다. 규모에 따른 이러한 연계를 추적하는 것은 지리학이 과학에 기여할 수 있는 중요한 부분이다(Blaikie and Brookfield, 1987; Roberts and Emel, 1992; Meyer and Turner, 1994).

글로벌 변화 자체를 넘어서서, 지리학은 다양한 종류의 자원이용 및 발전 문제에 대한 규모 간의 동학을 밝히고자 하고 있다(Zimmerer, 1991; Bassett and Crummey, 1993; Emel and Roberts, 1995). 특별히 관심을 기울이고 있는 주제는 다국적 경제 및 정치 구조가 개발도상국, 특히 생태적으로 민감하게 균형을 이루고 있는 지역에 미치는 영향(Watts, 1983; Carney, 1993)(자료

수(population), A는 풍요 정도(affluence), T는 기술적 요인(technology)을 나타낸다.

사헬에서 식량과 기근

기후변화와 시장은 농부와 양치기 혹은 지구(地區) 관리인들이 최소한의 영향을 받는 계층적 체계를 통하여 전 세계적으로 작동한다. 이러한 토지 관리자들이 직면하는 환경적 및 사회적 문제는, 비록 결과에 대한 비난은 그들이 감수해야 할지도 모르지만, 때때로 그들의 직접적인 통제 밖에 놓이곤 한다(Blaikie and Brookfield, 1987). 서아프리카에서 한발이 빈번한 지대인 사헬(Sahel. 아프리카 사하라 사막 남쪽 가장자리 지역으로, 아랍어로 '녹색의 주변'이라는 뜻을 지니고 있으나, 근래에 가뭄으로 사막화가 진행됨에 따라 큰 문제가 되고 있음 – 옮긴이) 지역은 여기에 들어맞는 사례이다. 이 지역에 거주하는 사람들은 주기적으로 식량난을 겪고, 때에 따라 광범위하고 절망적인 기아에 직면하기도 한다. 1970년대 초반 이 지역 전체가 극심한 기근을 겪었고 해외 원조에도 불구하고 1980년대 전반에 걸쳐 식량 공급의 불안정성이 널리 퍼져 있었다. 사헬은 구조적으로 유발된 기아, 1인당 식량 생산량의 감소, 높은 수준의 기근이 팽배한 이른바 '무능력상태'(basket case)로 여겨졌다. 반건조 열대지역이 한발과 불규칙한 강수의 특징을 보이는 한, 사헬의 기근은 대량 기아 사태를 불러일으키는 환경적 혼란과 식량 지급의 비극적 실패 사이의 복잡한 관계를 이해할 수 있는 선례가 되는 사건이 되었다.

지리학자들은 사헬 지역에서의 식량 위기의 역사를 재구성하였다. 그 과정에서 다양한 지리적 규모에서 발생하는 과정의 동학과 이러한 동학이 특정 장소와 집단 그리고 계층에 미치는 영향에 초점을 맞추었다. 이 연구에서는 여러 종류의 증언 및 역사기록과 함께 공동체 단위에서 벌어지는 사회 환경적 과정을 민족지적으로 분석하는 과정을 거쳤다. 예를 들어, 중북부 나이지리아에 대한 소코토(Sokoto) 칼리프(1806~1902), 식민지 및 해방이후 시기에 관한 연구는 소농들이 지역 및 세계 시장에 통합되면서 점점 더 한발로 인한 흉년에 취약해졌음을 보여 주었다(Watts, 1983). 기근은 단순히 식민주의의 산물이 아니었다. 그보다 시장의 변화가 사회의 일부분을 날씨와 세계 시장이 결합된 불확실성에 노출시킨 것이었다.

농부들은 실제 강수 분포와 관련하여 토질과 작물의 품종, 수자원 보호 작업을 조정하여 매년 기본 영농계획을 실행함으로써 강수량의 변동에 어떤 의미에서 의식적 및 실질적으로 대비하고 있었다. 이러한 고유한 대응 메커니즘은 지역 주민들이 국지적 자원으로 실험을 행하고 날씨 변동에 대응하는 능력을 보여 주었다. 하지만 농촌지역 가구의 약 3분의 1은 평년의 경우에도 충분한 양의 식량을 확보하지 못하고 있었다. 이러한 가구들은 특히 날씨 변화와 계절에 따른 곡물가격 변동에 취약한 집단이었다. 심한 한발이 오게 되면, 많은 가난한 가구들은 그들의 자산을 체계적으로 청산할 수밖에 없게 되어, 때로는 땅을 팔고 돈과 일거리, 식량을 찾아 영구적으로 이주하기도 하였다. 기근은 기존의 사회적 불평등과 위기의 패턴을 악화시키고, 한걸음 더 나아가 이미 분화된 지역사회를 더욱 더 양극화시키는 역할을 하였다.

5.11을 참조할 것)이었으며, 이와 유사한 상황 조건들은 미국에서도 관찰되어 왔다(Pulido, 1996).

5.2.4.2 사례: 환경변화

사안의 작용 규모는 기후체계 사이의 연계를 밝혀내는 데 중요한 역할을 한다. 글로벌 기후변화에 대한 최근의 연구들은 지구적 규모를 강조하고 있으며, 불과 수년 전에 비하여 글로벌 기후체계를 구성하는 요소들 간의 관계가 한층 더 잘 알려지게 되었다. 하지만 인간 경험의 차원에서 살펴볼 때, 기후는 정치와 유사하다. 즉, 기후는 국지적이다. 이제 널리 알려진 지구적 순환 패턴과 이것이 작은 지역(예를 들어, 수백㎞에 달하는 하천 유역)에 미치는 주요 영향 사이의 관계를 찾아내는 것은 그리 쉽지 않다. 문제의 일부는 계산 능력 및 기술과 관련되어 있는데, 이러한 계산능력 및 기술은 글로벌 과정을 시뮬레이션하는 데 한계를 주기 때문이다. 다시 말해, 이는 단순히 전 세계를 대상으로 한 시뮬레이션에서 국지적 기후를 모델링하는 것은 불가능하기 때문이 아니다. 이를 위해서는 질량 및 에너지의 변화하는 세계 지리를 국지적 결과와 연결하는 규칙을 제시할 수 있는 이론이 필요하다.

생태계에는 규모에 내포된 계층 질서가 존재하는데, 상대적으로 단순한 국지화된 생물 형태의 집합과 이와 관련된 물리적 및 화학적 체계는 보다 크고 복잡한 관계로 합쳐질 수 있다. 서로 다른 규모에서는 체계의 행태와 구성에 대하여 상이한 설명이 적용된다. 예를 들어, 하안림(河岸林)은 홍수, 지하수 수위, 물 및 토양의 영양류 정도 등의 변이에 적응한다. 이러한 적응은 수직으로 몇 미터(m) 이내에서만 측정이 가능하고 의미를 지닌다. 이와 정반대의 규모에서 보면, 생물군계(群系) 혹은 아(亞)대륙 단위의 생태계 집합에서 국지적 작동체계는 무의미하고, 가장 높은 설명력을 지니고 있는 것은 거의 대부분 기후와 연관된 것이다. 특정 생물군계에서의 분포는 지질 및 지형 변수로 가장 잘 설명될 수 있다. 따라서 연구 주제의 규모(scale)와 가장 밀접히 관련된 통제 변수를 선택하는 것에서 과학적 설명의 성공 여부가 갈라질 수 있다.

환경변화의 관리에 있어서도 규모는 중요한 고려 사항이다. 미국의 유역 관리는 교훈적인 사례를 제시하고 있다. 20세기에 들어서서 유역 관리는 점차 연방정부의 책임으로 넘어가게 되었다. 하지만 국가 차원의 관리에서 규모의 불일치 현상이 발생하였는데, 왜냐하면 어떤 유역도 그 크기에서 국가적인 것이 아니기 때문이다. 자원 개발자와 수자원 및 전력 사용자, 보존론자, 환경 보호론자를 포함한 지역의 이해 당사자들은 그들 자신과 하천 유역에 직접적으로 영향을 미칠 수밖에 없는 의사결정 과정에서 소외되었다. 20세기 후반에 들어서서 보다 국지화된 의사결정이 일반화되기 시작하였다. 예를 들어, 미국 매사추세츠주(州)에서는 주정부가 유역 배수 경계를 따라 조직된 유역협의체를 조정한다. 이러한 행정 주체들이 수백 킬로미터(km)에 이르는 유역 내에 있는 이해 관계자들을 불러 모아 유역 관리 문제에 있어 서로 타협하여 해결책을 내도록 하고 있다. 태평양 북서부 지역에서는 연방과 주, 지역, 부족의 대표자로 구성된 하천유역위원회가 경제발전과 연어 보호 같은, 동일한 유역 자원에 의존하는 다양한 목표의 균형점을 찾고자 노력하고 있다. 가장 효과적인 유역 관리의 행정적 규모를 단정하기 여전히 어렵지만, 미국 환경보호국(Environmental Protection Agency: EPA)과 미국 내무부 국토간척국(U.S. Bureau of Reclamation), 테네시강유역개발공사(Tennessee Valley Authority), 여타 행정 주체들은 이 문제에 관하여 국가연구위원회(NRC)가 진행하고 있는 연구■7가 자연적 과정과 행정적 과정의 규모를 일치시키는 데 도움을 줄 것이라고 믿고 있다.

---

7. 국가연구위원회(NRC)의 물 과학 및 기술 분과(Water Sciences and Technology Board: WSTB)가 담당하고 있는 이 연구는 '유역 관리에 있어 새로운 관점(New Perspectives in Watershed Management)'으로 명명되었다.

지리학의 재발견

5.2.4.3 사례: 경제적 건전성

지방, 지역 혹은 국가의 경제적 건전성(economic health)은 세계적 자본 흐름부터 국지적 노동시장에 이르기까지 매우 다양한 규모에서 작동하는 과정의 상호작용에 의존한다. 지리학자들은 오랫동안 지구적, 지역적, 국지적 과정의 상호작용에 대하여 깊은 관심을 가져왔는데, 예를 들어 글로벌 경제적 작용력과 지역의 사회적 작용력 간의 상호작용을 거론할 수 있다.

경제적 불평등에 관한 연구는 성장과 쇠퇴가 국가와 지역 그리고 도시마다 균일하게 나타나지 않다는 사실을 보여 준다. '제3세계의 불평등'은 실질적인 빈곤으로부터 벗어나기 어려워 보이는 급격히 성장하는 작은 국가들과 석유 부호국 그리고 거대 국가를 포함한다. 수학에서 사용되는 프랙털(fractal) 이미지와 마찬가지로, 극심한 빈곤은 글로벌에서 근린에 이르기까지 여러 공간적 규모에서 재생산되고 있으며, 이는 사회적 불규칙성으로 환원할 수 없는 공간적 복잡성을 함축하고 있다. 공간적 규모에 따른 이질성은 정치적, 제도적, 사회적 특징 및 장소 간의 적응 정도의 차이를 반영한다. 또한 이러한 이질성은 매우 다양한 규모를 엮어주는 복잡한 과정을 반영한다. 국제적 자본 흐름은 제3세계와 제1세계에서 의류를 생산하는 도시 내 노동착취공장(sweat shop)과 대도시지역의 부유하고 멀리 떨어진 교외 및 '주변도시(edge city)'를 연결시켜 준다.

국가 및 지역 간에 경제적 발전경로가 다르게 나타나는 것은 장소의 차이 때문이기도 하지만, 보다 큰 규모의 경제적 및 정치적 과정 속에서 서로 다른 상황에 처해 있기 때문이기도 하다. 이를테면, 선진 공업국에 있는 여러 대도시 지역 내에서 지난 수십 년 동안 교외화는 주거지 개발뿐만 아니라 경제적, 정치적, 사회적 활동의 측면에서도 발생하였다. 하지만 두 가지 예외가 존재하는데, 가장 가난하고 가장 교육수준이 낮은 가구(자료 5.3을 참조할 것)와 글로벌 경제와 종종 가장 직접적으로 연결되는 최고차 서비스 활동이 그것이다. 이와 같은 수많은 도시 내부 거주자의 업무 경험과 주변에서 구할 수 있는 취업기회 사이의 '공간적 불일치'에 대하여 지리학자들과 사회학자들은 자세히 연구해 왔으며, 지역 및 국가 규모에서 벌어지는 과정과 정책과의 관계 또한 연구에 포함된다.

5.2.4.4 사례: 갈등과 협력

국민국가와 지방의 역할이 큰 변화를 겪고 있기 때문에, 지리학자들이 장소의 연계성과 관련한 규모의 이슈에 대하여 관심을 갖는 것은 시의적절하다고 볼 수 있다. '위로부터'의 개발과 '밑으로부터'의 개발은 모두 국가의 자주성과 권력을 위협하고 있다. 경제의 국제화, 국제적 경계를 넘어 연결하는 교통 및 통신의 발달, 국가 내 민족주의 및 지역주의의 부활 등은 지역 형성 및 지역 간 상호작용과 같은 규모와 관련한 이슈를 전면으로 제기하였다. 비록 국가가 여러 많은 부문에서 강력한 역할을 하고 있기는 하지만, 이와 같은 이슈들은 국가를 다중 규모의 동학과 무관한 개별적인 분석 단위로 다루는 전통적인 방식으로는 제대로 살펴보기 어렵다.

갈등과 협력은 최근 들어 지리학자들이 관심을 보이는 규모 의존적 이슈의 좋은 사례이다. 국가의 규모를 넘어선 분석을 통하여, 지리학자들은 글로벌 경제가 지역의 정치발전에 미치는 영향(Taylor, 1993), 사회적 및 정치적, 경제적 이슈들을 관리하기 위한 국경을 넘어선 협력의 본질과 중요성(Murphy, 1993), 상호작용 패턴에 글로벌 경제 구조조정이 미치는 영향(Dicken, 1992), 다양한 사회적, 문화적, 정치적, 정치적 경계가 사람들 간의 관계에 미치는 영향(Lewis, 1991) 등을 이해하는 데 기여해 왔다.

5.2.5 공간적 표현

지리학이 과학에 중요하게 기여하는 많은 것들은 공간적 표현에 뿌리를 두고 있다. 표현 이론과 표현 도구의 개발에 대한 지리학 연구는 광범위한 과학 분야에 기여하고 있으며, 이는 지리정보시스템(GIS)과 지리정보 분석에 대한 폭넓은 관심으로 입증된다. 하지만 이러한 기여의 잠재력은 훨씬 더 폭넓다. 창의적 사고를 가능하게 하는 수단으로, 특히 비선형 동학과 관련하여 공간적 표현을 이용하는 것은 컴퓨터 그래픽 기술의 폭 넓은 활용과 함께 지난 수십 년 동안 급속히 증가하였다. 이와 유사하게, 공간적 표현 방법 및 도구를 이용하는 것은 지리적 통합의 핵심이다. 특히 지리정보시스템은 공통점이 없는 출처에서 나온 정보가 합쳐져 수리모델로 연계되고 시각적 표현까지 가능하게 하는 틀이 되었다. 공간적 표현은 수많은 위대한 과학자들이 매일 경험하는 연구 활동의 일부가 되었다.

공간적 표현에 대한 최근의 지리학 연구들은 '실세계'의 동학을 표현하는 보다 나은 방법을 찾는 데 초점을 맞추고 있으며, 공간적 표현의 중요한 개념을 시간적 측면으로 확대하는 것을 그 예로 들 수 있다. 이러한 연구가 던지는 핵심적인 연구 문제들은 다음과 같다.

1. 시공간에서 '특성' 혹은 '실체'란 무엇이며, 이러한 특징은 어떻게 디지털 표현 환경 속에서 분류되고 코드화되는가? 국가정보인프라(National Information Infrastructure)■8의 일부인 디지털 공간데이터전송표준(Spatial Data Transfer Standards)의 개발은 생물학에서 린네(Linne)식 식물 분류법

---

8. (옮긴이) 음성, 자료, 영상과 같은 정보를 전달, 저장, 처리, 표시하는 물리적 시설뿐만 아니라 이러한 시설들이 유기적으로 상호 통합되고 연계된 상태를 의미한다. 국가정보기반을 구축한다는 것은 정보 분야에 있어 기술적 진보를 공공 및 민간 부문에서 활용할 수 있는 토대를 구축하는 것을 뜻한다.

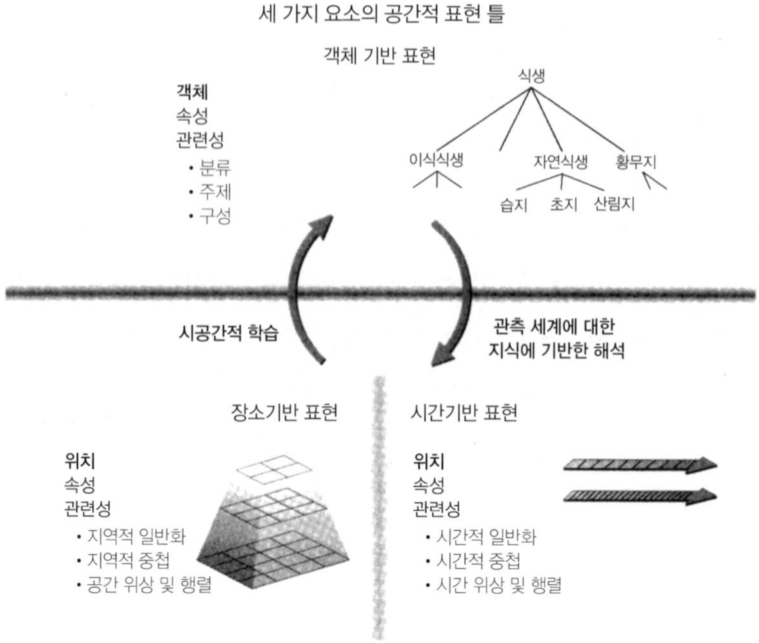

세 가지 요소의 공간적 표현 틀

객체 기반 표현

식생

이식식생   자연식생   황무지

습지 초지 산림지

객체
속성
관련성
• 분류
• 주제
• 구성

시공간적 학습

관측 세계에 대한
지식에 기반한 해석

장소기반 표현   시간기반 표현

위치
속성
관련성
• 지역적 일반화
• 지역적 중첩
• 공간 위상 및 행렬

위치
속성
관련성
• 시간적 일반화
• 시간적 중첩
• 시간 위상 및 행렬

그림 5.10 시공간 현상을 표현하기 위하여 객체 기반 표현, 장소 기반 표현, 시간 기반 표현을 상호 보완적 접근방법으로 다루고 있는 시공간 연구의 틀. 이 연구의 틀은 최근 산림의 연속성 및 관리 이슈와 관련된 연구와 정책 분석에 이용되는 시공간 데이터를 설계하는 데 적용되고 있다. 위치, 객체, 시간에 대한 통합적 시각은 지리정보시스템(GIS)의 기능을 단순히 공간적 속성을 드러내는 틀에서 시간(그리고 변화)을 직접적으로 고려하는 종합의 틀로 확장시키고 있다. 출처: 푸켓(Peuquet, 1994)에서 인용.

과 마찬가지로 과학에 큰 함의를 지닌 분류법이 될 것이다.

2. 무엇이 실체를 구성하는지와 공간적 혹은 시간적 실체의 특징과 관련하여 변화를 다루는 내재적 역량 및 공간적, 속성적, 시간적 의문을 해결하기 위하여 지원할 수 있는 유연성을 갖춘 시공간 데이터 구조를 만들 수 있는 최적의 접근방법은 무엇인가? 이는 과정 모델과 동적인 지리적 시각화(GVis)와 연결되어 있다(그림 5.10을 참조할 것).

3. 현재의 공간 데이터에 적용되는 일반화와 공간 필터링 그리고 기타 지리적 '운영체계'가 시공간 데이터에도 적용될 수 있는가? 또는 지리적 운영체계

그림 5.11 필립 거스멜(Philip Gersmel, 1990)의 지도 동영상을 위한 아홉 가지 '은유' 중 두 가지. 이 은유는 지도 동영상 설계자들이 시공간 과정의 동적 표현을 구축하기 위한 기초로 사용할 수 있는 개념적 모델을 제공하고 있다. '무대와 연극'의 은유는 지도를 움직이는 객체의 형태로 행동을 펼치고 영역을 이주나 전쟁과 같은 인간의 공간적 행동을 표현하는 데 적합한 기반(혹은 무대)으로 다루고 있다. '변형'의 은유는 시간이 지남에 따라 변화하는 유연하고 동적인 객체라는 개념에 기반하고 있는데, 이는 특히 사막화와 도시의 성장 혹은 유출된 석유의 확산과 같이 공간의 크기와 형태에 변화를 겪는 과정을 표현하는 데 적합하다.

와는 근본적으로 다른 접근방법이 필요한가?

　4. 시공간 데이터의 동적 표현을 위하여 적절한 개념적 모델 및 이와 관련된 설계 원리는 무엇인가?(그림 5.11을 참조할 것) 등이다.

　이상의 네 가지 질문과 관련하여 간단하지만 인상적인 통합 연구는 미국 지질조사국(U.S. Geological Survey)에 소속된 지리학자들이 개발한 비디오이다. 이 비디오에서 지세도와 인공위성 이미지, 토지이용도 그리고 디지털 지형모델이 연결되어, 1850년에서 1990년 사이에 샌프란시스코만(灣) 일대의 도시화를 동적으로 묘사하고 있다(컬러도판 9를 참조할 것). 동일한 표현 도구들은 현재 도시성장 모델의 원형과 연계되어 있으므로, 분석가들은 지난 200년 동안 인간이 샌프란시스코만 일대를 어떻게 점유해 왔는지를 조사할 수 있게 되었다.

공간적 표현의 과학에 지리학 연구가 기여하는 것에는 지리적 실체의 분류와 자료 신뢰성의 시각적 표현도 포함된다(자료 5.12를 참조할 것). 지리학자

자료 5.12

지리정보의 신뢰성 표현

공간 데이터는 광범위한 분야에서 연구와 정책결정을 지원하고 있다. 따라서 공간 데이터의 신뢰성(다시 말해, 공간 데이터의 질)은 중요한 문제이다. 미국 국립과학재단(NSF)이 지원하는 국립지리정보분석센터(National Center for Geographic Information and Analysis)는 연구 이니셔티브(Beard and Buttenfield, 1991)와 '데이터 품질 시각화'에 대한 연구 챌린지(Buttenfield and Beard, 1994)를 통하여 국가적 연구 의제를 설정하는 데 중요한 역할을 하고 있다. 이 챌린지에서 우승한 프로젝트는 데이터 분석을 위한 상호작용 인터페이스 디자인에서 지리적 시각화(GVis)의 원리와 탐구적 데이터 분석을 통합하였다. 이 인터페이스는 체사피크만(灣) 용존무기질소(DIN)의 시공간적 추이를 살펴보고, 용존무기질소 측정치 신뢰도의 공간적 차이를 살펴볼 수 있도록 해 준다.

신뢰성을 데이터의 속성으로 다루는(지도화가 가능한 경우) 하나의 대안은 가능한 다양한 표현 가운데 어느 하나를 선택하는 방식으로 문제에 접근하는 것이다. 표현 결과들이 다르면 다를수록, 이들 중 일부는 실제의 모델로서 그만큼 더 신뢰성이 떨어진다고 볼 수 있다. 이러한 관점을 채택한 신뢰도 표현의 좋은 사례는 위성 영상을 응용하기 위하여 개발된 것이었다. 이 이미지는 지표면의 정사각형 패치인 격자 셀(픽셀이라고 불림)에 대한 전자기 신호를 분류하여 만들어 낸다. 이 분류 과정은 픽셀로 표현되는 지표면이 여러 분류 항목(예를 들어, 식생의 유형) 중 하나일 가능성을 결정하는 것을 포함한다.

전통적으로 분류된 이미지는 각 픽셀에 대하여 가장 가능성이 높은 카테고리만을 보여주고 있다(심지어 픽셀에 대하여 처리한 신호의 분류가 모호할 경우에도 마찬가지이다). '가능한' 대안들을 찾고 '최고의 추측'을 찾아내는 데 다수의 이미지를 이용할 수 있다. 그 절차는 퍼지 계층을 (픽셀 구분 과정을 통하여 고안되는) 오류 모델의 파라미터로 이용하는 것을 바탕으로 하여 개발되었다. 오류 모델은 '진실'의 다양한 버전을 만들어 준다(즉, 진실은 한 명의 지리학자, 토양학자, 생태학자의 해석에 따른 버전일 수 있다; 컬러도판 7을 참조할 것). 오류 모델을 실행하는 데 있어 중요한 하나의 가정은 인접한 픽셀의 결과들이 상관관계를 맺고 있다고 하는 것이다(서로 가까이 위치한 곳들은 비슷하기 쉽다). 컬러도판 7에서는 픽셀 내 상관관계가 통제되고, 네 가지의 가능한 결과를 보여 주고 있다. 공간적 의존 파라미터가 커질수록, 지도상의 포괄 크기(지역 내 대안적 식물종들이 같은 종류로 분류되는 경우) 또한 커진다(그림의 왼쪽 상단에서 오른쪽 하단으로).

지리학의 재발견

들은 예를 들어 인간의 공간 인지와 길 찾기 간의 상호작용을 이해하고자 하는 학제적 노력의 일환으로 공간에 대한 인지적 표현과 디지털 표현을 연계시키고 있다. 이러한 연구 가운데 일부는 시각 장애인에 초점을 맞추고 있으며(Golledge, 1991), 이는 로봇 차량 개발에 도움을 줄 수 있다. 추가적인 기초적 연구는 공간 인지에 규모가 미치는 효과, 방향 정보가 기억 속에서 다루어지는 방식, (지도와 같은) 배열 이해의 발달, 시각 장애인들이 지름길을 결정하거나 장애물을 피하기 위하여 우회로를 선택하는 데 있어서의 공간배열 지식을 활용하는 능력 등과 같은 이슈들을 논의하고 있다.

5.3 지리학의 과학에 대한 기여를 성찰하며

이 장은 연구의 사례를 통하여 지리학의 관점과 기법이 과학의 핵심 이슈들을 이해하고, 과학이 중요한 사회문제의 해결을 위하여 제공하는 것을 강화하는 데 어떻게 기여하는지를 설명하였다. (지리학의) 향후 기여의 잠재력은 상당하다. 예를 들어, 가능한 미래상을 예측하기 위하여 다양한 동적 과정을 통합하는 강력한 도구는 '미래의 지리'에 관한 서술을 통하여 살펴볼 수 있다. 즉, 실제 장소와 거기에 거주하는 사람들의 관심사와 연관된 변화의 진화적 패턴을 지도화하는 것을 통하여 살펴볼 수 있다(자료 5.13을 참조할 것).

그렇지만 만약 지리학이 과학적 이해에 대한 기여를 증진시키려고 한다면, 지리학과 다른 과학 분야는 문제 해결에 사용하는 그들의 독특한 관점과 접근방법을 통합하는 한층 건설적인 파트너십을 발전시킬 필요가 있다. 지리학은 최소한 보다 큰 연구 집단에서 제안하는 주요한 연구 문제에 더 큰 관심을 기울임으로써 과학에 한층 폭넓은 기여를 할 수 있는 연구 활동에 보다 빈번히 참여할 필요가 있다. 과학계는 다음으로 지리학과 지리학 관점이 과학적

자료 5.13 미래의 지리

 환경과 사회의 변화는 불가피하게 새로운 토지이용 패턴(다시 말해, 미래의 지리)을 가져오며, 이전에는 목격하지 못한 문제와 기회 또한 함께 나타나게 된다. 그러한 패턴과 문제점 그리고 기회는 오늘날의 그것과는 크게 다를 수 있다. 지리학이 새로운 상황에 관련성을 가질 수 있는지에 대한 검증은 미래를 예측하고 계획하며 개선하는 데 도움을 주는 능력에 달려 있다.

 예상되는 수해(水害)의 강도와 공간적 범위를 미리 알려주는 것은 이러한 맥락에 알맞는 사례이다. 1993년 미국 중서부, 1994년 애리조나, 1995년 캘리포니아 남부 일대에서 발생한 홍수의 시기와 강도, 지속 기간에 대한 신뢰할 수 있는 예측은 이에 대한 대비 정도를 향상시키고 금전 및 인명 피해를 줄여 주었을 것이다. 홍수의 특징은 매우 복잡하다. 홍수는 비가 많이 와서 발생하기도 하지만, 이전의 토양 습도와 지표면 상태 또한 영향을 미친다. 종종 인간의 토지용 변경도 중요하게 작용한다. 기후의 변동성 혹은 변화와 함께 나타나는 날씨 패턴의 변화는 대형 홍수해의 예측을 더욱 더 어렵게 하고 있다.

 이러한 미래 지리에 대한 정확한 예측이 현재로서는 불가능하다. 하지만 애리조나대학의 허쉬백(Hirschboeck, 1991)과 그의 동료들이 재난적 홍수를 예측하고자 하는 시도는 성공 가능성이 높아 보인다. 이들은 지표 상태에 대한 평가와 함께 이상 대기 순환을 어떻게 평가하는 것이 예측 기술을 중대하게 향상시킬 수 있을 것인지를 보여 주었다. 이들은 강수와 하천유량 관측치만을 통계적으로 처리하는 것이 대형 홍수를 신뢰성 있게 예측하는 데 충분하지 않다는 사실을 증명하였다. 이들은 기후와 지리적 분석에 기반을 둔 새로운 접근방법을 제안하였으며, 이를 미국 중서부의 1993년 홍수와 1994년 겨울에 발생한 애리조나 홍수에 적용하였다. 중간 규모(mesoscale)의 이상 패턴을 포함한 대기 순환의 일회성 및 지속적 행태와 함께 지속적인 대기 순환 패턴에 따른 유역 전반의 토양 포화도가 중요한 관찰 요인 가운데 하나였다(그림 5.12를 참조할 것).

 그리고 지리학자들은 몇몇 가능한 기후변화 시나리오하에서 세계의 식량자원(다시 말해, 잠재적 곡물 생산량)을 예측하고자 시도해 왔다(예를 들어, Rosenzweig et al., 1995). 세 가지의 기후 모델에 따른 결과는 미래 기후변화(대기 중 이산화탄소의 양이 현재의 두 배로 증가)에 따라 세계 식량 생산량이 줄어들 것인데, 물론 그 변화의 지리적 분포는 불균등할 것이다(컬러도판 8을 참조할 것). 농장 수준에서 농업 활동이 중요한 적응 과정을 거치게 되고 생산성 감소의 추정치는 줄어들게 되지만, 세계적 생산성은 현재 수준보다 낮아질 것이다. 비록 이러한 미래 시나리오가 정확하지 않고 심지어 그러한 변화의 시기 또한 다를 수 있지만, 이것들은 우리의 미래 세계에 대하여 의미 있는 예측을 위한 필수적인 첫 단계이다.

 약 40여 년 전에 지리학자들은 지구 생물자원의 잠재적 생산성을 측정하는 것이 가능한지에 대하여 논의한 적이 있다(Terjung et al., 1976). 이 예측치는 기술적 진보에 일부 영향을 받을 수 있지만, 여러 분석 결과에 따르면 가장 낙관적인 기술변화하에서도 지구는 고단백 식생활을 할 경우에는 약 45억 명 정도의 인구가 살 수 있는 것으로 나타났다(미국 인구조사국은 1994년에 세계 인구가 약 56억이 될 것으로 예측함). 이는 제시된 질문에 대한 최종적 대답은 아니지만, 지속 가능한 개발과 관련된 미래 지향 연구의 중요성을 강조하고 있다.

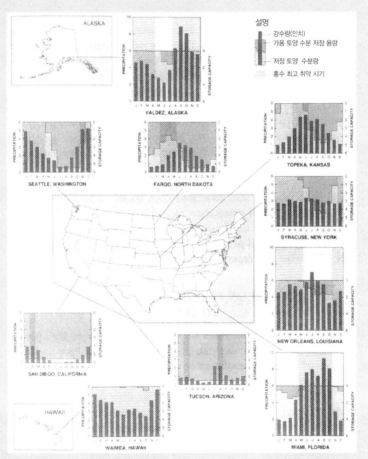

그림 5.12 미국의 여러 지역에서 나타난 월평균 강수량과 토양 수분량이 홍수에 미치는 영향. 히스토그램에 보이는 어두운 색깔의 막대는 해당 지역의 월평균 강수량을 가리킨다. 히스토그램에 있는 선은 토양의 수분 함유 용량을 나타낸다. 빗금 친 부분은 홍수에 가장 취약한 시기를 나타낸다. 출처: 허쉬백(Hirschboeck, 1991).

이해에 어떻게 기여하는지에 대한 이해를 높일 필요가 있다. 이 둘은 지리학자들과 다른 과학 분야의 연구자들 간에 양과 질, 다양성 그리고 주요 이슈에 대한 지향이라는 측면에서 더 많은 상호작용이 필요함을 보여 준다.

제6장

지리학의 의사결정에 대한 기여

지표면의 변화하는 공간조직과 물질적 특성에 관한 지리학의 오랜 관심은 기업과 정부의 의사결정자들과 크게 관련되어 있다. 당면한 이슈가 새로운 공공시설의 입지이든 하천복원 프로젝트의 개발이든 간에, 의사결정자들은 입지와 서로 다른 규모의 과정 간의 관련성 및 특정 환경과 경관의 변화하는 특성과 같은 지리적 문제들을 고려해야만 한다. 따라서 지리적 전문지식은 조직과 개인이 보다 효율적으로 운영하고 더 나은 정보에 입각한 의사결정을 내리도록 도움을 주는 데 매우 중요할 수 있다.

지리학자는 다양한 방식으로 정책과 의사결정에 기여하고 있다(Wilbanks, 1985). 그 하나의 기여는 전문 학술지와 여타 공개 문헌자료 매체에 연구 결과를 출판하는 것을 통해서 이루어진다. 이러한 통찰들은 일반적으로 의사결정에 간접적으로 영향을 미친다. 학술 출판물은 이슈에 대한 사회의 일반적인 '이해의 분위기'에 영향을 미치는 경향이 있으며, 사회의 여론은 다양한 경로를 통하여 의사결정자들에게 전달된다(Weiss, 1977). 비록 대부분의 지리학자들은 출판된 연구가 의사결정을 내리기 전에 한층 더 가치가 있다고 믿

지리학의 재발견

지만, 그것은 적어도 공공정책 결정에서 다른 논거에 입각하여 내려진 의사결정을 정당화하는 데 종종 보다 명백히 활용되고 있다(Wilbanks and Lee, 1985). 그런데 지리학이 기여하는 한 부분은 우연적이지만 지리적 상황이 공공정책 결정자들이 내린 의사결정에 어떻게 근본적으로 영향을 미치는지를 이해하는 것이었다(예를 들어, Clark, 1985; Murphy, 1989; Wolch and Dear, 1993).

두 번째 종류의 기여는 특정 사용자를 위하여 작성된 보고서를 통해서 이루어진다. 보통 첨단에 선 지식보다 활용 가능한 지식의 적용과 결부되어 있는 특정 문제와 물음이 제기되고, 기여의 시기가 영향에 대단히 중요한 상황에서 사전에 정해진 예산 내에서 일정에 따라 답변이 전달된다. 이들 보고서의 대부분은 이른바 '회피용 문헌'[1]으로 불려온 것의 일부가 되는데, 동료 심사를 받거나(종종 철저하게 검토되기도 함) 컴퓨터를 통하여 접근할 수 있는 서지(書誌) 데이터베이스에서 인용되는 경우는 드물지만, 공공 및 민간 의사결정자에게 직접적으로 영향을 미친다. 물론 이러한 전문적인 연구 작업은 보통 컨설팅회사와 기타 비(非)학술기관과 연관되어 있지만, 그것은 또한 대학내 '소프트머니'(soft money)[2] 연구센터의 필수 요소가 되기도 한다. 많은 선도적 지리학자들은 항상 명시적으로 지리학자로 식별되지 않고 있지만, 이러한 방식으로 영향력을 발휘해 왔다.

세 번째의 기여이자 종종 가장 강력한 기여는, 지리학자들이 의사결정자와 개인적으로 기밀 유지의 기반 위에서 상호작용하며, 공식적 지식과 전문가적 판단, 상호 신뢰, 효과적인 의사소통 등의 조합을 의거하여 의사결정 과정의 일부가 되는 경우이다. 이러한 지리학자들의 역할이 출판된 문헌에는 거의

---

1. (옮긴이) 회피용 문헌('fugitive literature')이란 보관 자료, 논문, 기술 보고서에 제출되지 않았거나 논문 등에 발표되지 않은 연구 결과들을 말한다.
2. (옮긴이) 기업이나 단체가 대학의 연구자들에게 지원하거나 제공하는 연구 후원금을 말한다.

보고되지 않고 있다. 사실, 이러한 기여는 때때로 올바른 종류의 정책결정을 보는 것에서 비롯되는 만족감을 갖고서 기밀을 유지하고 다른 사람들이 공로를 인정받도록 하는 것에 달려 있다. 길버트 화이트(Gilbert White)와 에드워드 애커만(Edward Ackerman)에서부터 윌리엄 개리슨(William Garrison), 존 보처트(John Borchert), 해롤드 마이어(Harold Mayer), 브라이언 베리(Brian Berry)에 이르기까지 수많은 지리학자들이 이러한 방식으로 정책을 만들었으나, 그들의 업적 중 상당수는 문헌에 보고되지 않고 있다.

이 장의 논점은, 가장 강력한 영향이 종종 가장 최소한으로 문서화되고 가장 최소한으로 문서화될 때 지리학이 의사결정에 어떻게 기여하는지를 살펴보고자 하는 것이다. 한편으로 과학계와 정부 간, 다른 한편으로 학계와 업계 간의 복잡한 관계에 내재된 제약을 고려하여, 이 위원회는 주로 공개 문헌에 기초한 혼합된 논거를 제시할 뿐만 아니라 공식 간행물을 넘어서는 개인적 기여의 몇 가지 사례를 언급함으로써, 특수한 영향력의 행사보다 주제를 강조하려고 노력하였다. 또한 위원회는 지리학자들이 정보에 입각한 의사결정에 기여해야 한다고 생각하고 있지만, 다양한 이유로 인하여 현재 유의미한 방식으로 기여하지 못하고 있는 이슈들도 강조하려고 하였다.

이 장(章)의 다음 절(節)에서는 지리학자들이 활약하는 다양한 의사결정의 '활동무대'에 대하여 논의하고자 한다. 뒤를 잇는 절에서는 지역과 국지, 국가, 국제라는 서너 가지의 규모에서 지리학의 기여를 설명하고자 한다.

6.1 의사결정의 활동무대

지리학자와 지리학 관점은 민간 부문과 공공 부문의 의사결정에 중요하게 활용되어 왔다. 지리학자들은 공무원, 자문가, 일반 시민으로서, 그리고 국지적 수준에서 국제적 수준에 이르는 각종 공공 자문위원회의 자원봉사자로서 수많은 서로 다른 역할로 공공 부문에 봉사하고 있다. 민간 부문의 기업들은 빈번히 입지와 생산 공정 그리고 마케팅에 관한 결정을 내리고, 국지에서 국제에 이르는 다양한 규모에서 사업 결정과 의사소통, 즉 커뮤니케이션 등을 지원하기 위하여 공간정보를 관리하고 분석하는 데 지리학자들과 지리적 지식을 이용하고 있다.

분산형 지리정보시스템(GISs)의 활용을 위한 기술이 크게 개선되고 지리 참조 정보에 대한 접근성이 높아짐에 따라, 민간 부문의 의사결정에서 지리학자들의 역할이 빠르게 증가하고 있으며, 이러한 역할은 운영상으로 필요할 뿐만 아니라 전략상으로도 그러하다. 광범위한 민간 기업들은 입지적 의사결정에 지리학자들과 지리학 관점을 활용한다. 여기에는 소매 마케팅 체인(예를 들어, 미니애폴리스에 본사를 둔 주요 소매회사인 데이튼허드슨Dayton-Hudson), 철도(예를 들어, 남태평양철도회사Southern Pacific Railroad의 토지사업부), 전력 및 가스 시설, 국제 수출입회사, 운송 및 여행서비스 기관, 출판사, 부동산 기획자 및 투자자 등이 포함된다.

6.2 지역적 및 국지적 의사결정

브라질의 소 목장주들은 소 목축을 위한 열대우림 개간을 위하여 불도저를 대여하고, 케냐의 농부들은 경사진 경작지의 토양 침식을 막기 위하여 경작지를 계단식으로 조성한다. 첫 번째 의사결정은 환경파괴로 이어지고, 두 번째 의사결정은 환경보존과 연결된다. 제철소는 선진국의 성숙한 산업지역에서 문을 닫고, 반도체 생산은 말레이시아와 태국과 같은 신흥 공업국들로 이동하고 있다. 첨단기술 기업들은 런던 중심부 서쪽의 M4 회랑■3과 스코틀랜드 글래스고 인근의 실리콘 글렌■4에서 생겨나고 있다. '주변도시(edge city)'로 알려진 소매업 및 사무실 활동의 주요 중심지들이 1970년대의 교외지역을 넘어 주요 고속도로 교차 지점에 등장하는 반면, 아파트와 타운하우스 공동체들은 워싱턴 디씨의 메트로와 같은 지하철 노선에 인접하여 입지하고 있다. 이러한 지역적 및 국지적 의사결정의 결과는 사람들의 후생 복지에 영향을 미치며, 토지이용의 면모를 바꾸고 사람들이 내리는 일련의 후속 입지 결정에 영향을 미치는 새로운 지리적 패턴을 만든다.

국지적 및 지역적 규모에서 지리학자들은 재난 관리, 복잡한 도시체계의 관리, 자원 배분과 같은 이슈들과 관련된 정보 및 분석을 제공함으로써 의사결정자를 지원하고, 종종 학자와 시민으로서의 중복되는 역할과 씨름한다. 또한 지리학자들은 지리데이터베이스의 설계와 지리정보시스템의 활용에 관하여 지방 및 지역 정부의 각종 기관들을 자문한다. 아래 절에서는 이러한 다양한 기여들을 설명하고자 한다.

6.2.1 도시정책

도시 자체는 교통과 통신, 금융, 무역의 네트워크를 통하여 다른 장소와 연결되어 있는 기능지역이다. 도시의 내부구조는 인종과 민족성, 주택, 사업 활동, 산업 공정, 천연자원의 소비, 오염 잠재력 등과 같은 특성에 따라 구별될 수 있다. 예를 들어, 도시의 빈민지구(ghetto)는 사회적, 정치적, 경제적, 지리적 과정의 산물이며, 이러한 과정 중 어느 한두 가지를 다루는 것만으로는 생

---

3. (옮긴이) M4 회랑(corridor)은 영국의 런던에서 웨일즈 남부에 이르는 M4 고속도로를 따라 형성된 첨단 산업지역을 일컫는다.

4. (옮긴이) 실리콘 글렌(Silicon Glen)은 전자정보통신기업과 연구소가 밀집한 영국 글래스고와 에든버러를 잇는 약 110킬로미터(㎞)의 지역을 가리키는 것으로, 미국의 실리콘밸리의 밸리와 동의어인 스코틀랜드의 단어인 '글렌'을 붙여 만든 이름이다.

지리학의 재발견

자료 6.1

지리학과 도시정책: 미니애폴리스-세인트폴의 주택

1960년대 후반 도시 지리학자들은 미국 대도시 지역에서 하위 주택시장은 지리적으로 정의된 구역(sector)을 바탕으로 하여 작동한다는 사실을 확립하였다(Abler et al., 1971). 교외 외곽에의 신규 주택 건설은 이들 구역을 통하여 도심을 향해 안쪽으로 이동하는 공가, 즉 빈집의 물결에 시동을 건다는 것이다. 빈집이 도시 내부로 움직일 때, 가구는 외측으로 이전한다는 것이다. 더군다나 어느 한 구역에서 주택의 과잉 공급은 신규 진입자들의 집중을 초래하는 이른바 소프트마켓(soft market. 수요에 비하여 공급이 초과되는 특성이 나타나는 시장. '구매자시장'으로도 불림 – 옮긴이)을 만들어 내는 반면, 다른 구역에서의 사람들이 떠나버린 주택시장은 아무런 영향을 받지 않는다는 것이다.

이러한 연구는 트윈 시티(Twin Cities)의 메트로폴리탄의회가 미니애폴리스-세인트폴(Minneapolis-St. Paul) 대도시 지역의 주택정책을 수립하는 데 활용되었다. 의회는 대도시 지역을 서너 개의 주택구역으로 나누고 각 구역의 가구수, 주택 멸실, 주택가격 등의 변동을 추적 관찰하였다(그림 6.1을 참조할 것). 의회는, 부분적으로 교외 외곽지역에서의 너무나도 관대하고 지나칠 정도로 후한 개발 통제와 공공사업의 확대로 인하여 촉발된 몇몇 구역에서의 주택 과잉공급이 특정 중심도시 근린지구에 큰 어려움을 야기할 수 있다는 사실을 발견하였다. 각종 개발 통제의 조정을 통하여 의회는 도시 근린지구에서의 이주와 빈집의 영향을 다룰 수 있는 한층 개선된 대응 방법을 찾을 수 있었다.

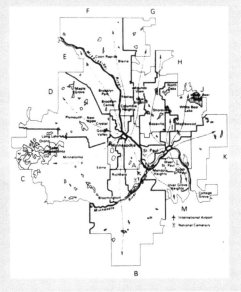

그림 6.1 미니애폴리스-세인트폴의 주택시장 구역. 시장 구역의 경계는 짙은 실선으로 나타내고 있으며, 각 구역은 A에서 N까지의 영문 알파벳 대문자로 표시되어 있다. 출처: 아담스 (Adams, 1991: 113).

활 조건을 개선하기에 충분하지 않을 것이다(Rose, 1971). 효과적인 도시정책의 결정은 이러한 공간적 및 기능적 특성에 대한 깊은 이해를 필요로 하며, 이는 본질상 대단히 지리적이다(예를 들어, 자료 6.1을 참조할 것).

여러 많은 도시들로 형성되어 있는 대도시 지역은 정치적, 산업적, 사회적 복합성으로 인하여 정책 결정자들에게 특별한 문제와 기회를 제공한다. 예를 들어, 로스앤젤레스 대도시 지역은 부분적으로 군수품 생산에 특화된 첨단 기술 기업들에 기반을 둔 산업 집적지로 발달해 왔다(Scott, 1993). 최근 들어 국방비 지출이 감소함에 따라, 지역의 정책 결정자들은 이 산업부문에 대한 지역의 의존도를 낮추기 위하여 노력해 왔다. 로스앤젤레스 카운티의 메트로폴리탄 교통국과 여타 기관들은 지역의 경제구조와 세계 경제에서의 역할에 대한 지리적 분석을 바탕으로, 지역의 숙련 노동력과 제조업 역량을 활용하기 위하여 선진 육상 운송산업을 발전시키고 있다.

도시는 물론 건조환경(建造環境) 그 이상이다. 사람들이 그 주요 구성요소이며, 삶의 기본적인 필수품과 관련하여 도시 거주자들 간에는 상당한 불평등이 존재한다. 예를 들어, 노숙자들을 위한 도시정책은 명확히 규정된 지리적 요소들을 보여 준다(Dear and Wolch, 1987). 사회적 및 경제적 양극화, 주기적 실업, 변화된 주택정책과 투자정책, 정신 질환자의 제도적 해소를 위한 정부정책 등이 노숙자 증가에 일정 부분 기여하였다. 도심으로부터의 거리가 증가함에 따라 노숙자에 대한 관용 정도가 떨어지는 경향이 나타나고 있다. 정책 결정자들과 자원 봉사자들은 종종 중심도시의 노숙자들을 줄이기 위한 노력에 집중함으로써, 문제의 지리를 강화하기도 한다. 이와 관련한 정책적 함의는 노숙자 문제가 일반 사회의 구조에 뿌리를 두고 있지만 '도시 문제'가 되었으며, 이 문제를 해결해야 할 것은 바로 도시에 있다는 것이다.

6.2.2 수자원

미국의 수자원은 막대한 공공투자를 통하여 관리되고 있다. 물의 공급과 분배를 통제하고 홍수를 줄이며 여가활동의 기회를 제공함으로써 미국은 경제발전을 지원하는 부분적으로 인공적이고 부분적으로 자연적인 수문체계를 만들어 왔는데, 많은 사람들의 삶의 질을 높이는 동시에 다른 많은 사람들의 삶의 질을 떨어뜨리고 있다.

관개(灌漑)와 산업적 이용 그리고 도시 급수를 위하여 하천으로부터 물을 전용하는 것은 물에 의존적인 생태계의 특성과 지리적 분포를 바꿔 놓고, 때로는 생태계를 완전히 제거하기도 한다. 지하수의 공급 과잉으로 인하여 많은 지역에서, 특히 미국의 서부 주(州)들에서 지하수의 수위가 낮아졌으며, 표층 지하수에 의존하는 지표 생태계는 한층 큰 변화를 겪고 있다.

개럿 하딘(Garrett Hardin)의 '공유지의 비극'(Hardin, 1968)과 같이 공공자원의 이용 경쟁과 관련하여 일반적으로 수용되고 있는 관점은 수자원 배분 이슈를 경제적 측면에서 고찰하는 것이다. 이와 동일하게 가치 있는 관점은 지리적인 것인데, 즉 수자원 관리의 문제는 지리적 분포의 문제라는 것이다. 물의 소비자들은 도시지역이나 비옥한 토양 지역에 집중해 있는 반면, 이를 뒷받침하는 수원(水源)은 분산되어 있다. 예를 들어, 뉴욕시는 도시로부터 600마일 이상이나 뻗어 있는 저수지와 물 처리 시설의 정교한 시스템을 유지하고 있다. 콜로라도강(江)은 2,000만 명의 사람들을 지원하고 있는데, 그들의 대부분은 강으로부터 멀리 떨어져 캘리포니아 남부, 콜로라도 동부, 뉴멕시코 북부, 애리조나 중부에서 살고 있다. 지리학자들은 수자원 관련 의사결정의 지역적 영향을 분석하는 데 지리적 관점을 원용함으로써, 그러한 광범위한 시스템의 성공적인 관리에 기여하고 있다(예를 들어, 자료 6.2를 참조할 것).

지리학과 그랜드캐니언 콜로라도강의 관리

그랜드캐니언(Grand Canyon) 국립공원 내 콜로라도강(江)의 흐름은 '하천법'으로 알려진 일련의 정책으로 관리되는 글렌캐니언댐(Glen Canyon Dam)의 물 방류에 의하여 조절되고 있다. 이러한 법률 및 운영 규칙은 댐이 일정 양의 물을 하류로 방류하고 전력을 생산하며 상류에 물을 저장하고 퇴적물을 가두기 위하여 운영될 것임을 명시하고 있다. 댐 하류에 위치한 그랜드캐니언 국립공원에서는 이러한 운영 규칙으로 인하여 하천 수변의 용인할 수 없는 침식, 멸종 위기에 처한 어류 서식지의 파괴, 레크리에이션 목적으로 강을 이용하는 사람들에 대한 위험한 상황 조성 등의 결과가 나타나게 되었다.

슈미트(Schmidt, 1990), 바우어 및 슈미트(Bauer and Schmidt, 1993) 그리고 여타 지리학자들의 연구는 하천 퇴적물이 하천 수변과 깊은 웅덩이 간에 어떻게 상호 교환되는지를 보여 주었다. 댐으로 하천이 폐쇄되기 이전, 자연적으로 발생한 유량 조건하에서 홍수는 가끔 웅덩이를 샅샅이 뒤집어 놓고 수변을 만들었다. 연구자들은 경우에 따라 그러한 흐름을 자극하기 위하여 댐을 운용할 수 있음을 밝혀냈다. 연구자들은 한 걸음 더 나아가 일부 모래가 댐이 없는 지류로부터 그랜드캐니언으로 여전히 유입되고, 이 퇴적물을 분배할 수 있을 만큼 충분한 물이 협곡을 거쳐 흐르고 있다고 추정하였다. 슈미트를 비롯한 연구자들의 증언을 포함한 광범위한 의회 청문회를 거친 후, 미 의회는 1992년 그랜드캐니언 보호법(Grand Canyon Protection Act)을 통과시켰다. 이 법률은 미국 내무부 국토간척국(U.S. Bureau of Reclamation)에 간척이 지원하는 수변과 서식지를 포함한 하천 하류의 자원을 보호하는 방식으로 댐을 운영하도록 지시하였다.

국토간척국은 다양한 정책의 결과를 결정하기 위하여 1년여 동안 댐을 실험적으로 운영하였다. 1996년 3월 국토간척국은 1주일 동안 초당 4만 5,000입방피트(cu ft.)에 이르는 약간의 홍수 흐름을 만들어 방출하였다. 이 흐름은 댐 폐쇄 전에 흔히 볼 수 있었던 자연 홍수를 모방한 것으로, 협곡에 있는 웅덩이 바닥에서 모래를 샅샅이 뒤집어 놓고 변형된 수변 및 모래톱(Bar)에 퇴적시켰다. 수변과 모래톱은 식생과 어류를 위한 잃어버린 서식지를 복구하고, 매년 협곡을 이용하는 2만 명에 달하는 강 종주자(river runner)들을 위한 야영지를 안정화시켰다. 실험적 인공 홍수의 성공 덕분에, 그랜드캐니언 생태계의 물리적, 생물학적, 화학적 무결성을 부분적으로 복원하기 위한 지속적인 노력의 일환으로, 댐 운영과 관련하여 매 5년마다 한 번씩 인공 홍수를 실시할 것이 제안되었다.

미국 사회의 다양한 부문은 불평등한 물의 소비자들이다. 1990년에 지표수와 지하수 공급으로부터 전체 취수량의 48%가 화력발전에, 34%가 관개농업에, 7%가 공업에 사용되었다. 전체 취수량의 10%만이 공공 급수, 즉 물 부족이 발생할 때 절약 메시지를 집중적으로 받는 일반 소비자들에게 돌아갔다 (Sloggett and Dickason, 1986). 물 보전을 위한 그 어떤 국가 전략도 국지 및 지역뿐만 아니라 국가의 다양한 부문 및 일부 지역에 불평등한 결과를 초래할 것이다.

수자원 관리에서 혜택을 받는 사람들이 반드시 돈을 지불하는 사람들은 아니다. 연방정부는 관개 개발을 통하여 서부 농업을, 홍수 조절을 통하여 동부 공업을 보조하고 있다. 수력 발전에 있어서는 전력을 생산하는 하천에 가까운 인구나 하천을 이용하는 인구가, 때때로 하천에서 멀리 떨어져 있는 소비자들에게 혜택이 돌아가는 전기를 생산할 수 있도록 대체 용도의 측면에서 상당한 기회비용을 지불하고 있다. 누가 혜택을 받고 누가 비용을 지불하느냐의 지리적 분포는, 한정된 자원을 두고 경쟁하는 사회적 수요에 균형을 맞추어야 하는 의사결정자들에게 통찰을 제공한다.

지리학자들은 정책 결정자들이 건실한 의사결정을 내릴 수 있도록 도움을 주는 데이터와 분석을 제공함으로써 성공적인 물 관리에 기여하고 있다. 예를 들어, 지리학자인 에드워드 페르날드(Edward Fernald)는 플로리다주(州) 전역의 각종 문제점들을 해결하는 데 도움이 되는 정보를 수집하고 보급하기 위하여 플로리다 자원 및 환경 분석센터(Florida Resources and Environment Analysis Center)를 설립하였다. 이 센터는 《플로리다의 수자원 지도집 (Water Resources Atlas of Florida)》을 포함한 주정부가 참조할 수 있는 지도집을 출간해 왔다. 이 센터는 또한 홍수가 발생하기 쉬운 지역에 대한 데이터를 유지 관리하고 주 소유 토지의 사용 목록을 만들고, 지리정보시스템(GIS)의 기법을 응용하는 데 주정부와 각 지역정부를 지원하고 있다. 캘리포니아주의 지리학자들도 물에 관한 지도집을 만들어 왔다(Kahrl, 1979).

6.2.3 소매 마케팅

소매업의 성공에서 가장 중요한 세 가지 요인에 관한 오래된 격언, 즉 '입지, 입지, 입지'는 여전히 사실처럼 들린다. 물론 입지는 제품 가격과 서비스, 하위시장 등의 측면에서 포지셔닝(positioning)과 더불어, 국가와 지역 및 특정 장소의 스케일, 즉 규모에서의 지리적 입지를 일컬을 수 있다(그림 6.2를 참조할 것). 소매업의 경쟁이 과거 그 어느 때보다 치열해짐에 따라 소매점의 입지를 최적화하는 것은 민간 부문의 의사결정자들로부터 점점 더 큰 관심을

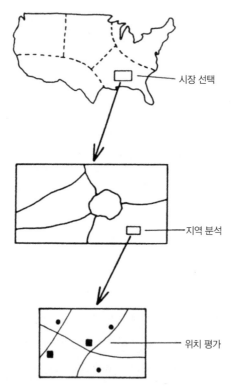

그림 6.2 소매점의 성공은 국가, 지역 그리고 국지 등의 규모에서의 지리적 입지에 크게 좌우된다. 입지를 결정하는 데 세 가지 규모가 모두 고려되어야만 한다. 출처: 고시와 맥라퍼티(Ghosh and McLafferty, 1987).

지리학의 재발견

끌고 있다.

소매업과 기타 소비자 중심 시설물들의 입지를 잡는 것은 근본적으로 지리적 문제로, 지리학자들이 이론과 실제에서 다루어 온 문제이다. 1960년대에 지리학자인 데이비드 허프(David Huff)는 소매점의 입지 결정에 활용하기 위하여 공간적 상호작용 모델을 채택하였다(Huff, 1963). 그의 모델은 소매업 기획자들이 매장의 견인력(예를 들어, 매장의 크기와 상품의 구색, 제품 가격)과 가능한 시장 및 기존 경쟁업체와 관련한 매장의 입지 등에 기초하여 고객의 이용 확률을 추정하기 위하여 널리 이용되어 왔다. 이와 같은 모델들은 개인의 행동을 확률론적으로 묘사하고 있으며, 영업 구역을 단절되고 독점적인 것이기보다 중첩되고 경쟁적인 것으로 묘사하고 있다(Haynes and Fotheringham, 1984). 이 모델들은 또한 분석자들이 입지의 수나 소비자와의 최대 거리 또는 최대 자본비용과 같은 기준을 설정할 수 있도록 하는 커다란 유연성을 지니고 있다.

입지-배분 모델(location-allocation model)을 통하여 의사결정자들은 상점과 쇼핑센터, 보건의료 시설, 학교 등과 같은 모든 종류의 소비자 중심 시설물, 즉 공공 및 민간 시설물의 입지를 최적화할 수 있다. 소매업이 점점 더 체인점에 의하여 지배되어 감에 따라 이러한 모델들의 활용은 일반화되었다(Ghosh and McLafferty, 1987).

6.2.4 법정에서의 분쟁 해결

지리학 관점이 정책 개발에 중요하다면, 법정에서 그러한 정책을 옹호하거나 정책에 이의를 제기하는 데에도 중요하다. 지리학자들은 정책의 합법성을 검증하는 법정의 사건에서 빈번히 감정인의 역할을 하는 경우가 적지 않다. 지리학자들은 미국 시민권위원회(U.S. Commission on Civil Rights)를 위하

자료 6.3

지리학과 분쟁 해결: 로스앤젤레스 카운티의 선거구 재획정

1988년 멕시코계 미국인 법률보호기금(Legal Defense Fund)은 로스앤젤레스 카운티를 상대로 1981년 감독구(supervisorial district)의 재선임에 이의를 제기하는 소송을 냈다. 이 소승은 재선임으로 설정된 다섯 개 감독구의 경계(그림 6.3을 참조할 것)가 히스패닉계 공동체를 분할하기 위하여 그어진 것이라고 주장하였다. 히스패닉계 기회구(Oopportunity District)(그림 6.3에서 음영을 넣은 지역)는 히스패닉계 감독관이 선출될 수 있는 구역의 예로서, 고소인인 원고에 의하여 표시되었다.

지리학자인 윌리엄 클라크(William Clark)와 인구학자인 피터 모리슨(Peter Morrison)에 의한 로스앤젤레스 카운티의 인구학적 분석(Clark and Morrison, 1991; Morrison and Clark, 1992)은 이 분쟁의 판결 선고에 전후 관계의 맥락을 제공하였다. 이들의 분석은 1980년 인구센서스 당시 히스패닉계가 로스앤젤레스 카운티 거주자의 27.6%를 차지하였으나, 전체 선거 연령 시민권자의 14.6%에 지나지 않는다는 점을 밝혔다. 만약 거주자와 시민권자가 카운티 내에서 유사하게 분산 분포해 있었다면, 이러한 차이는 크게 중요하지 않았을 수 있었다. 하지만 로스앤젤레스 카운티에서 히스패닉계 비시민권자들이 카운티의 특정 지역에 한층 집중하여 분포하고 있었다. 결과적으로 카운티에서 모든 거주의 5분의 1을 포함하는 히스패닉계 다수의 선거구를 구성(대의적 형평성을 성취하기 위하여)하는 것이 가능하지만, (선거 형평성을 결정하는) 투표권을 가진 사람들은 5분의 1도 되지 않았다.

클라크와 모리슨은 히스패닉계 기회구(그림 6.3을 참조할 것)가 로스앤젤레스 카운티에서 히스패닉계 거주자의 46.3% 및 전체 거주자의 20%를 차지하고 있지만, 전체 선거 연령 시민권자 가운데서는 14.4%만을 차지한다(하나의 선거구로서 자격을 갖추기 위하여 요구되는 20% 수치에 크게 미치지 못함)는 사실을 밝혔다. 이들 학자는 이러한 명백한 역설이 여러 차례 지리적으로 추동된 인구학적 과정의 결과였음을 제시하였다. 첫째, 히스패닉계과 비히스패닉계 인구 간의 연령구조에서의 차이가 존재한다는 것이다. 즉, 카운티에 주거하는 히스패닉계의 61%만이 18세 이상으로, 비히스패닉계의 77%와 대비된다는 것이다. 둘째, 카운티의 몇몇 중심지역에서는 비시민권자인 성인 히스패닉계 이주자들이 크게 밀집해 있다는 것이다. 셋째, 히스패닉계 시민권자들은 비시민권자들보다

여 도시의 주거지 분리 문제와 씨름하였으며, 인디언청구법원(Indian Claims Court)에서 인디언 보호구역에 대한 연방의 토지관리 및 환경피해 문제를 다루었으며, 학교시스템의 통합을 위한 통학버스운행 계획을 수립하였으며, 다

카운티에서 한층 더 분산해 있다는 것이다.

　비록 지방법원은 1981년의 재선임이 의도적으로 투표력을 희석시키지 않았다고 판결하였지만, 그것은 히스패닉계가 단일 구역에서 다수파를 차지하는 것을 저지하는 효과를 지니고 있었다.

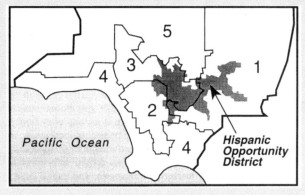

히스패닉 기회구의 인구학적 특성

특성	재선임 기초	
	총 인구	선거 연령 시민권자 인구
주민수	1,495,466	553,105
히스패닉계 주민수	1,003,236	226,791
전체 카운티에서 히스패닉계 기회구 (HOD)의 비율		
주민	20.0	14.4
히스패닉계 주민	48.6	42.9
히스패닉계 인구의 비율	67.1	41.0(46.3)*

출처: 미간행 부분을 포함한 1980년 인구 센서스

* 46.3%이라는 수치는 오보에 대하여 수정하지 않은, 자기보고 시민권자를 지칭함

그림 6.3 1981년 재선임(숫자로 표시된 다각형)에 의하여 설정된 감독구와 히스패닉계 기회구(음영지역)를 보여 주는 로스앤젤레스 카운티 지역의 지도. 출처: 클라크와 모리슨(Clark and Morrison, 1991, p.715)

양한 법원 및 행정법 소송에서 가속화된 침식, 하천수로 변경, 홍수, 해안변화, 호수의 동학 등과 같은 자연적 영역(營力)이 인간에 미치는 영향을 검토하였다(예를 들어, 자료 6.3을 참조할 것).

전문가 증인, 즉 감정인으로서 지리학자들은 세 가지 유형의 활동에 관여하고 있다. 첫째, 지리학자들은 분쟁이 있는 지역의 지리적 특성과 지역의 기능적 특성 그리고 지역 내에서 작동하는 시스템을 규정함으로써 분쟁 해결에 하나의 상황 정보, 즉 맥락을 제공한다. 둘째, 지리학자들은 논란이 된 사실 관계에 대하여 검증한다. 예를 들어, 주택 차별을 다룬 경우에는 제기된 차별을 정확히 정의하고 통계적으로 입증하고 명확히 지도화한다. 셋째, 지리학자들은 피고의 행위로부터 비롯되는 결과가 무엇이며 사회 또는 환경 시스템에 정상적인 결과가 무엇일 수 있는지를 규정함으로써, 법정 사건에서 책임을 어떤 비율로 부여할 수 있을 것인지를 종종 요청받고 있다. 예를 들어, 귀중한 농경지의 가속적 침식은 부실한 토지 관리의 결과일 뿐만 아니라 전적으로 자연적 영역의 산물일 수도 있다.

6.3 국가적 의사결정

지리학자들은 지역의 동학 그리고 물자와 정보와 사람의 흐름을 조명함으로써 국가 규모의 의사결정에 참여하고 있다. 특히, 크게 기여하고 있는 분야는 교통 체계 및 정책 분야였다. 더군다나 지리학자들은 사회가 자연환경을 이해하는 데 큰 도움을 주고 있는데, 환경의 영향과 자원이용에 대한 이해에 기여하고 있다. 이 국가 규모에서 공공 기관과 민간 조직에 대한 지리학자들의 기여는 때때로 비밀 유지 및 재산권에 의하여 가려져 밖으로 드러나지 않는다. 아래 절(節)에서는 이와 관련한 몇 가지 주요 기여들을 설명할 것이다.

6.3.1 에너지정책

국가의 정책 결정 또는 수립에서 지리학의 관점과 도구를 적용한 생생한 사례는 1970년대의 에너지 '위기'로부터 비롯되고 있다. 1979년 미국 에너지부(U.S. Department of Energy)는 석유 수입에 차질이 발생할 경우, 희소 휘발유를 배분하는 계획을 개발하고 있었으며, 주들은 이의 공정한 처리에 긴급한 우려를 표명하였다. 오크릿지국립연구소(Oak Ridge National Laboratory) 소속 지리학자인 데이비드 그린(David Greene)은 고속도로 통행의 휘발유 사용 결정요인을 파악하기 위한 분석모델을 개발하였다. 그의 분석은 인구분포의 차이, 통근 및 쇼핑 그리고 사회적 상호작용을 위한 통행 길이와 연관된 차이 등과 같은 요인들을 바탕으로 하여 1인당 또는 가구당 휘발유 소비량의 측면에서 주(州)간의 차이를 처음으로 파악할 수 있었다. 미국의 주들과 협상하는 과정에서 백악관은 이 모델을 형평성 이슈를 해결하는 데 성공적으로 활용하였다.

이와 같은 시기에 지리학자인 락슈마난(T. R. Lakshmanan)이 대부분을 구상한 분석적 모델링시스템은 다양한 에너지정책 옵션의 환경적 결과를 예측하는 국가의 주요 도구 중 하나였다. 이 모델은 미국 서부의 석탄개발이 동부의 굴뚝에서 배출되는 오염 물질에 미칠 수 있는 영향과 같은 고도의 지리적 논제를 다루었기 때문에 유용하였다.

6.3.2 경제적 구조조정과 경쟁력

국가 규모에서의 경제정책에 관한 논의는 때때로 두 가지 서로 관련된 방향 중 하나를 따르고 있는데, 생산성과 1인당 소득 또는 보다 폭넓은 생활수준의 계측 측면에서 다른 국가와 비교한 한 국가의 지위에 대한 관심과 한 국가 내의 경제적 동향에 대한 관심이 그것이다. 이 두 가지의 관심은 높아지는 생활수준과 증가하는 무역 및 투자 흐름을 결합하는 능력으로서 정의되는 국가의 경제적 '경쟁력'에 포함되고 있다.

많은 지리학자들은 국가적 이해관계와 국가 규모의 정책결정의 관점에서 경쟁력을 바라보는 것이 지나치게 좁고 잘못된 결정으로 이어질 수 있다고 주장해 왔다. 지리학자들은 그 대신 글로벌 및 로컬 과정의 상호작용에 초점을 맞추는 경향을 보여 왔다. 예를 들어, 하나의 관심사는 공공 및 민간 다국적 기관들이 지역경제에 미치는 영향, 특히 글로벌 임금 경쟁의 역효과와 관련된 노동 이슈를 둘러싼 로컬 갈등에 대한 것이었다. 예를 들어, 미국 상무부 소속 지리학자인 데이비드 앤젤(David Angel)의 최근 연구는 다국적 기관과 지역집단 간의 제휴가 종종 혁신성과 연관되어 있으며, 그러한 제휴는 지역적 경제성과를 강화하며 지역경제에 혜택을 준다는 사실을 보여 주었다(Angel, 1994).

지리학자들은 일반적으로 장소 특유의 경제적 역사에 대응하여 발달해 온 국가 또는 특정 지역의 특성이라는 측면에서 경쟁력을 고찰하고 있다. 여러 많은 지역에서 경제개발의 방식은 심지어 농촌지역에서도 경제성장을 촉진하기 위하여 몇몇 서비스 활동의 잠재력을 인식하는 것을 포함하여, 대규모 제조업 시설의 입지를 추구하는 것에서 지역 자산의 재배치로 옮겨가고 있다. 이러한 재배치는 장소 특유의 노동기술, 제품시장, 기술 및 자본 기반에 대한 세심한 평가와 다른 지역 또는 국가와의 현재적 그리고 잠재적 상호작용에 대한 평가를 요구한다. 경쟁력을 향상시키기 위한 정책적 조치들도 유사하게 장소 특수적이어야만 한다. 이러한 정책적 조치에는 세금 감면이나 기타 보조금과 같은 무딘 정책수단에 더하여, 특정 근로자 대상의 교육훈련, 향상된 의사소통 연계, 기술지원을 위한 대응 등도 포함될 수 있다(Glasmeier and Howland, 1995).

이러한 의미와 여타 의미에서 지리학자들은 장소 특수성의 지속과 그것이 경제적 전환에 미치는 영향을 강조함으로써 관련 논의에 깊이 관여하고 있다. 산업구조와 장소 고유의 특성에 대한 오늘날 연구의 대부분은 지리학의 답사, 즉 현장조사 전통의 연장선상에 있는 상당한 노동 집약적인 개인적 관찰과 결부되어 있다.

6.3.3 기술적 재해

홍수와 가뭄과 같은 자연재해와 관련된 위험에 대한 연구 전통을 바탕으로 하여, 지리학자들은 이론과 실제 모두에서 기술적 재해에 대한 위험 평가에 기여하고 있다. 유독성 폐기물의 처리, 화학 및 핵 관련 사고, 첨단무기의 확산 등과 같은 수많은 기술적 재해는 상당히 장소 특수적이다. 따라서 그러한 재해로부터 인간이 겪거나 겪을 위험을 평가하려고 한다면, 지리학 관점이 요구된다(예를 들어, 자료 6.4를 참조할 것). 지리학자들은 위험평가 방법론, 재해 분류체계, 재해이론 등의 개발을 개척해 왔으며, 서로 다른 집단이 위험을 인식하는 방법에 대한 새로운 이해를 발전시켜 왔다.

수많은 기술적 재해 문제에 대한 해결책도 대단히 지리적이다. 지난 수십 년 동안 미 의회는 기술적 재해를 다루는 법안을 회기당 평균 23개를 통과시켰지만(Cutter, 1993), 이러한 법안 가운데 많은 것들은 국가를 일률적으로 취급하고 '장소가 중요하다'는 지리학의 공리를 고려하지 않고 있다. 유독성 폐기물의 처리 및 고준위 방사성 폐기물의 처리와 같은 문제를 이해하고 해결하기 위해서는 전파와 확산, 지역의 규정, 과거와 현재 그리고 미래의 공간적 흐름(자료 6.5를 참조할 것)과 같은 지리학의 핵심 개념(제3장을 참조할 것)을 활용해야만 한다. 예를 들어, 제조 시설과 대기권 내 무기시험에서 발생하는 오염 물질의 방출은 주로 대기권 운동의 물리적 과정에 의하여 규정되

지리학과 핵발전소에 대한 비상대응계획

1957년 잉글랜드 윈즈케일(Windscale)과 1986년 구소련 체르노빌에서 그러하였듯이, 인간과 정부가 제대로 대비하지 않을 때 핵발전소에서 발생하는 사고는 주변 인구에 심각한 방사능 재해를 초래할 수 있다. 1979년 미국 펜실베이니아주(州) 해리스버그의 스리마일섬(Three Mile Isalnd: TMI)에서 발생한 사고를 계기로, 미 연방정부는 일반 대중이 방사능 노출을 피할 수 있도록 하기 위하여 모든 핵발전소에 대하여 비상계획을 요구하기에 이르렀다. 1985년 스리마일섬 공중보건기금(TMI Public Health Fund)은 1979년 사고 이후 시점에서의 기술수준에 기초하여, 자체 비상계획을 마련하는 데 착수하기를 결정하였다. 전국적 경쟁을 바탕으로 이러한 노력을 위한 용역 계약은 지리학자인 로저 캐스퍼슨(Roser Kasperson)이 주도한 학제적 전국 연구팀에게 돌아갔다. 이 연구팀에는 도미니크 골딩(Dominic Golding), 존 셀리(John seley), 존 소렌슨(John Sorenson), 줄리앙 월퍼트(Julian Wolpert) 외에도 몇몇 지리학자들이 포함되었다.

스리마일섬에 대한 기존 비상계획은 여러 가지 결정적 한계점을 지니고 있었다. 즉, 계획의 목적이 모호하고 충분한 지침을 제공하지 않았으며, 사고 상황을 예측하고 조기 예방적 대응을 행할 수 있도록 하는 역량이 거의 개발되어 있지 않았으며, 사고 대응계획은 지휘통제 작전의 경직성과 연방 기준에의 형식적 준수로 방해를 받았다. 대응계획은 또한 지리적으로도 경직적이었는데, 10마일(mile) 반경의 연방 비상계획지대를 따르고 있었는데, 심지어 방사능 물질이 이 지대를 넘어 확산될 수 있는 경우에도 그러하였다. 장소 대피와 같은 대응이 특정 상황하에서는 보다 적절할 수 있는 경우에도 소개(疏開)를 과도하게 강조하고 있었다.

이 조사 연구팀에 의하여 개발된 계획안(Golding et al., 1992; 1994; 그림 6.4를 참조할 것)은 비상시 대비에 대안적이고 보다 야심찬 접근방법을 제시함으로써, 그러한 한계점들을 수정하고자 하였다. 비록 이 계획안은 특별히 스리마일섬을 위하여 수립된 것이었지만, 모든 핵발전소에서도 활용할 수 있는 개념적 토대를 지니고 있다. 두 가지의 원칙이 모델 계획을 설명하고 있다. 첫째, 만약 사람들은 긴급 상황 동안 정보를 잘 전달받고, 정보를 이해하고, 왜 특정 행동이 필요한지를 파악하고, 사려 깊게 지원받는 자원들이

지만, 건강상의 위험은 해당 지역 주민들의 인구학적 특성과 관련되고 있다. 따라서 대기 방출의 위험 평가는 통합적인 지역 분석에서 인문지리 및 자연지리를 설명해야만 한다.

고준위 핵폐기물을 안전하게 처리하는 데 중요한 측면은 폐기물 발생기와

현장에 준비되어 있다면, 사람들은 합리적이고 효과적으로 대응할 것이라는 것이다. 둘째, 효과적인 계획은 비상 상황에 처한 개인과 집단의 문제해결 능력과 특수한 지식을 활용할 수 있으며, 이로써 비상 대응에서 유연성과 회복력 그리고 효율성을 보장할 수 있다는 것이다.

지리적 경직성을 극복하기 위하여 이 계획안은 비상 기획과 사전 대비에 유연한 경계를 강조하고 세 개의 중첩된 계획지대를 채택하고 있다. 내측 지대는 발전소에서 5마일 이내 지대로, 가장 신속한 대응을 요구하는 최고 위험 지대이다. 발전소로부터 5에서 25마일가량 떨어져 있는 중간 지대는 한층 낮은 위험과 지리적 조건에 따라 대피에서 소개에 이르는 유연한 대응을 요구하는 지대이다. 외곽 지대는 전형적으로 발전소로부터 25마일 이상 떨어진 지대로, 이른바 핫 스폿(hot Spots)이 나타날 경우 대피나 소개/이주를 포함한다.

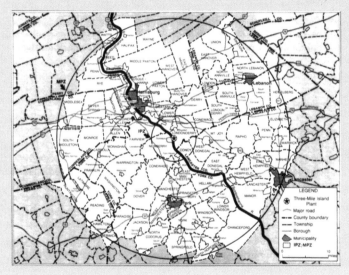

그림 6.4 스리마일섬(TMI) 지역에서의 비상계획지대. 내측 계획지대(IPZ)와 중간계획지대(MPZ). 출처: 골딩 등(Golding et al., 1994).

폐기물 처리장을 연결하는 안전한 수송시스템을 설계하는 것이다. 문제는 가장 적은 사람들이 위험에 노출되는 동시에 수송 시간을 최소화하고 효율성을 극대화할 수 있는 경로를 선택하는 것이다. 이러한 경쟁적 고려 사항들에 대하여 균형을 이루도록 하는 수송망을 설계하는 것은 다른 공공 서비스를 제

지리학과 핵폐기물 처리

장기적인 기후변화에 대한 지리적 관점은, 최근 들어 핵폐기물규제분석센터(Center for Nuclear Waste Regulatory Analyses: CNWRA)가 국가 핵폐기물의 많은 부분에 대한 영구적 지질저장소의 후보 입지인 네바다주(州) 유카산(Yucca Mountain)의 미래의 가능한 기후상태에 대한 행한 평가에서 매우 유용한 것으로 입증되었다. 1993년 핵폐기물규제분석센터는 향후 1만 년에 걸쳐 유카산에서 일어날 수 있는 기후 변동성과 기후변화에 대한 견해를 끌어내기 위하여 다섯 명의 기후학자(그 가운데 세 사람은 지리학자였음)로 구성된 전문가 패널을 소집하였다(DeWispelare et al., 1993). 유카산의 습윤한 상태로 이어지는 기후변화는 방사능 폐기물을 환경으로부터 고립시키는 저장소의 능력에 영향을 미칠 수 있다.

패널 구성원들은 다양한 문헌을 평가하고 통합하도록 요청받았다. 예를 들어, 장기 기후 동향은 일차적으로 팩랫(pack-rat) 두엄더미에 대한 분석으로부터 밀란코비치(Milancovitch)의 궤도촉성/방사강제력에 의하여 야기되는 변화에 이르는 자료를 갖고 고기후 문헌을 통하여 평가해야 했다. 국지적 및 지역적 종관 기후학 지식과 기상관측소 기록은 위원회에 매우 빈번한 시간적 및 공간적 변이를 알려주었다. 대기에 온실가스의 집적이 증대하고 있는 상황에서 보다 온난한 미래 기후에 대한 기후 모델 시뮬레이션이 또한 고려되어야만 하였다.

이러한 폭넓은 스펙트럼의 정보를 평가하고 통합한 후 다섯 명의 기후학자들은 3.5℃ 미만의 국지적 온난화는 단기적으로 타당할 것이며, 보다 장기간에 걸친 냉각화가 이를 뒤따를 것임에 동의하였다(그림 6.5a를 참조할 것). 냉각의 예측은 주로 향후 1만 년 이상에 걸쳐 지구 밖에서부터 유래하는 복사조도의 기대 감소에 따른 것이었다. 다섯 명의 기후학자 가운데 네 명은 또한 유카산이 예측 가능한 미래에까지 건정(dry well)으로 남아 있을 것이라고 보았다(그림 6.4b).

공하는 것과 관련된 유사한 문제들을 해결하는 데서 얻은 경험을 바탕으로 한다. 지리학자들은 미국에서 방사능 및 기타 유해 폐기물의 수송을 위한 시스템을 설계하고 운용하는 데 중심적으로 관여하고 있다.

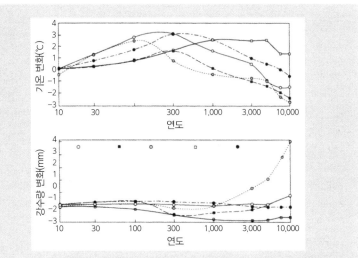

그림 6.5 다섯 명의 전문 기후학자(이들 각각은 서로 다른 부호로 표시되어 있음)의 향후 1만 년 동안 네바다주(州) 유카산의 (a) 기온 및 (b) 강수량에 대한 예측. 출처: 드위스펠레어 등 (Dewispelare et al., 1993).

6.3.4 국가 범람원 정책

1993년 미주리강(江)과 미시시피강(江) 수계의 대홍수로 인하여 100억 달러를 상회하는 재산상의 손실이 발생하였다(자료 6.6을 참조할 것). 복구 자금의 현명한 투입의 중요성과 홍수 피해지역의 범람(氾濫) 발생의 과정에 대한 적절한 이해의 필요성을 인식한 클린턴(B. Clinton) 대통령은 연방정부에 범람원 재건 및 관리를 권고하기 위하여 백악관 관계부처 합동 범람원 관리 대책반인 태스크포스를 구성하였다. 이 태스크포스는 미 육군사관학교 소속 지리학자인 제럴드 갤로웨이(Gerald E. Galloway) 준장이 주관하였다.

태스크포스의 작업을 위한 데이터는 과학평가전략팀(Scientific Assessment and Strategy Team: SAST)에서 준비하였다. 지리학자인 존 켈멜리스

미시시피의 홍수: 크다면 얼마나 클까?

지난 수십 년 동안 매디슨 위스콘신대학의 제임스 녹스(James C. Knox)와 그 제자들은 미시시피강(州) 상류 수계의 지역적 하천시스템 변화에 대한 자연적 증거를 조사하였다. 퇴적학적 증거를 이용하여, 이들은 지난 2만 5,000년 동안 미시시피강 상류에서 발생한 대규모 홍수에 대한 종합적 역사를 엮어 내었다. 이들은 큰 홍수에 의하여 남겨진 퇴적 물질을 이용하여 흐름의 깊이를 파악한 다음, 표준 공학 프로그램 모델을 적용하여 다양한 사건들에서 예상된 유량을 계산하였다.

이들의 연구 결과에 따르면, 2만 5,000년에서 1만 4,000년 전 사이에 로렌타이드 빙상 (Laurentide Ice Sheet)이 수계로 흘러 들어가는 물의 흐름을 조절하여, 모래와 자갈에 의한 적평형 작용을 야기하였다. 약 1만 4,000년 전에 빙상은 녹아 후퇴하기 시작하였고, 모레인 뒤에 댐이 있는 수많은 빙하 호수들이 만들어졌다. 이러한 호수로부터의 방류는, 통상적인 기준으로 작은 규모의 것이든 또는 재난 발생 시 때때로 큰 규모의 것이든 간에 퇴적물이 빈약하고 침식성이 높아, 이전에 축적된 퇴적물을 순(純) 제거하는 결과를 낳았다. 가장 큰 홍수였던 아가시즈(Agassiz) 호수의 홍수는 1만 800년 전에 발생하였고, 최대 초당 약 3만 입방미터(㎥)를 방류하였다. 이 거대 홍수와 현재 사이의 시간 동안에는 변화가 그다지 급격하지 않았다.

아가시즈 호수의 홍수와 현재 사이의 시간 동안 매우 큰 홍수가 발생하였는데, 그 가운데 많은 홍수의 크기는 미주리와 미시시피 수계의 1993년 대홍수와 비슷하였다. 이 오랜 시간 규모로 살펴볼 때, 1993년의 홍수가 특별히 특이한 것 같지 않다. 인간의 행동이 강우 유출과 홍수에 아무런 영향을 미치지 않았음을 시사하지 않는다면, 이 발견이 지닌 정책적 의미는 (1) 1993년에 발생한 사건 크기의 홍수는 때때로 일어날 것으로 예상되어야 하며, 하천 관리자는 주요 홍수 통제 작업을 시행하더라도 그러한 사건들을 고려해야 하며, (2) 현재 주요 제방체계에도 불구하고 범람원이 침수될 수 있으며, (3) 1993년 사건 크기의 사건들은 고지에서의 토지 용도의 변경 및 저지대 하안습지의 배수와 같이 현재의 인간에 의한 수계의 변화가 없다고 하더라도 예전에 발생하였다는 것이다. 녹스 (Knox, 1993)는 매우 큰 역사적 홍수가 토지이용보다 기후요인의 결과로 보인다고 결론을 맺고 있다. 아마도 지역 주민들은 기후로 인하여 야기되는 과정을 통제하기 위하여 막대한 양의 공공 자본을 투자하기보다는 하천과 그 홍수와 함께 살아가는 법을 터득하는 것이 훨씬 나을 것이다.

(John Kelmelis)가 지휘한 이 팀은 사우스다코타주(州) 수폴스(Sioux Falls)시에 있는 미국 지질조사국(USGS)의 데이터센터에서 수개월을 보내면서 태스

크포스에 유용한 정보 데이터베이스를 구축하였다. 데이터베이스에는 수문, 지질, 지형, 토양, 구조물(제방, 댐, 수로), 토지이용, 유독 및 독성 물질, 위협 및 멸종 위기에 처한 동식물종, 습지 등에 대한 정보가 포함되었다. 데이터는 지리정보시스템(GIS)의 산출물로 구성되고 제시되었는데, 이는 다양한 유형의 데이터 간의 연관성을 분석할 수 있으며 하천 수계와 인접 환경의 개별적인 범위를 상세히 지도화할 수 있는 기능을 제공하고 있다(컬러도판 10을 참조할 것).

이 태스크포스의 작업은 연방 차원의 홍수 문제의 관리에 지리학자들이 기여해 온 전통을 잇고 있다. 대통령 직속 수자원정책위원회(1950년)를 위한 에드워드 애커만(Edward A. Ackermann)의 이전 보고서(1950년)와 연방 홍수통제에 관한 예산 태스크포스국(Bureau of the Budget Task Force on Federal Flood, 1966)를 위한 길버트 화이트(Gilbert White)의 이전 보고서(1966년)는 지난 50여 년 동안 미국의 범람원 관리정책에 지대한 영향을 미쳤다.

6.3.5 국가 정보인프라

디지털 공간 데이터에 대한 정부와 사업계의 요구로, 미국에서는 관련 공간 데이터전송표준(제5장을 참조할 것) 및 국가지리공간데이터유통기구(National Geospatial Data Clearinghouse: NGDC)■5와 함께 미국 국가공간데이터인프라(National Spatial Data Infrastructure: NSDI)를 개발하기 위하여 많은 노력을 기울여 왔다(예를 들어, NRC, 1993b). 공간 데이터는 마케팅에

5. (옮긴이) 1995년에 설립된 미국 지질조사국 산하 기관으로, 제작되는 공간 데이터는 반드시 데이터 표준을 준수하고 국가지리공간데이터유통기구를 통하여 메타 데이터를 제공하고 있다. 그리고 공간 데이터의 제공자와 관리자 및 이용자를 인터넷과 같은 데이터 통신망으로 연결하여, 공간 데이터의 이용을 극대화하도록 제도적으로 뒷받침하고 있다.

서 내비게이션에 이르기까지 매우 다양한 상업적 응용 분야에 유용하다. 그러한 응용에는 공개적으로 접근할 수 있는 공간데이터인프라, 디지털(수치지도)지도데이터베이스, 전지구적위치확인시스템(GPS)이 필요하다. 여러 많은 관리되고 있는 보건의료 프로그램들은 지리적으로 규정된 지역의 인구에 서비스를 제공하기 때문에, 공간 데이터와 관련 지리정보 분석 방법도 국가 보건의료정책 논의에서 필수적인 부분으로 부상하고 있다(예를 들어, Lasker 등, 1995).

국가공간데이터인프라(NSDI)의 개발로 인하여, 개인에 대한 정보를 포함하는 국가적 지리 참조 데이터베이스(georeferenced database)가 생성되었다. 그러한 데이터베이스는 정치적 여론조사, 광고, 여행과 같은 응용 프로그램의 폭발적인 성장을 촉진하였다. 지리학자들은 이러한 정보에 손쉽게 접근할 수 있는 데이터베이스의 개발에 기여하고 있다. 또한 지리학자들은 누가 데이터에 접근할 수 있어야 하는지, 그러한 접근이 사회의 정보 및 권력의 분배에 어떤 영향을 미칠 것인지, 급속도로 발전하고 있는 이 분야의 오용을 통제하기 위하여 어떤 새로운 법률적 및 윤리적 원칙이 필요할 것인지 등을 평가하기 위한 연구에 참여하고 있다(Pickles, 1995a).

국가공간데이터인프라의 구축은 국가에 공간 데이터를 제공하는 데 핵심이다. 1994년 4월 클린턴(B. Clinton) 대통령은 국가공간데이터인프라를 지원하는 행정명령에 서명하였다. 이 프로젝트는 미국 지질조사국(USGS)의 지도 제작 요구사항, 조정 및 표준 프로그램을 통하여 연방지리데이터위원회(Federal Geographic Data Committee)에서 감독하고 있다. 미국 국가공간데이터인프라(NSDI)는 공간 데이터 생성자와 관리자, 사용자 등을 전자적으로 연결한 분산형 네트워크인 국가지리공간데이터유통기구(NGDC)의 설립으로 이어져 왔다. 이 유통기구는 데이터의 가용성을 공개하고, 데이터의 공급자와 사용자 간의 연결을 용이하게 하며, 궁극적으로 데이터에 대한 직접적인 접근을 제공할 것이다.

지리학자들은 다음을 포함하여 미국 국가공간데이터인프라(NSDI)에 기여할 몇 가지 또 다른 연구 이니셔티브에도 관여하고 있다.

- 국립지리정보분석센터(National Center for Geographic Information and Analysis: NCGIA)■6는 지리정보시스템(GIS)의 기본 설계 및 운영에 대한 연구뿐만 아니라 디지털 공간 '도서관'(library)의 생성을 위한 방법론과 도구를 개발하는 노력(예를 들어, Alexandria Project)을 주도하고 있다. 이 도서관은 의사결정자와 연구자를 비롯해 일반 대중들이 인터넷을 통하여 지리참조 정보에 손쉽게 접근할 수 있도록 할 것이다.
- 미국 환경보호국(U.S. Environmental Protection Agency: EPA)의 환경감시평가프로그램(Environmental Monitoring ans assessment Programm: EMAP)은 다양한 공간 규모에서 생태계의 변화를 모니터링하고 있다. 환경감시평가프로그램용으로 개발된 계층적 데이터베이스 구조는 현재 환경보호국의 여러 많은 환경 모니터링 및 분석 활동에 기반이 되고 있다.
- 미국 지질조사국(USGS)의 국가디지털지도데이터베이스(National Digital Cartographic Database: NDCDB)는 종이 및 전자 지도의 제작을 지원하고 있다(자료 6.7을 참조할 것).
- 미국 인구조사국은 위상학적통합지리인코딩및참조시스템(Topologically Integrated Geographical Encoding and Referencing: TIGER) 데이터베이스를 개발해 왔다(제4장을 참조할 것).

---

6. (옮긴이) 지리정보시스템(GIS)의 이용이 확산됨에 따라 발생할 사회적, 법적, 제도적 영향을 평가하기 위하여 설립된 미국 대학 연구협회이다. 1988년 국립과학재단(NSF)의 기금에 의하여 설립된 국립지리정보분석센터(National Center for Geographic Information and Analysis: NCGIA)는 산타바바라에 있는 캘리포니아주립대학, 버팔로에 있는 뉴욕주립대학, 오르노에 있는 메인주립대학 연구집단의 협회이다.

• 미국 에너지부의 환경공간분석도구(Environmental Spatial Analysis Tool: ESAT) 프로젝트는 폐기물 관리 대안을 평가한다.

• 국립보건통계센터(National Center for Health Statistics)는 암 지도 집을 개발해 왔다.

• 미국 교통부의 교통통계국(Bureau of Transportation Statistics)은 국가의 교통체계에 관한 데이터를 수집, 분석, 배포하는 프로젝트를 수행하였다.

위와 같은 노력에 참여하는 지리학자들은 데이터 구조, 데이터 조작 및 표현 방법, 상호작용적 지리정보 분석 및 시각적 표현을 위한 도구 등을 설계하고 개발하고 있다.

현재와 가까운 미래에 연구개발 노력이 직면할 가장 큰 장애물 가운데 하나

자료 6.7

지리학과 국가공간데이터인프라: 미국 지질조사국의 지리공간 시스템프로그램

미국 지질조사국(USGS)의 연구자들은 디지털 지리 및 지도 데이터에 관한 표준을 개발하고 국가공간데이터인프라(NSDI) 프로젝트를 조정하는 데 중추적 역할을 하는 것 외에도 정책 및 관리의 맥락에서 공간 데이터를 통합하고 적용하는 방법을 모색해 왔다. 미국 지질조사국의 지리공간시스템프로그램(Geographic and Spatial Systems Programm)은 "지리정보시스템(GIS)의 공간 데이터의 모델링과 분석 및 시각화를 위한 새로운 기법 및 자동화된 지도 제작, 이미지 처리, 토지 특성화에 대한 연구를 포함하여 공간 데이터를 관리하기 위한 새롭고 혁신적인 이론과 기법을 개발하고 검증하기 위한 연구를 지원하고 있다"(Kelmelis et al., 1993: 36). 이러한 연구는 인간과 환경의 상호작용을 다루는 국가정책을 뒷받침한다. 이러한 정책의 중요한 구성요소는 지표면의 특성화와 관련이 있다. 지리정보시스템 기술, 원격탐사 기술, 환경시뮬레이션 모델을 통합하기 위한 연구 프로그램의 일환으로 공통 경계를 가진 미국에 대하여 새로운 159개 등급 지표면 특성 데이터 세트가 구축되었다(컬러도판 11을 참조할 것). 이 데이터 세트의 디지털 표현은 일반 대기 순환, 유역, 수문, 생태계 및 생물지화학적 주기 모델 등의 토지 과정의 구성요소에 활용되고 있다.

지리학의 재발견

는 공간 분석과 시각화 기술 및 응용과 관련하여 교육을 받은 인력이 크게 부족하다는 것이다. 데이터의 수집과 저장은 전체 과정의 일부일 뿐이며, 그 중요성을 이해하고 소통하는 것도 필요하다. 따라서 정책 결정을 지원하는 국가공간데이터인프라(NSDI)의 개발은 우리의 기술적 전문성뿐만 아니라 교육 시스템에도 도전적 과제를 던지고 있다.

6.4 국제적 의사결정

장소의 가변성과 연결성은 국제 경제가 되었든 환경변화가 되었든 간에 '세계화'라는 현대적 현상을 이해하는 데 그 무엇보다 중요하다. 이러한 인식에 따라 지리적 접근방법과 지리학자들은 과학과의 관련성과 정책과의 관련성을 함께 지니고 있는 새롭게 부상하는 수많은 글로벌 이슈들의 최전선으로 나서게 되었다. 이러한 역할에서 지리학자들은 자연과학과 사회과학을 연결하는 여러 학제 간 협력 및 통합적 협력에 참여하고 있다. 이 점은 아래의 사례에서 살펴보는 바와 같이, 환경변화와 글로벌 변화에 대한 연구에 과학적 전문지식을 집중하려는 국제학술연합회(International Council of Scientific Unions)에 소속한 지리학자들의 노력에서 특히 그러하다.

6.4.1 글로벌 환경변화에 대한 대응

1972년 스웨덴 스톡홀름에서 개최된 유엔인간환경회의(Stockholm 1972)로부터 1992년 브라질 리우데자네이로에서 개최된 유엔환경개발회의(UNCED-Rio 1992)에 이르기까지 국제사회는 지속 가능한 개발, 생물 다양성, 기후변화 같은 중요한 이슈들과 관련하여 인류가 생물권에 부과하고 있는 변화와 이러한 변화의 결과에 대하여 심각하게 우려해 왔다. 연구자들과 정책 결정자들은 모두 그러한 변화가 인간과 환경 간의 관계에 기반을 두고 있으며, 복잡한 인간의 활동에 의하여 발생하고 지역에 따라 상당히 다른 중대한 결과를 지니고 있음을 이해하고 있다(자료 6.8을 참조할 것).

예를 들어, 세계가 점점 더 온난해지면 몇몇 지역들은 한층 더 건조해지는 반면, 다른 지역들은 한층 더 서늘해지고 습해질 것이다(Henderson-Sellers, 1995). 그러한 변화가 발생하는 곳에서는 특히 지역 경제 및 사회의 적응 능력과 관련하여 적잖은 문제가 발생한다. 대부분의 평가는 세계 열대지방의 농업이 이미 심각한 식량 문제를 악화시키고 있는 온난화로 인하여 가장 큰 고통을 겪을 수 있다는 사실에 동의하고 있다. 이와는 대조적으로, 선진국에서의 농업에 미치는 영향은 개별 농부들과 지역에 중요하지만, 적응을 위한 훨씬 큰 재량권을 제공하는 시스템, 즉 체제와 연관되어 있다(Parry, 1990; Appendini and Liverman, 1994).

지리학은 글로벌 환경변화와 관련된 인간 및 사회 행동의 복잡성과 통합성을 다루기 위한 과학적 연구 의제를 설정하는 데 여전히 중심적인 역할을 하고 있다. 지리학자들은 환경문제에 관한 과학위원회(Scientific Committee on Problems of the Environment: SCOPE; Bolin et al., 1986)를 통하여 온실가스와 기후변화에 대한 국제적 협력 연구를 착수하는 데 지대한 도움을 주었다. 지리학자들은 기후변화에 관한 정부 간 패널(Intergovernmental Panel on Climate Change: IPCC)의 보고서 및 국제 지권생물권 프로그램(International Geosphere-Biosphere Programme: IGBP)과 국제 지구환경변화 인간차원 연구프로그램'(International Human Dimensions of Global Environmental Change Programme: IHDP)을 포함한 다양한 국제적 지구변화 과학 프로그램의 연구 의제를 개발하는 데 적극적으로 참여하고 있다. 지리적 접근방법과 분석기법은 데이터 및 정보시스템(Townshend, 1992)

자료 6.8

지리학과 주요 하천 유역의 기후변화에 대한 적응

잠재적인 글로벌 환경변화와 연관된 우려 중 하나는 개발도상국들이 가장 큰 타격을 받을 것이라는 점으로, 왜냐하면 이들 국가는 변화에 잘 적응할 수 없기 때문이다. 온실 온난화의 정책적 함의에 관한 국가연구위원회 패널(NRC Panel on Policy Implications of Greenhouse Warming)이 지구 온난화에 대하여 내린 가장 최근의 평가(NRC, 1992b)는 예상되는 기후변화에 대처할 수 있는 미국의 역량에 대해서는 비교적 낙관적이었다. 그러나 패널은 인구증가와 취약한 인프라, 인구이동 등의 누적적 효과 때문에 세계의 개발도상국들은 변화에 적응하는 데 한층 큰 어려움을 겪을 것이라고 우려하였다. 이 이슈를 해결하기 위한 하나의 시도는 지리학자인 윌리엄 라이브사임(William Reibsame), 제임스 웨스코트(James Wescoat), 게리 가일(Gary Gaile), 리처드 페리트(Richard Peritt) 등에 의하여 주도되었으며, 미국 환경보호청(EPA)의 지원을 받았다. 스트레체펙과 스미스(Strezepek and Smith, 1979년)가 설명한 이들의 연구에는 20여 명 이상의 과학자 및 수자원 관리자들이 참여하였는데, 이들은 저개발국에 있는 세계 주요 5대강 유역인 메콩강, 잠베지강, 우루과이강, 인더스강, 나일강 유역에서 기후변화에 대한 가능한 적응적 대응의 잠재적 효과를 평가하였다.

연구자들은 대기 순환 모델에서 지역적 기후변화의 시나리오를 추출하고 그 결과를 분지 수문학과 수자원 관리의 지역 시뮬레이션에 원용함으로써, 가능한 지구 온난화의 환경적 결과를 각 분지의 수문학과 사회적 조건과 연결시켰다. 지역적 대응에는 홍수와 수력발전, 기타 천연자원의 변화 등이 포함되었다. 다섯 개 강 유역의 지역 수자원 관리자들에게 제안된 시나리오에 어떻게 대처할 것인지에 관한 질문을 던졌다. 따라서 이 프로젝트는 정책 결정자들이 고려할 수 있는 현실주의적인 잠재적 적응범위를 정의하였다.

비록 구체적인 적응방식은 다양하였으나, 많은 강 유역들은 꽤나 잘 적응하였다. 우루과이강과 메콩강 유역의 유연한 관개 방식 및 잠베지강과 메콩강의 새로운 댐 개발 계획과 같은 적응은 변화에 대한 복원력을 증가시켰다. 다른 한편, 나일강 유역을 서비스하는 단일 대형 저수지는 여러 기후변화 시나리오하에서 이집트의 관개(灌漑) 요구를 충족시키지 못할 수 있으며, 이미 높은 지하수면과 염분화, 물 분배 문제 등으로 어려움을 겪고 있는 인더스강 유역의 극도로 복잡한 관개체계는 기후가 변화함에 따라 그 수혜자를 줄이기 시작할 수 있다. 비록 이 프로젝트는 구체적인 정책을 권고하지 않았지만, 가까운 미래에 있을 수 있는 변화에 대한 정책 대응을 고려하는 데 합리적인 틀을 제공하였다.

및 토지이용/피복변화(Turner et al., 1995)와 같은 국제 지권생물권 프로그램(IGBP)과 지구환경변화인간차원 연구프로그램(IHDP) 프로젝트의 핵심이며, 지리학자들도 글로벌 변화의 분석, 연구, 연수시스템(Global Change System for Analysis, Research, and Training: START)과 미주연구소(Inter-American Institute)에 깊이 관련되어 있다.

또한 미국 국제개발처(United States Agency for International Development: USAID)와 연관된 지리학자들은 난민의 재배치 및 이들을 지원하기 위한 보급품 배송에 대처하기 위한 전략에 지리학 관점과 도구(특히, 지리정보시스템)를 적용하는 데 적극적으로 참여해 왔다.

이러한 연구 작업 중 일부는 글로벌 시장 상황이 환경적 지속가능성의 방향으로 변화함에 따라 비즈니스 전략 개발에도 원용되어야 할 것이다. 제품 및 서비스가 지금부터 한 세대 동안 국가 및 지역 시장에서 경쟁력을 갖추기 위해서는 비즈니스 전략가들은 전 세계적으로 친환경 '녹색' 정책의 현실을 다루어야만 할 것이다. 모든 지리적 복잡성에서 이러한 변화를 예상하는 것은 기업 경영의 기획에서 점점 더 중요한 측면이 되고 있다.

6.4.2 글로벌 경제 및 정치 구조조정

지난 수십 년 동안 국제적 경제 및 정치 질서는 심대한 전환을 겪었다. 구소련과 바르샤바조약 국가들과 같은 과거의 획일적이고 자유가 없었던 실체는 다양한 경제적, 정치적 실체로 분열되었다. 제조업이 인건비가 저렴한 개발도상국으로 이동하면서 경제체계 간의 관계도 달라졌다. 세계 일부 지역의 국가들이 다른 국가들과 한층 더 긴밀한 경제적 연대를 모색함에 따라 무역장벽은 무너졌다. 개인과 기업들이 전통적 국가구조를 벗어난 연계를 구축함에 따라 새로운 초국적 네트워크가 출현하였다.

글로벌 경제 및 정치적 변환을 이해하는 것은 어떤 한 학문분야의 영역이 아닌 복잡한 과업이긴 하지만, 이와 관련하여 지리학은 중요한 역할을 행하고 있다. 사실, 최근의 지리학의 재발견에 대한 주요 촉매제 가운데 하나는 미국의 많은 시민들이 심지어 어디에서 특정한 변화가 일어나고 있는지조차 파악하지 못하고 있다는 점에 대한 우려였으며, 그들이 이 행성의 정치적, 경제적, 환경적 특성을 어떻게 변화시킬 것인지에 관해서는 훨씬 더 이해가 떨어진다는 것이었다(제1장을 참조할 것). 글로벌 정치 및 경제적 구조조정에 대한 지리학 연구는 변화하는 인간과 환경 현상의 공간적 조직 과 글로벌 변화가 특정 장소에 미치는 영향 둘 다(예를 들어, Johnston et al., 1995) 및 이 양자 간의 관계를 설명함으로써 의사결정자들이 직면한 문제들에 대한 통찰을 제공한다. 지역적 규모에서 보면, 지리학자들의 연구를 통하여 정책 결정자들은 중동과 태평양 아시아와 같은 지역에서 지역통합 이니셔티브의 문제점과 전망에 민감하게 되었다(Drisdale and Blake, 1985; Murphy, 1995a). 국지적 규모에서 지리학자들은 공공 및 민간 의사결정자들이 자원 관리 이슈들을 다룰 때 지리적 맥락의 중요성을 인식하도록 도움을 주었다(자료 6.9 및 6.10을 참조할 것).

글로벌 경제적 및 정치적 구조조정을 이해하기 위한 노력에 지리학 사고의 관련성은 시장 메커니즘에 대한 의존 증가, 세계 각지의 민주화 운동의 발흥, 변화하고 있는 세계 경제의 본질 등과 같은 매우 중요한 세 가지의 현대적 전환을 고려함으로써 설명될 수 있다. 첫 번째의 경우, 시장에 대한 의존도가 증가하면 자본의 흐름과 축적에 대한 상대적 영향력은 공공 부문에서 민간 부문으로 이동한다. 이 과정을 연구하는 지리학자들은 하비(Harvey, 1989)가 '시간에 의한 공간의 소멸'이라고 부른 금융시장의 통합과 그에 상응한 자본순환의 가속화된 속도를 강조하였다. 장소는 '흐름의 공간'(Castells, 1989) 내에서 경제적 틈새와 권력의 중심지를 활용하여 적어도 일정시간 동안 자본

자료 6.9

지리학과 농업정책 개발

전 세계의 많은 사회는 농경지 관리에 효율적이고 효과적인 접근방법을 개발하기 위하여 고군분투하고 있다. 소규모 토지 소유자들은 이러한 투쟁의 최전선에 서 있는 경우가 많다. 연구에 따르면, 소규모 토지 소유자들이 생산량을 늘리고 천연자원을 보존할 수 있는 능력은 그들의 지식 기반과 그들이 자원 관리와 관련한 결정에서 유의미한 역할을 수행할 수 있는 정도에 달려 있다는 것을 보여 주었다. 이에 따라, 소규모 토지 소유자들의 상황에 초점을 맞추는 자원 관리 이니셔티브가 수적으로 늘어나고 있다.

한 가지 중요한 사례는 제럴드 카라스카(Gerald Karaska)가 이끈 프로젝트인데, 이 프로젝트에서 지리학자들은 개발 인류학자, 경제학자 및 여타 학자들과 함께 스리랑카 정부가 농업 생산량과 환경의 질에서의 과도한 희생 없이 물 사용의 효율성을 높이고 수많은 소규모 토지 소유자들의 토지를 개량하기 위한 프로그램을 개발하려는 노력을 지원하였다. 이 프로젝트는 미국 국제개발처(USAID) 이니셔티브의 하나인 지역소득 및 지속가능한 자원지원 시스템 접근법(System Approach to Regional Income and Sustainable Resource Assistanc: SARSA)으로, 자원 이용을 개선하기 위하여 전 세계의 정부를 지원하고자 한 것이었다. 이 프로젝트는 국가와 소규모 토지 소유자들 간의 공식적 합의에 바탕을 둔 파트너십을 통하여 경영관리의 의사결정에서 자원 이용자에 대한 조정을 강화하는 것을 목적으로 설계되었다.

1993년 시작된 이래 지리학자들은 스리랑카의 프로젝트에서 주도적 역할을 수행해 왔으며, 그 구조에는 지리학자들의 관점이 크게 담기게 되었다. 유역이 분석의 기본 단위이며, 경제적 변수와 환경 변수 간의 공간적 관계에 대한 연구를 활용하여 물 관리 이슈의 복잡성을 파악해 왔다. 또한 현장 고유의 자원 관리 전략을 개발하기 위하여 자원 이용자와 국가 및 지방 공무원 간의 집중적인 참여적 상호작용이 채택되었다. 이 프로젝트는 특정한 인간 및 환경 특성을 공유하는 하위지역을 식별하고, 이들 지역이 계획과 관련한 결정을 내리는 공간적 틀로서 활용되었다.

이 프로젝트는 이미 큰 성과를 거두었는데, 농민 단체들은 유역 내에 있는 그들의 입지에 따라 물의 흐름을 공유하고 토지이용을 변화시키는 데 합의하였다. 이러한 결과는 국가정책의 변화뿐만 아니라 농민들에게 장기적인 토지 및 산림 개선에 대한 권리를 부여하는 새로운 법률로 이어질 것으로 예상된다.

또 다른 사례는 지리학자들이 개발에 대한 자신들의 학문적 관심을 비정부기구(NGO)의 '실행적' 개발사업과 연계시켜 농업정책에 영향을 미치는 방법을 보여 준다. 과거에 해외개발연구소(Overseas Development Institute)였으며 현재 국제환경개발연구소(International Institute for Environment and Development)에 근무하고 있는 앤서니 베빙턴(Anthony Bebbington, 1994)은 에콰도르와 관련 안데스 지역에서 학문과 정책

간의 간격을 해소하였다. 베빙턴은 미주재단(Inter-American Foundation) 및 에콰도르 소재 농업개발재단(Fundac para el Desarrollo Agropecuario: FUNDAGRO)과 협력하여 농업 시스템의 의미를 토착 농장조직으로 확장하고 보다 큰 환경시스템과 지역 정치경제 내에서 그들의 역할을 조사하였다. 캄페시노(campesino. 라틴아메리카의 농장 노동자 – 옮긴이) 공동체 연맹, 비정부기구(NGO), 현대적 교회, 특정 국가기관들 등과 이들 단체가 시장 및 국가와의 관계를 협상하기 위하여 캄페시노가 어떻게 활용하는지에 대하여 특별히 주목하였다. 베빙턴의 민족지적 연구는 농업 사회가 비정부기구들과 어떻게 상호작용하는지를 보여 주었으며, 그는 가구와 지역사회 그리고 각종 조직들이 상호작용하고 변화하는 경제 및 환경 조건에 대응하는 다양한 방식을 설명하였다.

베빙턴의 연구는 농업개발재단(FUNDAGRO)과 연계하여 비정부기구들이 다양한 토착 농민들, 특히 캄페시노 연맹과의 관계를 재고하는 계기를 만들었다. 이러한 연맹과의 협력에서의 성공은 에콰도르와 안데스산맥의 국제 및 국가 농업연구 기관들에 영향을 미쳤으며, 농업정책과 안데스 농업의 본질을 결정하는 데 연맹을 포함하는 정책에 자극을 주었다. 안데스 농업개발은 현재 토착 농민 조직과 풀뿌리 비정부기구를 포함하고 있다.

자료 6.10

손스웨이트와 농업 방식

손스웨이트(C. W. Thornthwaite)는 잠재 증발산과 기후학적 물 수지에 대한 그의 기념비적 연구 업적(Mather and Sanderson, 1996) 외에도 응용 기후학, 특히 상업적 농업과 관련하여 선구자였다. 1956년에 포춘(Fortune)지(紙)는 운영연구(operations research)의 응용을 강조한 기사에서 '기업형 농장과 관련하여'라는 제목으로 손스웨이트의 업적을 거의 한 페이지에 걸쳐 보도하였다.

기사의 줄거리는 손스웨이트가 씨브룩(Seabrook) 농장이 관리하는 약 50,000에이커(acre)에서 자란 완두콩과 기타 작물의 파종과 수확을 어떻게 조직할 수 있었는지를 설명하였다. 손스웨이트의 '수확 설계'(harvest design)는 생산 산업에 혁명을 불러 일으켰는데, 가공 시기에 공장의 작업장에서 대기하는 야채가 겹치거나 생산물이 과도하게 겹치지 않은 채, 야채의 파종에서 관개, 수확에 이르기까지 전체 농장 프로그램을 효율적으로 일정별로 설정하는 것을 가능하게 하였다. 포춘지에 따르면, 이것은 야간 근무자를 없애고 노동력을 안정화시키며 노동관계도 개선하였는데, 이로부터 시브룩 농장은 상당한 비용 절감을 실현할 수 있었다.

손스웨이트의 이러한 운영연구 접근방법의 활용에 관한 설명은 1953년 2월 〈미국운영연구학회지(Journal of the Operations Research Society of America)〉에 게재되었다(Tornthwaite, 1953).

이동성의 위협을 완화시킬 수 있지만, 이러한 가속화는 모든 장소가 직면하는 경제적 불확실성과 서로 다른 장소에서 그리고 서로 다른 공간적 규모에서 성장과 쇠퇴가 상호 연계되는 방식의 복잡성을 증가시킨다(Thrift, 1989). 그 결과, 멀리 떨어져 있는 지역의 이해관계와 경제적 전망은 지속적으로 새로운 방식으로 결합하고(Erickson and Hayward, 1991), 교통 및 통신 서비스에 대한 수요는 증가한다(Warf and Cox, 1993).

두 번째의 경우, 민주화와 같은 정치적 변화에 대한 연구는 개별 국가의 사회적 및 경제적 구성방식에 크게 집중해 왔다. 하지만 국립과학재단(NSF)의 최근 보고서가 분명히 밝히고 있듯이(Murphy, 1995b), 민주화에 대한 지리학 관점은 필수적인데 이는 지리학 관점은 근본적인 영역적(영토적), 공간적, 환경적 상황에 대한 관심과 연관되어 있기 때문이다. 국제적인 정치적 및 경제적 구성방식과 관련하여 한 국가의 입장이 민주화 이니셔티브에 저항하는 비민주적 정권의 능력에 어떻게 영향을 미치는가? 국가 내 지역적 불평등은 민주적 정권에 어떤 위협을 가하는가? 환경변화가 민주적 체제의 출현과 유지에 어느 정도 영향을 미치는가? 이와 같은 질문에 대한 지리학 연구는 의사결정자들에게 발전 동향에 대한 정보와 민주적기관이 번성할 수 있는 상황 조건에 대한 아이디어를 제공한다(예를 들어, Central Intelligence Agency, 1995).

세 번째의 경우, 두 가지의 과정은 변화하는 세계 경제를 점점 더 특징짓고 있으며, 다음 세기에도 계속하여 세계 경제에 영향을 미칠 것이다. 세계화의 과정은 세계의 다양한 지역들이 글로벌 경제에 점점 더 통합되는 것을 묘사한다(Dicken, 1992). 도시화의 과정은 세계 인구가 도시에 점점 더 집중하는 것을 기술한다. 몇몇 대도시는 글로벌 금융 및 글로벌 경제 자체의 통제 및 조정을 위한 핵심 거점이 되어 왔다(Dieleman and Hamnett, 1994).

세계도시의 성장은 아무런 문제가 없는 것이 아니다(Sassen, 1991). 종종 이러한 도시들에서는 빈부 간에 커다란 격차가 존재하고, 개발도상국 사회와 선진국 사회 간의 이주가 증가함으로써 악화되고 있는 사회적 지위의 양극화가 나타난다(Fainstein et al., 1992). 북아메리카 내의 인구 흐름과 인접한 덜 성공적인 경제국들로부터 미국으로의 인구 흐름은 세계 경제의 여타 부분에서의 흐름과 유사하다. 이러한 흐름은 미국의 대도시와 중소도시의 도시구조 및 하부구조에 강력한 영향을 미치고 있으며, 앞으로도 계속하여 영향을 미칠 것이다. 폐쇄적 이민정책과 개방적 이민정책을 둘러싼 정책 논쟁은 국제적 변화의 결과인 지역 문제의 한 가지 표현일 뿐이다.

종종 이러한 명령과 통제 센터의 성장과는 별도로, 세계 인구 전체의 도시화가 증가하고 있다. 불과 수십 년 사이에 대단히 큰 도시들의 수가 네 배나 증가하였으며, 이러한 새로운 대도시 가운데 상당수는 아프리카와 남아메리카에 집중하고 있는데, 이들 도시에서는 하부구조가 여전히 지역 인구의 요구에 미치지 못하고 있다. 이러한 해결하기 어렵게 보이는 문제점들에 대한 해결책은 안정적인 21세기를 만드는 데 핵심이 되고 있다.

6.4.3 기술과 서비스 그리고 정보 이전

장소에서 장소로 아이디어의 확산은 지리학의 초점이며, 잠재적으로 가장 직접적인 적용 가운데 하나가 국제무역에 적용한 것이다. 여기서 지리학의 기여는 의사결정자들이 국제적 파트너들과의 교역을 위하여 지역적 맥락과 이러한 지역적 맥락 내에서 장기적인 사회적, 경제적, 환경적 지속 가능성의 중요성을 이해하도록 돕는 것을 포함할 수 있다. 미국의 국제적 기술이전과 무역은 기본적으로 다른 나라의 지역적 현실에 대응하는 데 달려 있는데, 이는 지리학자들이 지닌 것으로 기대되는 특정 종류의 전문지식을 요구한다. 그러나 일반적으로 학문으로서 지리학은 이 분야에서 큰 역할을 하지 못하였는데, 왜냐하면 부분적으로 지리학의 최고의 과학적 통찰을 국제적 규모의 사업과 관련한 의사결정과 연결시키는 경우가 드물었고, 부분적으로 전문가들이 너무 적었기 때문이었다.

지리학자들은 자신들의 관점과 기법을 보다 많은 지역적 문제로 이전하고 있다. 예를 들어, 농촌 학군에 속한 아이들이 버스로 학교를 오갈 때, 아이들의 각각의 통학 여정은 지역적 상호작용을 말한다. 학생의 이동 비용을 최소화하기 위하여 학교의 최적 배치나 기존 학교들의 취학 경계 위치와 같은 문제는 중요하다. 이 장의 앞부분에서 논의된 입지-배분 모델링 방법은 미국에서 이러한 문제를 해결하기 위하여 개발되어 왔으며, 이러한 공간적 의사결정 지원시스템은 이제 다른 많은 국가의 사회적 및 경제적 인프라 요소의 최적 입지를 찾는 데 일반적으로 활용되고 있다(자료 6.11을 참조할 것).

지리학자들은 기업체나 정부가 사용하는 진화하고 있는 통신망에 전문지식을 적용함으로써 정보정책에 기여하고 있는데, 이는 국제 전략 개발 및 실현에 영향을 미친다. 물론 지리학은 지리정보시스템(GIS) 하드웨어 및 소프트웨어와 같은 자체 정보 및 도구를 이전함으로써 직접적으로 기여하고 있다. 몇몇 경우에 이러한 기여는 개발도상국의 지역 수준에서 이미 존재하는

자료 6.11

사례연구: 인도 보건의료 시설을 입지시키기 위한 지리학의 활용

1972년 인도의 연방보건부는 인구 약 1만 5,000명당 1차 보건지소(unit)를 설치함으로써 농촌지역에서 일차 의료보건 서비스에 보다 용이하게 접근할 수 있도록 하는 프로그램을 실행하였다. 인도 남부에 위치한 카르나타카(Karnataka)주(州)에서는 보건당국이 '인구구(population blocks)'라고 부른 소규모 지역을 규정하는 것을 통하여 이 정책을 실행하였다. 약 1만 5,000명의 인구를 포함하고 있는 이들 구역의 각각은 지역 사정을 상당히 잘 알고 있는 행정 관리들에 의하여 설정되었다. 1972년에 이 실행계획을 승인한 후, 주 보건계획부는 정부의 보건의료 서비스가 지원되지 않은 '공백의 인구구'에서

지리학의 재발견

만 새로운 1차 보건지소의 설립을 승인하였다.

  카르나카타주의 한 군(1971년 인구 110만 명을 가진 벨라리군)에서는 이 군의 67개 인구구 가운데 15개 구가 1차 보건지소를 갖고 있지 않았다. 지리학자들은 공백의 인구구에 새로운 보건지소를 설치하는 것이 보건의료 서비스의 접근성에 미치는 효과를 조사하였다. 지리학자들은 (이 장의 위에서 논의한) 입지-배분 모델을 이용하여 기존 보건소에 추가된다면, 정부 지원 보건의료 서비스를 제공하는 가장 가까운 곳과의 거리를 가장 크게 줄일 수 있는 15개 장소의 위치를 순차적으로 식별하였다. 첫 번째의 경우에는 알고리즘에 의하여 군의 모든 장소가 새로운 보건지소에 적합한 것으로 간주되었다. 공백의 인구구에 위치하는 것에 대한 그 어떤 요구 조건도 부여되지 않았다(그림 6.6 위의 곡선을 참조할 것). 두 번째의 경우에는 새로운 보건지소들이 주 정책에 의하여 요구되는 대로 공백의 인구구로 제한되었다(그림 6.6의 아래 곡선).

  그림 6.6은 새로운 보건지소들이 공백의 인구구로 제한되지 않을 경우, 통행 거리를 가장 크게 줄일 수 있음을 나타낸다. 다시 말해, 인구구를 설정하고 이를 의사결정 과정에 활용하는 접근방법으로는 의사결정자가 최적의 의사결정을 내리기가 어렵다. 이러한 정보로 보건부는 보건시설을 입지시키는 방법을 바꾸게 되었다(Rushton, 1988).

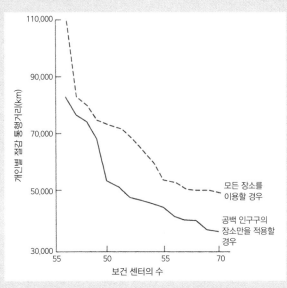

그림 6.6. 15개의 새로운 보건 클리닉을 최적으로 배치함으로써 산정된 인도 벨라리 군(郡)의 보건지소와의 통행거리 감소. 위의 곡선은 새로운 보건 클리닉의 위치에 아무런 제약을 두지 않을 경우의 통행거리 감소를 나타내며, 아래 곡선은 공백의 인구구에 새로운 보건 클리닉이 입지할 경우의 통행거리 감소를 보여 줌. 출처: 러시턴(Rushton, 1988).

컴퓨터와 소프트웨어를 활용하기 위한 혼성적 지리정보시스템의 도구를 개발하는 것을 포함한다(Yapa, 1989). 더군다나 지리학자들은 지리 참조 공간 데이터에 대한 국제표준을 개발하기 위한 노력에서 점점 더 중요한 역할을 수행해 왔다. 이러한 기여에는 국가 또는 국제 공간 데이터베이스 전송 표준을 평가할 수 있는 과학적 및 기술적 특성을 개발하기 위한 국제지도학회(International Cartographic Association) 내의 다년간에 걸친 노력에서 주도권을 발휘하고(Moellering and Wortman, 1994; Moellering and Hogan) 국제표준기구 지리정보/지리정보학 기술위원회(International Standards Organization Technical Committee on Geographic Information/Geomatics: ISO/TC 211)에 프로젝트 책임자 및 전문가로 참여한 것을 포함한다.

6.4.4 기아

1990년 전 세계 인구의 5분의 1 이상이 미량 영양소 결핍과 영양실조 질환으로 고통을 받았다. 7억 명 이상의 사람들이 만성적인 영양 결핍에 직면하였다. 수천만 명에 이르는 사람들이 기근에 매우 취약하였다. 수억 명의 어린이들이 정상 이하의 성장으로 고통을 받았다. 이러한 통계는 성장과 활동 그리고 건강 유지를 위하여 필요한 음식의 종류 및 양과 관련하여 기아와 불충분한 식사의 여러 많은 측면들을 보여 준다.

기아에 대한 공략은 지리학자들이 다양한 방법으로 기여하고 있는 학제적이고 고도로 세분화된 노력의 일부이다(Bebington and Carney, 1990). 다른 학문분야의 연구자들과 협력하에 지리학자들은 정책 결정자들이 기아의 구조와 근본 원인을 이해하도록 돕는 연구를 수행하고 있다. 지리학자들은 세 가지 독특한 기아의 상태를 확인해 왔다. 즉, 제한된 지역에서 충분한 식량을 구할 수 없는 지역적 식량 부족, 어느 한 지역에서 충분한 식량을 구할 수 있

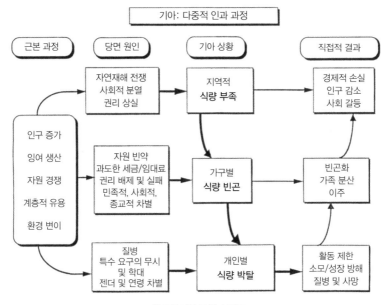

그림 6.7 기아의 인과 구조

으나 일부 가구가 식량을 손에 넣을 수 있는 수단을 갖고 있지 않은 가구별 식량 빈곤, 적절한 식량이 있을 수 있으나 식량이 개인에게 제공되지 않거나 개인의 특별한 영양적 필요가 충족되지 않거나 질병으로 인하여 음식의 적절한 흡수가 방해받을 수 있는 개인적 식량 박탈 등이다.

연구자들은 이러한 상황이 연쇄적으로 연결되어 있으며, 그 밑바닥에는 굶주린 개인들이 있다는 것을 인식하고 있다. 지역적 식량 부족의 시기에는 일련의 문제로 인하여 식량이 충분한 가구가 식량 빈곤에 빠지고, 적절하게 음식을 공급받는 개인들은 식량 박탈 상태에 몰리게 된다(그림 6.7을 참조할 것). 이러한 이해로 인하여, 기근에 대한 조기경보체계의 개념적 기초가 크게 향상되었다.

지리학자들은 전 세계의 기아를 완화시키기 위한 비정부기구들(NGOs)의 노력도 이끌고 있다. 지리학자인 로버트 케이츠(Robert Kates)와 에이킨 마보군제(Akin Mabogunje)는 1990년대에 기아 극복 기구의 공동 대표를 맡았으며, 이 기구는 20세기 말까지 기아를 감소시키기 위하여 달성 가능한 네 가지 목표를 제안하였다. (1) 기근에 따른 사망을 없애고, (2) 극빈 가구의 절반에서 기아를 종식시키고, (3) 엄마와 어린아이들의 영양실조를 절반으로 줄이고, (4) 요오드와 비타민A 결핍을 근절한다는 것 등이었다. 이러한 목표는 주류 글로벌 기아 의제의 일부가 되었는데, 이 목표들은 1992년 국제영양학회의와 1993년 세계은행 글로벌기아극복회의에 참가한 159개국의 결의문에 등장하였다.

6.5 요약 및 결론

이 장(章)에서는 지리학자들이 공공 및 민간 부문에서 의사결정에 기여하는 다양한 이슈들을 예시하였다. 또한 이 장에서는 현재는 지리학이 유의미한 방식으로 기여하고 있지 않지만 정책결정자에게 더 많은 주의와 자원 그리고 접근 권한을 부여할 수 있었던 관심 분야들도 제시하였다. 이러한 검토의 많은 부분에 걸쳐 공통된 주제는 의사결정을 위한 독특한 관점과 정보와 기술을 제공하는 지리학의 역할이다. 지리학은 인간 및 환경 이슈에 대한 가치 있는 사고방식, 즉 복잡계에 있어서의 연결을 비롯해 입지 및 배열의 중요성을 강조하는 사고방식을 제공한다.

의사결정에 대한 지리학의 기여는 미국의 건국과 더불어 시작된 길고도 탁월한 전통을 지니고 있다. 가장 초기의 미국 지리학자 가운데 한 사람은 토마스 제퍼슨(Thomas Jefferson)으로, 그는 오늘날의 미국 중부 대서양 연안의 여러 주에서 오하이오에까지 걸쳐 있는 지역을 다룬 광범위한 논문인 〈버지니아 주에 관한 고찰(Notes on the State of Virginia)〉을 저술하였다. 제퍼슨은 자연 및 인문 지리에 관한 분석을 통하여 당시 새로운 합중국의 발전 잠재력을 평가하였다.

미국이 서부로 확장됨에 따라 공공 및 민간 부문의 정책 결정자들은 탐사 지리학자들의 분석에 크게 의존하였다. 예를 들어, 조지 퍼킨스 마쉬(George Perkins Marsh)의 《**인간과 자연 또는 인간의 행동에 의한 변형으로서의 자연 지리학**(Man and Nature, Or, Physical Geography as Modified by Human Action)》은 19세기 후반 새로운 연방 자원 관리 기관의 창설로 직접적으로 이어졌다. 존 웨슬리 파웰(John Wesley Powell)은 국가 간척 정책을 수립하는 데 큰 도움을 주었다. 헨리 가넷(Henry Gannett)은 새롭게 부상한 국유림 제도를 설정하는 데 있어 선도자였다. 할런 배로우스(Harlan Barrows)는 하천 유역에 대한 여러 뉴딜(New Deal) 국가계획위원회에 참여하였다. 칼 사우어(Carl Sauer)는 뉴딜 시기 동안 토지 관리를 개선하기 위한 토양보존청(Soil Conservation Service)과 협력하였으며, 손스웨이트(C.W. Thornthwaite)는 작물의 수분 가용성을 평가하기 위한 기후 분류와 관련하여 미국 농무부와 협력하였다. 길버트 화이트(Gilbert White)는 연방 홍수 정책에 관한 예산 태스크 포스국(Bureau of the Budget Task Force on Federal Flood)의 후버위원회 자연자원 태스크포스와 같은 저명한 위원회에서의 연구와 봉사를 통하여 홍수 및 홍수재해 관리에 대한 국가의 지리적 관점에 깊은 영향을 미쳤다.

최근 몇 년 동안 지리학과 지리학자들은 중요한 국가적 의사결정의 몇몇 부문에서 별다른 두각을 내지 못하였다. 예를 들어, 자연보호체계(Wilderness System)와 자연경관수계체계(Wild and Scenic River System)는 기본적으로 지리적 고려 없이 제정되었다. 외교정책에 대한 잠재적으로 중요하고 폭넓은 지리학의 기여가, 미국 국무부 지리학자실(Office of the Geographer of the U.S. Department of State)의 소규모로 인하여 방해받아 왔다. 캘리포니아주의 공식적인 와인 명칭 지정에서부터 국외의 지역 또는 국가 분쟁에 개입할 것인지의 여부를 결정하는 미국의 정책에 이르기까지 매우 지리적 문제들이 때때로 지리학자들에 의하여 전혀 다루어지지 않고 있다. 이러한 사안을 다루는 경우에도 지리학자들은 종종 의사결정자들과 상호작용하지 않고 있다. 이러한 점에서 지리학 분야는 미국 사회에 의미 있는 기여를 할 수 있는 잠재력을 상실해 왔다(예를 들어, Berry, 1994).

의사결정자의 지리적 필요에 대응하는 지리학 분야의 제한된 역량은 적어도 두 가지 요인, 즉 지리학자와 의사결정자 간의 공식적 연결이 부족하다는 점과 지리학 분야가 작은 규모라는 점에 기인한다. 결과적으로 미국은 여러 의사결정 측면에서 지리적 정교함에서 여타 선진국에 크게 뒤처지고 있다. 냉전의 표현을 빌리자면, 경제적 번영과 환경적 안정이라는 두 가지 목표를 달성하기 위한 경쟁력과 역량이라는 측면에서 국가에 적잖은 손실을 끼칠 수 있는 '지리 격차(geography gap)'가 존재한다는 것이다. 이러한 격차를 해소하는 것은 지리학의 연구 및 교육 차원과 함께 지리학 분야의 기반을 강화하는 데 달려 있다.

지리학의 재발견

제7장

지리학의 기반 강화

문제 해결을 위한 지리학 접근방법과 지리학은 미국 과학계와 의사결정 공동체에 크게 기여해 왔다. 그런데 이 책이 저술된 목적은 그 동안 지리학이 기여한 바를 설명하는 것뿐만 아니라, 과학과 사회 전반의 중요한 문제들을 논의하는 데 있어 지리학이 지닌 잠재력을 보다 완전하게 실현하기 위해서 어떤 일들을 해야 할 것인지에 대하여 구체적으로 논의하기 위해서였다. 앞의 장(章)들에서는 지리학 고유의 학문적 관점과 기법 그리고 기여를 검토함으로써 이와 같은 논의에 토대를 마련하였으므로, 이 장(章)에서는 지리학의 전략적 발전방향에 대하여 구체적으로 다음의 세 가지 관점에서 논의하고자 한다(제1장을 참조할 것).

- 지리학 분야의 주요 이슈들과 발전의 제약 사항들을 확인하고,
- 지리(학)의 교육과 연구를 위한 우선순위를 명확히 하며,
- 과학으로서의 지리학의 발전을 지리교육에 대한 국가적 필요와 연결시키고자 한다.■1

사회적 활용도 및 과학적 기여와 관련한 지리학의 재발견에도 불구하고, 거기에 내재한 도전적 과제에 대응하기 위한 지리학의 역량은 잠재적으로 몇 가지 요인들에 의하여 저해되고 있다. 지난 수십 년 동안 전문 지리학자의 수가 크게 증가하였으나[2], 다른 자연과학과 사회과학 분야들에 비하여 지리학 공동체는 그 규모가 매우 작은 편이다. 많은 대학에서는 지리학과가 아예 없거나 있다고 하더라도 학과 규모가 작으며[3], 유명 대학들을 포함하여 많은 대학에서는 지리학 과정을 전혀 개설하지 않고 있다[4]. 결과적으로 대학의 교수진과 관리자뿐만 아니라 대학생과 대학을 졸업한 일반인 수준에서도 지리학 관점의 중요성에 대한 인식이 부족한 실정이다[5]. 대학 교육에서의 인적 구성을 살펴볼 경우에도 여성이나 소수인종의 지리학 관련 고등 교육과정 진학률 및 전문 직종 진입율이 전체 인구구성과 비교하여 매우 낮은 실정이다[6]. 인적자원이나 교육 프로그램에서 지리학의 비중이 낮은 현실은 공간적 관점이나 지리정보 처리 능력을 갖춘 인력에 대한 수요가 커지고 있으며 앞으로도 커질 상황에서 적절한 지리학 전문 인력의 배출을 저해하는 요인으

1. 제1장에서 제시한 지리학 발전을 위한 다섯 가지 과제 중 여기에서 다루지 않은 두 가지, 즉 과학계 내에서 지리학의 위상을 제고하는 일과 지리학의 국제적 협력을 강화하는 과제는 이 책과 같은 저술들이 많이 보급되면서 해결될 수 있을 것으로 기대된다.

2. 제1장에서 언급된 대로 미국 지리학회의 회원 수는 1960년 2,000여 명에서 1990년 7,000여 명으로 증가하였다(옮긴이 – 미국지리학회 회원수는 2018년 기준 약 1만 1,000여 명에 이른다).

3. 고만보고서(Gourman report, 1993)에 따르면, 지리학과가 개설된 미국 주요 27개 대학 중 5개 대학만 20~25명의 전임교원을 가지고 있으며, 12개 대학은 15~20명, 나머지 대학은 15명 미만의 전임교원을 가지고 있는 것으로 나타났다. 국가연구위원회(NRC)에 지리학 박사과정을 운영하는 것으로 등록된 36개 대학의 지리학과 평균 전임교원 수는 15명, 박사과정 학생 수는 33명이었다.

4. 미국의 2,200여 개에 달하는 4년제 대학 중 지리학 학부나 대학원 과정이 개설된 대학은 약 250개에 불과하다.

5. 미국의 이러한 상황은 지리학을 대학 교육과정의 주요 교과목으로 설정하고 있는 유럽과 동아시아 국가들과 대조적이다.

6. 1994년 기준으로 미국지리학회 회원 중 흑인의 비율은 1.4%, 히스패닉은 1.5% 그리고 아메리카 원주민은 0.6% 수준이다(AAG, 1995). 지리학 박사과정을 가진 36개 대학의 1993년 지리학박사 학위자 중 여성의 비율은 28%, 소수인종은 4%에 지나지 않았다(NRC, 1995). 1990년을 기준으로 지리학과 정년보장 전임교원 중 여성의 비율은 5%에 불과하였다(Lee, 1990).

로 작용할 것으로 우려된다.

지리학에 대한 사회적 수요 증가는 몇 가지 측면에서 나타날 것으로 예상된다. 예를 들어, 초중등 교육과정에서 지리 관련 교과목이 늘어나면서 지리교사 양성을 위한 지리학에 대한 교육 수요가 증가할 것이다. 실제로 지리학에 대한 대학생들의 관심 증가는 이미 대학 교육에서 분명히 드러나고 있다(예를 들어, 그림 1.1을 참조할 것). 또한 연구 및 의사결정 공동체에 의한 지리학의 활용 확대(제5장과 제6장을 참조할 것)는 지리학을 교육받은 대학 졸업자에 대한 수요 증가로 이어질 것으로 예상된다.

지리학의 잠재력은 지리학 분야의 작은 규모와 제한된 다양성 문제를 해결하는 것만으로는 충분히 실현될 수 없다. 과학과 사회에 대한 지리학의 기여를 확고하게 보장하기 위해서는 몇 가지 주요 부문에서 지리학의 지적 기반을 강화할 필요가 있다. 더군다나 지리학은 분석적이지 않고 기술적 깊이가 없이 단순히 특정 지역에 대한 기술적(記述的) 설명만을 강조한다는 편견을 극복하려는 노력이 필요하다. 공간 분석과 관련한 기술적 전문지식에 대한 수요가 늘어나고 있는 상황에서 노동시장에 진입하는 지리학 전공자들에게는 이 점이 특별히 중요하다고 할 수 있다. 이와 마찬가지로 중요한 것은 지리학 전공자가 아닌 일반인들이 지리학의 중요성을 인식하고 활용하도록 조장할 필요가 있으며, 따라서 지리학의 관점과 지식 그리고 기법을 이용하게 하는 능력은 그러한 관점과 지식 그리고 기법을 제공하는 지리학 분야의 능력과 더불어 성장할 것이다. 이를 위해서는 일반인들의 지리적 역량을 증진하고 대학 교육과정에서 교양교육으로서 지리학의 위상을 강화하는 노력이 필수적이다.

7.1 특정 지리학 연구 분야의 강화

지리학이 지리적 연구 및 전문지식에 대한 수요가 증가하고 있는 상황에 효과적으로 대응하려면, 지리학은 지리학 특유의 통찰을 개발할 수 있는 연구 분야(제3장을 참조할 것)의 지적 기반을 강화하는 동시에 특정한 기술적 및 교육적 노력에서 지리학에 부여된 책임을 인식하고 충족시킬 필요가 있다. 이 책의 전반에 걸쳐 언급해 온 과학 및 사회에 대한 학문적 책임을 충족시키기 위하여 지리학이 준비를 갖추기 위해서는, 다음과 같은 연구와 관련한 여섯 가지의 도전적 과제에 주목해야 할 것이다.

1. 복잡계에서의 불균형과 동학
2. 글로벌 변화 개념의 확장
3. 국지적–지구적 연속성
4. 종단 자료를 활용한 비교 연구
5. 의사결정에 지리(정보)기술의 영향
6. 새로운 지리교육

지리학에 제기된 도전적 연구 과제 중 처음 네 가지(1~4)는 지리학 고유의 학문적 특성인 통합성과 종합성을 개발하고 다양한 과학 분야와의 학문적 연계성을 강화하는 것과 밀접히 관련되어 있다. 이들 도전적 과제는 적어도 두 가지 속성, 즉 복합성과 통합성이라는 속성을 모두 공유하고 있으며, 따라서 광범위한 정보와 전문지식의 통합을 통해서만 다루어질 수 있다. 이와 관련하여 지리학이 가장 필요로 하는 것은 지리학의 고유한 학문적 전통인 통합성과 보다 최근에 들어와서 나타나고 있는 개별 하위 학문분야의 전문화 경향 사이에 균형을 잡고 유지하는 것이며, 이러한 네 가지 도전적 연구 과제는 균형을 염두에 두고서 설정된 것이다.

나머지 두 가지의 도전적 연구 과제는, 학문적 강조점과는 무관하게 사회적 의사결정에서 지리적 기술의 이용에 대한 수요 및 지리교육에 대한 수요가 증가하고 있기 때문에 중요하다. 만약 지리학자들이 제대로 대응하지 않는다면, 초중등 학교에서 지리교육과 관련한 단순하고 사실을 나열하는 진부한 접근방법에서 벗어나기 어려울 것이다. 또한 의사결정에서 지리정보기술의 영향을 다각적으로 검토하지 않는다면, 공공 및 민간 부문에서는 지리정보시스템(GIS)과 같은 지리적 기술을 부적절하거나 비효율적으로 활용할 위험성이 있다.

7.1.1 복잡계에서의 불균형과 동학

대부분의 지리학 모델은 시스템, 즉 체계의 동학이 강력하고 안정적 평형 상태에 의하여 유지된다고 하는 가정에 기초해 왔다. 따라서 지리적 현상을 단순화한 대부분의 수치 모델은 정상적인 상태 표현이 적절하며, 잠재적으로 비선형 또는 혼돈 상태의 행태가 시공간 매개변수를 경험적 관측 및 이론적 구성과 일치하도록 조정함으로써 암묵적으로 억제된다고 가정하고 있다. 그러나 상당 기간에 걸친 연구 결과로 그러한 단순화된 가정이 비현실적임이 밝혀지고 있다.

만약 지리학자들이 비선형적이고 복잡한 동태적 현상들을 공간 모델에 통합하고 지도 등을 통하여 표현할 수 있다면, 다양한 연구 분야는 큰 도움을 받을 것이다. 예를 들어, 특정 조건하에서 공간적 불균형이 발생한다는 것은 경제지리학에서 잘 알려져 있는 사실이다. 또한 장소 간 상호작용의 정도는 경제 활동의 지리적 분포에서의 내생적 변동의 결과로 변화한다는 사실도 잘 알려져 있다. 자연지리학에서도 기후, 하계망, 생태계, 경관시스템에서 비선형 순환이나 예측 불가능한 행태의 증거가 있다는 것은 오랫동안 지적되어 왔다. 만약 모델이 실제 시스템을 보다 잘 표현하게 하려면, 실재하는 불균형성과 복합성을 분석적 및 수치적 모델에 통합하는 것은 수학적 모델화를 추구하는 자연 및 인문 지리학자들이 수용해야만 하는 하나의 도전 과제이다.

복잡한 비선형 체계에 대한 이해는 지리적 및 역사적 작용과정에 대한 여러 많은 정성적 연구에서 강조되고 있는 진화적 경로의존성과 우연성, 불가역성 등을 일반 이론에 통합할 수 있는 가능성을 열어 주기 때문에 적어도 부분적으로 중요하다. 복잡계(complex system)에 대한 연구는 또한 물리학, 대기과학, 경제학, 컴퓨터 과학, 유전학 등 다양한 학문분야를 포괄하는 과학적 종합연구에서 지리학의 중심적 역할을 가능하게 할 것으로 기대된다.

복잡계와 관련된 지리학의 연구 능력을 확장하려면, 지리학의 신규 인력에게 거기에서 필요로 하는 분석 및 컴퓨터 기능을 교육하는 기회를 확대하여야 할 것이다. 그러한 교육 기회를 확대하는 것은 지리학에 중대한 도전적 과제임에 틀림없는데, 왜냐하면 복잡계에 대한 관심을 갖고 있으며 복잡계 문제를 연구할 수 있는 준비를 갖춘 연구자의 수가 아직도 지극히 소수에 지나지 않기 때문이다. 아울러 이와 관련한 지리학의 연구 능력을 확장하기 위해서는 연구 인프라, 즉 하부구조를 구축하여야 하는데 복잡계에 관한 연구에서 가장 중요한 방법이라고 할 수 있는 대규모 수치 시뮬레이션을 수행하기 위해서는 슈퍼컴퓨터와 같은 고성능 컴퓨터시스템에 대한 접근 권한과 고성능의 컴퓨터시스템이 필요하기 때문이다. 더군다나 보다 효과적인 시각화 방법을 개발하기 위한 연구를 위해서는 고차원의 시각화 알고리즘 및 미디어도 필수적 요소이다.

7.1.2 글로벌 변화 개념의 확장

글로벌, 즉 지구적 변동에 대한 연구는 인간 게놈 프로젝트의 추진 사례와 같이 다양한 국가가 참여하는 폭넓고 조직적이며 대규모 자원이 투자되어야 하는 중요한 학제적 연구 주제가 되었다. 기후변화 등 지구시스템이 급변하고 있고 그 원인이 전적으로 또는 부분적으로 인간활동에 의하여 야기되고 있다는 인식이 확산되고 있는 상황에서, 글로벌 변화를 통제하거나 최소한 그 작동원리를 이해할 필요가 있다는 요구가 커지고 있기 때문이다. 최근까지 글로벌 변화에 대한 연구는 주로 기후변화에만 초점이 맞추어져 있었지만, 기후 이외의 다른 자연환경의 변화나 한걸음 더 나아가 경제, 인구, 정부, 문화를 포함한 사회체계에서도 똑같이 중요한 변화가 지구적으로 발생하고 있다. 예를 들어, 글로벌 기후변화는 수자원의 분포와 양과 질 그리고 한걸음 더 나아가서 수자원을 둘러싼 다양한 사회체계에도 영향을 미치고 있다. 많은 사회가 경제발전을 위하여 수자원을 개발하기 위한 구조물을 건설하는 데 막대한 자본을 투자해 왔으며, 기후조건이 변화함에 따라 그러한 구조물들의 기능을 새로운 기후조건에 맞도록 수정할 필요도 생길 수도 있다는 것이다.

글로벌 변화에 대한 개념을 확장하면, 글로벌 차원에서 자연적 및 사회적 작용과정과 그 관계를 연구하는 지리학 고유의 장점이 크게 부각될 수 있다. 이와 같은 확장된 개념은 기후변화가 다른 환경적 및 사회적 변화와 분리되어 작동하는 것이 아니라는 사실을 인식시켜 준다. 오히려 기후변화는 기후변화의 작용 원리를 완전히 이해하기 위하여 인간활동에 의하여 야기되는 다른 변화와 함께 연구되어야 할 필요가 있다. 그러한 여타 변화에는 글로벌 생물학적 변화, 특히 열대 및 고산 지역에서의 삼림파괴, 건조지역에서의 사막화, 열대기후 지역을 중심으로 한 종 다양성의 감소 등의 문제뿐만 아니라 다양한 생물권의 오염문제, 즉 산성화와 토양의 중금속 오염, 지하수의 화학물질 오염과 같은 다양한 문제들이 포함된다. 나아가 50여 년이 채 되지 않는 기간 동안의 세계 인구의 배증, 세계 경제의 거대한 구조조정, 현대 국가의 역할 변화, 국경을 넘나드는 이주민의 흐름, 그러한 변화에 대한 사람들의 예측 불가능하고 때로는 폭력적인 반응 등 세계의 사회적, 정치적, 경제적 변화 또한 고려할 필요가 있다.

요컨대, 지리학의 연구가 기후변화라는 특정 현상이나 특정 지역의 사례에 초점을 맞추는 것은 더 이상 충분하지 않다. 지구적(글로벌) 변화와 국지적(로컬) 변화 사이의 상호작용을 이해하기 위해서는 지리학 특유의 접근방법이 필요하다(Meyer and Turner, 1994; Riebsame et al., 1994). 이러한 목적을 위해서 지리학 연구는 국지적-지구적 연속성 개념을 적용한 특정 장소 및 사례를 통제한 비교 상황에서의 글로벌 변화의 상호작용(다음 절을 참조할 것)을 검토해야 할 것이다. 이러한 연구 노력은 새로운 유형의 협력 연구와 사례연구 비교방법론, 글로벌 상호작용에 대한 가설, 문제 해결에 대한 다양한 접근방법에 관한 평가 등을 요구할 것이다.

7.1.3 국지적-지구적 연속성 및 규모를 넘어선 이동

지구상에서 발생하는 다양한 과정과 사건은 점점 더 연결되고 있다. 즉, 어떤 현상이 국지적-지구적 연속성을 따라 어디에서 발생하든지 간에 그것은 다른 장소와 다른 규모에 영향을 미친다. 일반적으로 미시-거시 이슈(micro-macro issue)로 불리는 이러한 연결성에 대한 폭넓은 인식으로 공간적으로 가변적인 사건과 과정을 서로 연결하는 방법은 물론이고 연결에 관련된 분석적 문제에 대한 학제적인 관심은 크게 높아졌다. 지리학자에게 도전적인 연구 과제는 (1) 인과관계의 메커니즘이 국지적 수준에서 가장 잘 관찰된다는 점, (2) 하지만 거시적 규모의 사건들은 언제나 이를 국지적 규모의 사건으로 축소시킴으로써 가장 잘 설명되지 않는다는 점, (3) 마지막으로 거시적 규모의 과정이 언제나 국지적 규모의 사건을 전적으로 구조화하지 않는다는 점과 같은 원리가 지배하는 연구의 틀 안에서 미시 규모, 중간 규모 그리고 거시 규모의 메커니즘을 이해하는 것이다.

지리학은 규모(Scale)의 문제를 다루어 온 오랜 전통을 지니고 있으며, 지리학의 지역 과학적 연구 분야도 규모에 따라 분석 결과가 달라질 수 있다는 근본적인 분석적 이슈에 대하여 깊은 관심을 기울여 왔다(예를 들어, Isard, 1975; Haynes and Fotheringham, 1984). 분석의 결과가 분석 대상 지역의 규모에 따라 빈번히 달라질 수 있다는 사실은 지리학자들에게는 잘 알려져 있다. 그렇지만 지리적 규모의 연속성에 놓여 있는 현상과 과정을 이해하는데 있어 이러한 원리와 그 효과가 생태학 분야를 제외하고 광범위한 자연과학 및 사회과학 분야에서는 기대만큼 잘 인식되고 있지는 않다. 이처럼 자연과학 및 사회과학 분야에서 분석 대상의 규모의 문제가 주목받지 못한 것은, 부분적으로 지리학자 및 공간 과학자들이 과학의 주요 논제에서 규모의 법칙(scalar rule)이 지닌 함의에 대하여 별다른 문제 제기를 하지 않은 사실에서 그 이유를 찾을 수 있다.

지리적 규모의 연속성 관점에서 실세계의 현상과 작용과정을 이해하기 어렵게 하는 이유 중 하나는, 규모가 확대될 때 현상과 과정들은 단순히 종합되는 것이 아니라 복잡한 방식으로 위계적으로 포섭될 수 있기 때문이다. 예를 들어, 미국의 기준 금리의 변동은 국제 금융시장의 변동을 유발할 수 있으며, 이는 다시 다양한 국가경제를 거쳐 지역 차원의 경제적 의사결정으로 연결되어 작동한다. 이러한 관계의 복잡성은 규모 간의 상호작용이 선형적이지 않고 오히려 서로 다른 조건과 결과 간에 임계치와 돌연한 급변을 수반하며, 정책의 결과가 지역적 규모와 국가적 규모에서 서로 상반되게 나타날 수 있다는 점을 시사한다.

지리적 규모의 연속성 관점에서 실세계의 현상과 작용과정을 이해하기 어렵게 하는 또 다른 이유는 서로 다른 규모에서 이용할 수 있는 비교 가능한 지리정보가 부족하기 때문이다. 이 문제는 두 가지 요소로 나누어볼 수 있는데, 첫 번째는 관측의 문제이다. 국지적 과정에 대한 자료를 수집하는 지리학자(혹은 다른 분야의 연구자)의 수가 충분하지 않으며, 광범위한 지역에 대한 자료를 일괄적으로 수집하는 것은 거의 불가능하다. 원격탐사 기술의 발달로 다양한 공간적 및 시간적 규모에서 분석을 수행하는 능력이 크게 향상되기는 하였지만, 제4장(그림 7.1을 참조할 것)에서 설명한 것처럼 원격탐사로 모든 종류의 자료를 수집할 수 있는 것은 아니다. 또한 관측을 넘어서 다중 규모의 통합적 분석은 일반화라는 근본적인 문제를 초래한다. 자료를 서로 다른 분석의 규모에서 독립적으로 수집하는 경우에는 어느 규모에서 어떤 종류의 자료를 수집할 것인지를 합리적으로 결정하여야 하며, 특정 규모에서 수집한 자료를 다른 규모에서 사용할 수 있도록 변환하기 위한 합당한 방법도 존재해야 한다.

　　많은 연구 공동체는 다중 규모의 분석을 설명하는 규모의 법칙이라는 일반화된 규칙을 찾기 위한 지리학의 역할을 기대하고 있다(IGBP, 1994; NRC, 1994; USGCRP, 1994). 다중 규모의 분석을 설명하는 지리학의 연구 방법론이 가장 유용하다는 것은 의심할 여지가 없지만, 여전히 이 방법론은 더욱 정교화되어 보다 큰 과학 공동체에 손쉽게 원용될 수 있도록 일반화시킬 필요가 있다. 지리학 내에서 규모에 대한 관심이 증가하고 있음에도 불구하고, 서로 다른 규모에서의 과정이 또 다른 규모의 과정에 어떻게 영향을 미치는지에 대한 보다 일반화된 개념을 구축하고, 그러한 과정을 찾아내고 분석하기 위한 정성적 및 정량적 분석 도구를 개발하기 위해서는 여전히 많은 노력이 필요하다.

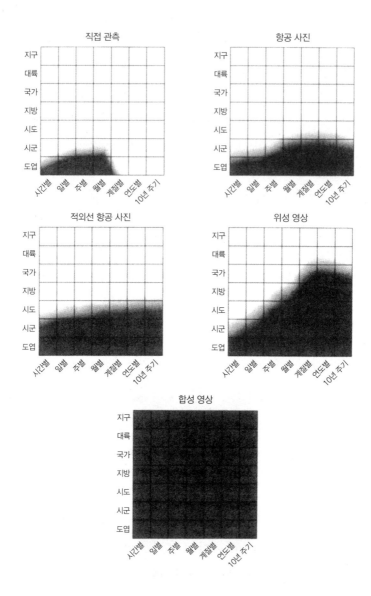

그림 7.1 지리자료는 다양한 규모에서 여러 가지 방법으로 수집된다. 그림은 직접적 관측에서 현장 조사를 거쳐 위성의 다양한 센서 시스템으로부터 획득된 영상 이미지 및 합성 영상 이미지에 이르기까지 다양한 데이터 수집방법의 규모에 따른 의존성을 보여 준다. 각 그래프에서 가로 축은 시간적 규모를 나타내고, 세로 축은 공간적 규모를 나타낸다. 음영 부분은 각각의 조사방법으로 데이터를 수집할 수 있는 공간적/시간적 규모의 범위를 보여 준다. 출처: 맥이츤 등(MacEachren et al., 1992: 123).

지리학의 재발견

7.1.4 종단 자료를 이용한 비교 연구

사회적 그리고 생물 물리학적 이슈에 대한 연구는 모두 다음과 같은 두 가지 현실적 문제점에 직면하게 된다. (1) 위에서 언급한 바와 같이, 서로 다른 공간적 규모에서 작동하는 과정은 서로 밀접하게, 하지만 단도직입적이지 않은 방식으로 연결되어 있으며 (2) 과정의 결과는 과정이 작동하는 국지적 조건과 같은 맥락에 의존하는 공간을 가로질러 상당히 달리 나타난다는 것이다. 공간적 과정의 연결성과 맥락이 함께 연구되지 않는다면 적절히 해결될 수 없다. 더군다나 관계의 비선형성과 시간적 지체 현상, 환류(피드백)효과 등을 포함하여 시간에 따른 변화를 고려하지 않고서는 공간적 과정은 이해될 수 있다.

민족분쟁, 인구학적 변화, 경제적 구조조정, 글로벌 기후변화에 대한 인류의 반응 등과 같은 광범위한 지리적 문제에 대한 우리의 이해를 진전시키기 위해서는 여러 시기에 걸친 비교 연구가 요청된다(Parry et al., 1988; Mikesell and Murphy, 1991; NRC, 1992a; USGCRP, 1994). 종단 자료를 활용한 비교 연구는 특정 현상이 시기에 따라 다르게 나타나는 것을 훨씬 더 잘 보여준다. 즉, 종단적 비교 연구는 국지적 그리고 지역적 과정의 원인을 이해하고 지구적 추세를 나타내는 과정(예를 들어, 인구증가)이나 전 세계 모든 지역이 유기적으로 연결되어 발생하는 과정(예를 들어, 기후변화) 등을 이해하는 데 필수적이다.

지리학은 오랫동안 특정 장소에 대한 분석과 서로 다른 장소에 따른 시사적 혹은 주제적 이슈에 대한 분석을 통하여 비교 연구에 관여해 왔다(제3장을 참조할 것). 이 두 접근은 의미 있는 방법이긴 하지만 여기서 한걸음 더 나아가 양적 및 질적 접근방법을 모두 활용하는, 한층 큰 시간적 및 공간적 영역으로 확장하는 보다 체계적인 사례연구 분석이 명백히 필요하다.

글로벌 규모의 과정에 대한 비교 연구는 지리학자뿐만 아니라 다양한 자연과학 및 사회과학 분야의 전문가로 구성된 학제적 연구자 집단의 지속적인 협력적 관심을 필요로 할 것이다. 몇 가지 주목할 만한 예외를 제외하면 지리학은 확고한 집단 연구의 전통을 갖고 있지 못한데, 이는 부분적으로 많은 지리학 연구가 한층 제한된 공간적 및 시간적 규모에서 수행되고 있으며, 부분적으로 지속적인 집단에 기초한 연구 작업에 대한 연구 지원이 일반적으로 부족하기 때문이다. 따라서 학제적 집단 연구를 활성화하기 위해서는 지리학의 연구 문화 및 연구 지원체계의 조정이 필요할 것이다.

비교 연구를 수행하기 위해서는 연구 문제의 시간적 및 공간적 차원을 명시적으로 논의하는 지리적 시각화의 방법을 개발할 필요가 있다. 지리정보시스템(GIS) 및 지리적 시각화의 맥락에서 시공간적 시각화에 관한 연구가 현재로서는 초기 단계에 놓여 있다(제4장을 참조할 것). 시각화 이론의 발전을 위하여 필요한 것은 공간 현상의 시간적 변화를, 예를 들어 오늘날 대부분의 지리정보시스템에 있어 경계 변화의 열거에서 그러한 것처럼, 분석을 완료하기 위하여 제거해야 하는 변칙이라기보다는 오히려 지리정보의 기본적 구성요소로서 포함시키는 것이다. 지구적 규모에서 발생하는 문제의 종단 분석을 위해서는 시간적 모델링 및 시각화를 지원하는 지리정보시스템의 데이터 구조를 개발하는 것이 필요하다. 그리고 이러한 노력에서 성공을 거두기 위해서는 시각화 이론 전문가와 특정 문제와 정보원에 관한 지식을 가진 주제 전문가 간의 긴밀한 협력이 요구된다.

7.1.5 새로운 지리적 (정보)기술이 의사결정에 미치는 영향

제4장에서 개략적으로 설명한 것처럼, 지난 20여 년 동안 지리정보를 저장하고 조작하고 분석하고 시각화하는 기술은 크게 향상되었다. 종이지도를 탁

자에 펼쳐 놓고 분석하는 대신에 항공사진 정사영상(Orthophotos)과 여타 유형의 영상 이미지를 포함한 디지털 지리정보를 컴퓨터 화면에서 직접 분석할 수 있게 되면서, 의사결정 과정에 큰 변화를 가져오게 되었다.

지리학자들은 지리정보기술 발전의 '선두'에서 오랫동안 활동해 왔으며, 이러한 노력에 힘입어 기술의 유용성과 정교함이 지난 수십 년 동안 상당히 향상되었다. 사실, 이러한 지리정보기술의 정교화는 이제 기술의 이점을 최대한으로 활용하기 위하여 지리학적 훈련이 필수적인 수준에까지 도달하였다. 지리정보기술이 연구실에서 실제 작업현장으로 옮겨감에 따라, 지리학자는 이제 지리정보기술의 응용 및 활용의 '후미'에 한층 적극적으로 관여할 필요가 있다. 이와 관련한 이슈는 사용자가 지리정보기술의 잠재력과 한계 모두를 이해하고, 지리정보기술이 의사결정 자체에 미치는 영향을 이해하도록 도와주며, 사용자가 기술이 다루고자 하는 문제에 대한 인식과 지리정보기술을 통하여 모델화되는 세계에 대한 인식을 명확히 이해하도록 하는 것을 포함한다. 후자와 관련하여 지리학자들은 사람들이 세계를 이해하는 방식과 세계의 여러 측면들이 지리정보기술을 통하여 모델화되고 표현되는 방식 간의 차이를 파악할 필요가 있다. 보다 일반적으로 상식적인 지리학 개념의 형식 모델이 지리정보기술에 대한 보다 직관적인 사용자 인터페이스의 설계에 기초로서 요구된다.

또한 지리학자는 사용자들과의 협력하여 새로운 지리정보기술이 실제 활용 분야에 적절한 방식으로 적용될 수 있도록 노력해야 한다. 사용자들이 지리정보기술을 활용할 때, 지리학자는 다음과 같은 실질적인 질문에 대한 조언을 제공할 수 있다. 즉, 의사결정을 지원하기 위하여 지리정보시스템(GIS)의 소프트웨어에 포함되어어야 하는 지리학 모델(예를 들어, 입지-배분 모델)과 도구는 무엇인가? 지리정보시스템의 데이터 레이어가 지닌 상이한 신뢰도가 의사결정에 어떤 함의를 지니고 있는가? 지리정보시스템에 의한 분석 결과의 시각적 표현이 의사결정 전략을 어떻게 형성하는가? 등이다. 만약 지리학자들이 대단히 실제적이고 중요한 이들 이슈에 관여하지 않는다면, 적절한 분석 도구가 도움을 줄 수 있는 부문에서 사용되지 않거나 활용할 수 있는 도구가 부적절하게 사용될 수 있는 위험이 발생할 수 있다. 따라서 이러한 후미의 이슈에 대한 지리학계의 대응 수준을 높이는 것뿐만 아니라 그러한 대응이 체계적으로 진행될 수 있도록 하는 지식 기반을 구축하는 것이 최우선 과제라고 할 수 있다.

7.1.6 지리 교수학습

미국 교육법(Educate America Act)에 핵심 교과목으로 지리를 포함시킨 것(제1장을 참조할 것)은 똑똑하고 책임감 있는 시민이 되기 위해서는 지리적 소양이 필수적이라는 국민 사이의 폭넓은 합의를 반영하는 것이다. 교육법은 지리를 핵심 교과목에 포함시키는 교과과정의 문제를 강조하고 있지만, 학생들이 어떻게 지리적 이해를 습득하는지 혹은 지리교육을 위한 가장 효과적인 교수법적 접근방식이 무엇인지에 대해서는 거의 알려진 바가 없다는 사실은 잊기 쉽다(Downs, 1994). 지리학자는 이와 같은 지리교육에 관한 다양한 기본적 질문을 논의하는 데 관여할 필요가 있다. 예를 들어, 지리학자들은 지리적 소양을 갖춘다는 것이 무엇을 의미하는지, 다양한 학교 수준에 걸쳐 지리를 가장 효과적으로 가르칠 수 있는 방법이 무엇인지, 지리교육의 효율성을 어떻게 평가할 수 있는지 등을 규정하는 데 도움을 줄 수 있다.

지리 교수학습에 대한 연구가 영향력을 갖기 위해서는 개별 사례 연구에서 넘어서서 지리교육표준, 교육과정 설계, 교재개발, 교수전략, 평가절차 등에 관한 다양한 문제들을 논의할 수 있도록 경험적 자료를 축적하는 것이 필요하다. 보다 폭넓게 지리학은 (1) 지리교육의 현재 상황에 대한 기초 연구, (2)

지리 교수학습에 관한 체계적인 연구 프로그램을 구축하기 위한 의제 마련, (3) 지리 교수학습 연구 프로그램을 지속적으로 운영하고 그 결과를 보급할 수 있도록 하는 지원 시스템의 마련 등의 과제를 해결해야만 한다.

7.2 일반인의 지리적 역량 증진

미국에서 지적, 사회적 논의에 기여할 수 있는 지리학의 잠재력은 학술 연구를 통해서만 실현될 수 있는 것이 아니다. 지리학이 무엇인지에 대하여 거의 알지 못하고 지리학의 주요 개념과 연구기법에 대한 이해가 거의 없는 일반인의 지리적 역량(geographic competency)을 확대하는 방법에 대한 고민도 필요하다. 일반인의 지리적 역량을 높이려면 초중등학교, 전문대학 및 기술대학, 일반 4년제 대학 등 교육기관뿐만 아니라 주류 교육구조 외부에 있는 사람들에게까지 지리 학습의 기회를 확대하는 노력이 필요할 것이다.

교육기회를 확대하는 데 있어 과학으로서 지리학의 주된 역할은 지리교육 및 지리 학습이 견고한 지식 기반 위에 구축되도록 보장하는 것이다. 이와 관련한 도전 과제는 두 가지이다. 첫째, 연구 분야로서 지리학은 그 지식을 지리교사들과 다른 활용자들에게 가능한 효과적으로 전달하여야 하며, 유용한 새로운 지식이 개발되었을 경우 이는 지리 전문가나 교사들과의 제휴를 통하여 가능한 신속하게 전달되어야 한다. 지리학 연구자와 지리교사 혹은 지리 전문가 사이에 이러한 제휴가 많이 있긴 하지만■7, 그 제휴 노력이 더욱 더 확장되고 강화될 필요가 있다. 둘째, 연구 분야로서 지리학은 새로운 과학지식

---

7. 대표적 사례로는 내셔널지오그래픽협회연합회(National Geographic Society Alliance Network)로 1986년에 창설되었고, 미국 50개 주와 워싱턴디씨), 푸에르토리코, 캐나다 온타리오주 등에서 약 16만 명이 참여하고 있다(Geography Education Standards Projects, 1994).

에 대한 사용자의 요구에 한층 적극적으로 대응해야만 한다. 지리학이 사회 일반의 지리적 역량을 강화하고 이를 통하여 삶의 질을 향상시키고자 하는 것을 목표로 한다면, 지리학의 연구 의제는 연구자의 학문적 호기심뿐만 아니라 사회적 요구를 적극적으로 반영해야만 한다.

7.2.1 초중등 학생들의 지리적 역량

초등학교 및 중등학교에서 지리교육을 개선하는 일은 지리학의 기반을 강화하는 데 무엇보다도 필수적인 과제이다. 최근 들어 미국 초중등 학교에서 지리교육은 교과목 자체가 없거나 교과목이 있다고 하더라도 그 교육수준이 매우 낮다는 것이 점점 더 명확해졌다. 이에 효과적으로 대응하기 위해서는 교육현장인 교실 안과 밖에서 실질적으로 더 많은 지리적 지식과 지리적 추론방법을 가르치는 것이 필요하다(Geography Education Standards Projects, 1994). 학교를 기반으로 한 학습활동, 답사여행과 동아리 활동은 교재를 벗어나 현장의 생생한 더 많은 지리적 지식을 얻는 데 큰 도움을 줄 수 있다. 학교를 벗어나서는 뉴스 매체, 방송이나 잡지, 자가 학습과정이나 컴퓨터 소프트웨어를 지리교육에 활용할 수 있다. 대학 진학용 지리학 AP 교과목(advanced placement course) 및 시험의 개발도 고등학교 지리교육에 대한 수요의 양과 수준을 높일 수 있는 양호한 방법이다. 가장 큰 도전적 과제는 인적자원의 문제인데, 초중등 학교에서 지리를 가르치는 교사 중 상당수가 대학에서 지리과목을 전혀 이수하지 않았다는 점으로, 이들 교사에 대한 추가적인 교육 훈련이 필요하다. 마지막으로는 최신의 지리학 연구 결과가 포함된(예를 들어, 글로벌 변화에 관한 이슈들 가운데 대부분은 1980년대 후반에 들어서서 본격적으로 연구되기 시작함) 손쉽게 활용하고 이해할 수 있는 지리교육 교재를 개발하는 것도 반드시 필요한 과제이다.

지리학의 재발견

지리학을 국가적 교육과정에 통합시켜 나가는 창의적 방법 가운데는 가능한 많은 학생들에게 지리를 접할 수 있는 기회를 제공하는 방법이 중요하다. '내셔널 지오그래픽 비(National Geographic Bee)' 대회 ■8에는 매년 600만 명의 학생들이 참여하고 있는데, 수상자들은 대체로 도시 근교 및 농촌지역에 거주하는 백인 남학생들이다. 이 사실은 상대적으로 여학생과 소수인종 학생들 사이에서 지리에 대한 관심이 저조하다는 현실을 반영하고 있다. 이 문제를 해결하기 위하여 국립과학재단(NSF)이 지원하는 기초 실습과학 프로그램은 여성과 소수인종 학생들의 참여를 독려함으로써 이러한 양상을 바꿀 수 있을 것이다. 또한 여러 대학이 연합한 지리정보시스템(GIS) 연구 단체는 젊은 지리학자를 대상으로 한 교육 프로그램에서 여성의 비중을 높이기 위하여 노력하고 있는데, 이는 지리학의 저변을 확대하는 데 적잖은 도움을 줄 것이다. 1990년대 초 미국지리학회(AAG)가 추진한 소수인종 지리학자 채용 이니셔티브는 대단히 성공적이었다. 미국 연방교육부의 지원으로 소수인종 대학생들이 지리학과의 서머스쿨에 참여하고 여러 대학의 대학원 지리학 프로그램을 방문하는 기회를 제공하였는데, 이들 프로그램에 참여한 학생들 가운데 50% 이상이 지리학 학위를 취득하였다. 여성과 소수인종의 참여가 저조한 지리학의 현실을 극복하기 위해서는 이러한 적극적인 지원 노력은 반드시 필요하다(Shrestha and Davis, 1989; Lee, 1990; Janelle, 1992).

전국의 학교에서 지리교육에 대한 수요가 급격히 증가하면서 지리학 분야에도 중요하고도 광범위한 영향을 미치고 있다. 이러한 상황에서 대학에 재직하고 있는 지리학자들은 현직 교사들의 연수 등 재교육 기회를 제공하고, 각급 학교에 알 맞는 지리교육과정을 개발하는 데 도움을 주며, 지리교사의 비전을 가진 학생들을 학부 및 대학원에서 양성하는 것 등의 서비스를 제공

---

8. (옮긴이) 내셔널지오그래픽협회(NGS)가 매년 개최하는 초등학생 및 중학생 대상의 지리 퀴즈대회를 말한다.

하여야 할 것이다. 고등학교 교육과정에서 지리 교과목을 이수한 대학 신입생들이 증가하면, 이들에게 적합한 학부 및 대학원 지리학 교육과정을 새롭게 설계하고, 이를 위한 교수학습 교재의 개발에도 적극적으로 참여할 필요가 있다.

7.2.2 직업학교 및 전문대학 학생들의 지리적 역량

많은 미국인들은 경제적 및 기술적 환경변화에 적응하기 위하여 직업학교나 전문대학에 진학하고 있다. 4년제 일반대학의 비용을 감당하기 힘든 계층이나 대학에서 장기간 휴학한 후 다시 대학 교육의 필요성을 느껴 이들 교육기관으로 진학하는 경우도 적지 않다. 전문대학이나 직업학교는 종종 기본적인 삶의 역량을 획득하는 교육기관이라기보다는 더 나은 대학으로 진학하기 위한 징검다리 교육기관으로 치부되어 왔으며, 새로운 교육훈련이나 기술에 대한 급변하는 요구에 부응하지 못하고 뒤떨어져 있다고 생각된 경우도 많았다. 그 결과, 지리학을 포함한 많은 학문분야에서는 이러한 교육기관에 대한 관심이 제한적이었다. 그러나 재교육이나 직업교육을 위하여 직업학교나 전문대학을 찾는 학생들이 많아지고 이에 따라 많은 교육기관들에서도 보다 포괄적인 교육 수요에 대응하기 위하여 프로그램을 확장하고 있는 상황이기 때문에, 직업학교나 전문대학도 일반인의 지리적 역량을 증진시키는 데 중요한 역할을 담당할 수 있다.

따라서 지리학 차원에서도 전국의 직업학교 및 전문대학에서 더 많은 그리고 더 나은 지리교육을 제공하는 방안을 검토할 필요가 있다. 전문대학 차원에서는 학생들이 글로벌 경제 및 급변하는 환경 속에서 기능과 역할을 하는 데 필요한 지리적 역량을 개발할 수 있도록 하는 지리교육 프로그램을 제도화할 수 있으며, 직업학교 차원에서는 학생들이 지리적 이해를 신장하고 지리정보시스템(GIS)과 전지구적위치확인시스템(GPS), 컴퓨터 지도제작 프로그램 등을 포함한 새로운 지리적 기술을 효과적으로 활용할 수 있도록 준비하는 기회를 제공해야 할 것이다. 이 모든 노력의 목표는 일상생활에서 지리적으로 사고할 수 있으며, 특정 직업영역에 지리적 기술을 활용할 수 있는 위치에 있는 직업학교 및 전문대학의 졸업생 집단들을 양성하는 것이어야 할 것이다.

7.2.3 대학생의 지리적 역량

시민으로서나 노동자로서나 일반대학 졸업생들은 글로벌 경제변화가 지역에 미치는 영향에서부터 인구학적 변화가 미국의 국가 경제 및 환경 변화에 가져올 다양한 효과에 이르기까지 지리적 지식과 관점을 필요로 하는 다양한 이슈와 문제에 직면하고 있다. 하지만 아직까지도 최고의 교육수준을 지닌 많은 시민들이 지리적 관점이 그들의 직업 활동이나 사회적 참여에 어떤 유용성을 지니고 있는지를 제대로 인식하고 있다는 증거는 거의 없다.

이러한 문제점을 해결하기 위해서는 대학생들이 단순히 '어디에 무엇이 있는가'에 대한 관심을 넘어서서 인간활동과 자연적 변화과정의 공간적 및 환경적 차원에 있어서의 지리적 기본 개념과 분석기법을 제공하는 데까지 나아가는 지리학 교과목과 관점에 접근할 수 있도록 하는 노력을 기울일 필요가 있다. 현재 미국의 고등교육에서의 지리학의 위상이나 미국의 고등교육이 직면하고 있는 대학의 구조조정 및 재정적 제약을 고려할 때, 이러한 수요에 대처하는 과제는 결코 쉽지 않은 문제이다. 이러한 제도적 장애물에도 불구하고, 전국의 대학에서 지리학을 접할 수 있는 기회를 확대하기 위하여 전력해야 하는 것은 모든 지리학 관련자들의 책무이다. 그렇지 않으면, 대학이라는 최고 수준의 교육을 받은 많은 시민들조차도 "온난화되고, (인구 증가로 인하여) 더욱더 복잡해지고 다양한 문화를 가진 전 세계 많은 지역들이 점점 더 연결되고 있는 한층 더 다양한 세계"를 전체적으로 이해하고 분석하는 역량을 결여하게 될 것이다(Kates, 1994a: 1-2).

7.2.4 정규 교육과정에서 벗어난 일반인들의 지리 역량

학교와 대학에서 지리교육과정을 개혁한다고 하더라도, 정규 교육이 이미 마쳤거나 학교 교육의 혜택을 받지 못하는 상당수의 시민들에게는 그 영향이 미미할 것이다. 지리교육의 대상에서 벗어나 있는 일반인들에게 지리학에 대한 인식을 확대할 수 있다면, 도시 내 범죄로부터 국제 분쟁에서의 미국의 역할에 이르기까지 다양한 지리적 문제에 대한 시민들의 이해와 관심을 강화할 수 있을 것이다. 또한 지리교육은 사람들이 거주하고 일하고 있는 자연적 및 사회적 환경에 대한 시민들의 이해를 증진시키고 개인의 활동과 행동이 환경에 미치는 영향을 인식하게 하여, 시민으로서 개인의 사회적 역할을 강화하고 친환경적 생활방식을 고취하는 긍정적인 결과를 가져올 수 있다.

만약 지리학이 일반 대중의 인식에 있어 적어도 한 세대의 지체를 극복하려고 한다면, 지리학 분야는 성인교육 프로그램이나 교양강좌 등과 같은 비전통적 교육 장치를 통하여 지리학 교육의 기회를 최대한 제공할 수 있어야만 한다. 또한 지리학 분야는 정부기관, 도시 및 지역 계획위원회, 일반 민간기업 등에서도 지리적 관점을 확대할 수 있는 방안을 적극 모색할 필요가 있는데, 이렇게 함으로써 다양한 공간적 의사결정자들이 그들이 대상으로 하는 다양한 이슈의 지리적 차원을 인식하도록 할 수 있다.

7.3 대학에서의 지리학도에 대한 교육 개선

위에서 설명한 것처럼, 지리학은 과학 전반과 정책적 의사결정 이슈에 여러 많은 중요한 기여를 해 왔다. 그런데 이러한 이슈들과 최근 들어 대학에서의 교육환경의 변화, 즉 교수-학생 비율의 감소 및 학생 구성의 다양성 증가, 조기 전공 선택 경향 등을 야기하는 주요 사회적 경향을 함께 고려할 때, 대학 차원에서도 지리학도를 교육함에 있어서 새로운 접근방법이 필요한 시점이다. 아래 절에서는 지리학 분야 내에서의 상호 협력과 외부 학문과의 연계성을 강화함으로써 지리학도의 양성과 관련한 질을 높이는 방안에 대하여 살펴보고자 한다. 그리고 마지막 절에서는 과학 연구와 정책결정 과정에 보다 효과적으로 기여할 수 있도록 지리학도들을 준비시키기 위한 교육적 접근방식을 중점적으로 논의하고자 한다.

7.3.1 지리학 분야 내 상호 협력 및 외부와의 연계 개선

7.3.1.1 지리학과 내 세부 전공 간의 상호 협력

학문분야의 전문화가 증가하는 것은 과학 분야와 고등교육 그리고 사회 전반에서 일반적인 추세이다. 이러한 전문화는 흔히 학생들이 대학의 대학원 및 대학원 이후를 대비하기 위하여 필요한 것이지만, 전문화를 지나치게 강조할 경우에는 급변하는 현대 사회에서 절실하게 필요로 하는 특성인 사회에 대한 폭넓은 비판적 이해 및 분석, 직무 유연성, 지속적 재교육 등과 같이 국가의 대학 학부교육의 가장 중요한 목표 중 하나가 약화될 수 있다.

지리학은 근본적으로 통합적 관점을 중시하는 학문분야임에도 불구하고, 최근 들어 세부 전공분야의 전문화가 강조되면서 학부 및 대학원 교육과정 둘 다에서 한때 지리학의 세부 전문영역을 가로질러 존재한 공통의 핵심 영역의 교육이 희생되고 있다. 그 결과, 장소와 공간 그리고 시간상에서의 자연과학과 사회과학의 통합이라는 지리학 고유의 강점이 약화되고, 이에 수반하여 교양교육과 지리적 역량에 대한 지리학 특유의 기여도 축소되어 왔다.

대학의 학부과정에서의 전문화 교육은 교양교육의 질을 강화하는 동시에 고급 수준의 지리학 교육을 대비하고 모든 학생들이 지리학 연구 및 탐구에 노출될 수 있도록 하는 방식으로, 서로 다른 세부 전공영역에 대한 접근 기회를 제공하는 것과 균형을 맞출 필요가 있다. 전문화 교육과 일반화 교육 사이에 보다 공평한 균형 관계를 확립하기 위해서는 많은 지리학과에서 세부 전공영역 간에 여전히 존재하는 장벽을 낮추어야만 한다.

지리학의 일반 교육과 세부 전공교육 간의 장벽을 낮추기 위해서는 몇 가지 접근방법을 고려할 필요가 있다. 예를 들어, 많은 지리학자들은 전통적인 세부 전공영역 간의 경계를 뛰어넘는 교과목을 개발해 왔다(예를 들어, 자료 7.1을 참조할 것). 이를 위해서는 지리학 학문 공동체가 함께 교과목 개발에 참여하고 그 교과목을 보급하는 데 더 많은 노력을 기울여야만 한다. 이와 마찬가지로 자연지리학자와 인문지리학자가 팀티칭 형식으로 교육할 수 있는 교과목을 개발한다거나 세부 전공영역을 연결할 수 있는 세미나와 심포지엄을 조직하도록 장려할 수 있다. 대학원 학생들이 학위논문을 작성할 때 자신의 전공분야와 다른 분야를 전공한 교수진의 자문을 얻도록 권장(또는 의무

자료 7.1

가상 세계와 실제 세계

학생들의 교육을 위하여 공부해야만 빠져 나갈 수 있는 함정이라도 만들고 싶다.
– Robert M. Chute, *Environmental Insight*, 1971

1980년대 초반부터 미국 미네소타대학의 지리학개론 강의에서는 학생들의 수업 참여율과 관심도를 높이기 위하여 강의 첫 시간에 지구의 축(다시 말해, 자전축)을 옮겨서 새

로운 지도를 작성하는 과제를 도입하였다(그림 7.2를 참조할 것). 이렇듯 학생들이 현실과는 상이한 지구환경을 가정하고, 그에 따른 생물학적, 자연적 환경과 인간의 거주 및 생활 패턴을 창의적으로 유추해 볼 수 있도록 한 것이다. 인간의 모든 노력의 가능성은 자연에 의하여 주어질 뿐만 아니라 인간이 가능한 것으로 인식한 방식에 달려 있다는 것이다.

이 과제는 강의를 수강하는 학부생들에게 지리학자들이 지표상에서 자연환경과 사회적 작용의 특성 및 그 상호관계를 연구할 때 사용하는 지리학 개념과 모델을 소개하기 위한 것으로, 단순히 사실 그 자체에 국한되지 않고 지리적 '사실'의 작동 원리를 이해하도록 하는 것을 목적으로 한 것이다. 이는 언급되지 않은 가정을 강조하고, 분석과 의사결정에서 경험적 정보의 중요성을 보여 주며, 규모(스케일) 및 규모 사이의 밀접한 관계 그리고 설명의 방식을 학생들이 인식하도록 한 것이다. 자전축이 옮겨진 가상의 지구에서 자연환경이 어떻게 형성되고 그러한 환경에서 인간의 활동이 어떤 패턴으로 이루어질 것인지에 대하여 조사하고, 집단 활동을 통하여 의견을 조율해 가면서 학생들은 가상의 환경에서 지리적 현상이 어떤 형태로 발생하는지뿐만 아니라 실제 세계에서 지리적 현상의 작동 원리도 파악할 수 있다.

수강생들은 6~8명 정도의 조 단위로 활동하며 24장 정도로 이루어진 가상의 지구를 대상으로 한 지도책을 만들고, 학기말에 각 조가 만든 세계 지도들과 그 지도에 나타난 지리적 현상에 대하여 발표하면서 '토론'한다. 이러한 과정을 통하여 수강생들은 가상의 지구가 그들에게 놀라운 실제를 가정하고 있다는 사실을 발견하게 되는데, 수강생들은 세계를 바라보는 지리학 관점과 연구 방식에 대하여 이해하고 일부 학생들은 지리학을 전공하거나 심지어 지리학을 직업으로 선택하는 결정을 하기도 한다.

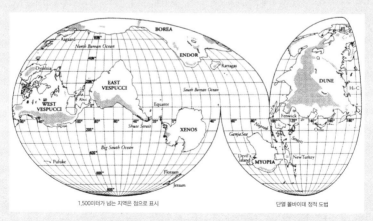

1,500미터가 넘는 지역은 점으로 표시   단열 몰바이데 정적 도법

그림 7.2 자전축을 옮긴 가상의 지구 환경을 주제로 한 과제의 결과물

화)할 수 있으며, 학생이나 교수진의 연구 결과를 다양한 세부 전공이 망라된 학과 구성원 전체를 대상으로 발표할 수 있도록 유도하는 방법도 있다. 이 모든 변화는 학과 차원에서 대규모의 인력이나 재원을 투자하지 않더라도 비교적 손쉽고 신속하게 추진할 수 있는 방법들이다.

7.3.1.2 지리학자의 대학 간 상호 협력

지리학이라는 학문은 다루고 있는 주제가 광범위하고 다른 학문과 비교하더라도 그 세부 전공영역이 방대한 편이지만, 미국의 대부분 대학에서 지리학과는 다른 자연과학 및 사회과학 분야에 비하여 그 규모가 상대적으로 작은 실정이다(각주 3을 참조할 것). 결과적으로, 대부분의 지리학과는 다양한 세부 전공분야를 가능한 폭넓게 포괄하기 위하여 세부 전공별 전임교원 수를 제한하는 등의 방식으로 세부 전공분야의 전문성을 희생하는 경우가 적지 않다. 하지만 박사학위과정 학생을 지도하거나 깊이 있는 전문 연구를 수행하기 위해서는 세부 전공별 전문성을 확보하는 것이 반드시 필요하다. 학과의 규모를 확대하지 못하는 상황에서 세부 전공분야별 전문성을 확보하는 한 가지 방법은 학제적 연구소나 전문 연구센터를 통하여 대학 내 여러 학문분야 혹은 다른 대학의 지리학자들이 함께 참여하는 연구 및 교육 기회를 확대하는 것이다. 또 다른 방법으로는 다양한 연구기관과 대학교의 지리학자들이 공동으로 참여하는 연구센터인 국립지리정보분석센터(NCGIA)와 같은 기관이 추진하는 연구 및 교육 프로그램을 적극적으로 활용하는 것이다.

7.3.1.3 학생 구성과 관점에서의 다양성

미국의 대학에서는 최근 학생들의 구성이나 배경 등의 측면에서 몇 가지 큰 변화가 나타나고 있다. 대학에 진학하는 학생들의 평균 연령이 높아지고 전문대학이나 다른 대학으로부터 편입하는 학생들의 비율이 증가하고 있으며,

인종구성이나 사회적 계층구성 역시 다양해지고 있다. 중등 교육과정이 바뀌게 됨에 따라 앞으로 대학의 지리학과 진학생 가운데서는 고등학교에서 지리 과목을 수강한 학생들의 비중이 한층 더 높아질 것이며, 컴퓨터를 이용한 다양한 정보기술에 훨씬 더 능숙해질 것이다. 이처럼 점점 더 다양해지고 있는 인종집단의 학생들에게 역할 모델을 제공하기 위하여 대학들은 예를 들어 소수인종 출신 인재들의 극도로 제한된 대학 진학 통로를 활용해야 하는 것과 같은 보다 큰 압력을 받을 것이다. 지리학과 학생들 가운데서 소수인종의 비율이 매우 낮은 상황(주 6을 참조할 것)은 현재의 학생 구성에 반영되어 있다. 하지만 지리 교과목이 중등교육에서 핵심 교과목으로 편입되고(제1장을 참조할 것), 중등교육 지리교육표준이 시행되며(Geography Education Standards Project, 1994), 더군다나 내셔널지오그래픽협회연합(National Geographic Society Alliance)과 같은 조직을 통하여 제공되는 보다 효과적인 교사연수 등이 지속적으로 이루어짐에 따라 멀지 않아 지리학과 진학생 가운데 소수인종의 비율도 급격히 증가할 것으로 예상된다. 이러한 학생들은 중등과정 지리 교과목을 통하여 환경과 인간활동 간의 관계에 대한 인식을 갖추고 있으며, CD-ROM을 이용한 멀티미디어 교육이나 가상공간에 익숙할 것이다. 그리고 무엇보다도 중요한 것은 이들 학생이 뉴델리, 볼티모어 도심, 나이로비, 키토 또는 마이애미 등 어느 지역 출신이든 간에 다양성의 이슈에 대하여 점점 더 민감해질 것이라는 점이다.

  이러한 학생들의 변화는 출신 배경과 관점의 다양성이라는 측면에서 지리학 분야 전반에 커다란 변화와 기회를 가져올 것이다. 그러나 지리학, 특히 인문지리학은 사회적 및 지역적 다양성이라는 비판적 사회이론에 기반하고 있음에도 불구하고, 학생 구성의 이러한 변화를 발전적으로 수용할 준비가 부족한 실정이다. 미국의 대학들에서 가르치는 지리학은 아직까지도 사회적으로 중산층, 중위도 온대지역, 북미지역이라고 하는 고정 관념화된 일반성에 대비되는 '차이'에 중점을 두고 있다. 이러한 자기 중심적 편향성이 결코 지리학 특유의 편견이라고 할 수 없으나, 지리학 교육이나 연구 전반에서 그러한 편견을 제거하지 못한다면 지리학에 대한 일반 학생들의 관심과 접근을 저해하는 요소로 작용할 위험성이 있다.

지리학이 오늘날 대학에 다니는 학생들의 다양한 배경을 이해하고 그들의 재능과 통찰력을 이끌어 내려고 한다면, 학생들의 다원성을 활용할 수 있는 방안을 적극적으로 찾아내야만 한다. 이 책에서 개관한 지리학과 지리학 접근방법의 기본적 목적과 가능성은 다양한 배경을 지닌 개개인들에게 지리학 관점을 교육하여, 모든 인류에게 영향을 미치는 환경적, 경제적, 정치적 이슈들을 해석하고 이해할 수 있는 잠재력을 부여하는 것이다. 다양한 사회적 배경과 정보 활용 능력을 가진 학생들이 지리학 교육과 연구에 참여한다면, 그들은 모든 지역 그리고 모든 사람들에게 중대한 영향을 미치는 공간적 문제의 연구에 새롭고 중요한 통찰력을 더할 수 있을 것이다.

지리학의 다양성에 대한 관심은 여성에게도 확대되어야만 한다. 최근 수년간 지리학과에 진학하거나 지리학자로 훈련받은 여성의 수가 현저하게 증가하긴 했지만, 중견 지리학자 가운데 여성의 비율은 여전히 매우 낮은 편이다 (주 6을 참조할 것). 이러한 불균형을 해결하기 위해서는 유능한 여성 지리학자들을 적극적으로 양성하고 채용하는 대학 혹은 대학 행정가의 지속적인 노력이 있어야만 한다.

7.3.2 지리교육의 개선

7.3.2.1 대화형 교육기술

현재 지리학개론 과목을 수강하는 대학생들은 이전에 지리 과목을 수강한 적이 전혀 없고 지리학 분야에 대한 사전 지식이 거의 없는 경우가 대부분이다. 고등학교 교사의 대부분은 지리학 배경 지식을 갖고 있지 않기 때문인데, 그들을 보다 효과적인 지리교사로 양성하기 위해서는 교실에서 활용할 수 있는 다양한 새로운 지리교육 도구를 개발하여 제공할 필요가 있다. 최근 컴퓨터 및 정보통신 기술이 발달하면서, 쌍방향의 대화형 학습도구의 활용도가 매우 높은 것으로 평가된다. 컴퓨터 기반의 쌍방향 학습도구를 활용하면, 교사들은 수업 준비를 위한 다양한 배경 지식과 자료를 준비하는 데 활용할 수 있으며, 학생들은 자신의 수준에 맞는 다양한 학습 콘텐츠를 활용하여 지리를 학습할 수 있다는 장점이 있다.

고등학교 수준의 수업에서 활용할 수 있는 대화형 학습도구의 개발은 이미 진행 중에 있다(자료 7.2를 참조할 것). 숙련된 지리교사가 부족한 미국 고등학교의 현실에서 대화형 학습도구는 컴퓨터 소프트웨어를 통하여 학생들이 직접 지리 교재의 내용을 학습할 수 있도록 하여 교육시스템의 문제점을 해결할 수 있는 잠재력을 지니고 있다. 물론 대화형 학습은 대부분의 분야에서 학생들의 학습 능률을 향상시키고 맞춤형 교육을 제공할 수 있다는 장점을 지니고 있지만, 기본적으로 (지도 등을 통하여) 시각적 정보를 많이 전달하는 지리교육에는 특히 그 활용도가 크다(제3장을 참조할 것). 공간과 장소라는 지리학의 연구대상은 그래프, 사진, 원격탐사 영상 등과 같은 시각적 매체와 함께 지도를 통한 효과적인 정보 전달을 필수 요건으로 하고 있기 때문이다. 지리학은 또한 특정 공간에서 혹은 장소들 사이에서 그리고 시간의 변화에 따라 발생하는 현상의 과정을 강조하는 학문이다. 글 자료와 정적인 이미지 영상을 통해서는 지리적 현상의 작동과정을 설명하기란 특히 어렵다. 컴퓨터와 멀티미디어를 활용한 대화식 학습도구는 지리 현상의 동적인 변화를 표현하는 데 매우 효과적이다.

대화형 학습도구는 멀티미디어 교실에서 교사와 학생들이 조(組) 단위의 학습활동을 진행할 수 있을 때 가장 효과적이다. 지도 투영법과 같이 전통적

대화형 지리 교육도구

최근 몇 년 사이에 지리교육을 위하여 컴퓨터에 기반을 둔 대화형 교육도구의 개발
이 다양하게 이루어지고 있다. 여기서는 그 가운데 특별히 주목할 만한 두 가지 사례
를 소개하고자 한다. 그 중 하나는 미국 볼더(Boulder)의 콜로라도대학 지리교육센터
에서 개발된 세계 주요 지역에 대한 컴퓨터 기반 교육 모듈로, 브리태니커백과사전사
(Encyclopedia Britannica Educational Corporation)가 생산하고 있는 브리태니커 **세
계지리시스템**(Britannica Global Geography System: BGGS)이다. 이 브리태니커 세
계지리시스템(BGGS)은 기아, 환경오염, 자연재해, 정치변화, 경제개발, 지역통합, 국가성
립 등과 같은 단일의 지리적 이슈를 다루는 20여 개의 교육 모듈로 구성되어 있으며, 이
모듈은 해당 분야의 지리학자와 지리교육 전문 교사들의 협력을 통하여 개발되었다. 각
모듈은 세계 10개 주요 지역 중 하나를 사례지역으로 선택하여 해당 이슈를 설명하고,
북미에서 해당 이슈가 어떻게 작동하고 있는지를 설명하고 있다. 그리고 각 모듈은 지리
교사들이 해당 이슈를 교육할 때 활용할 수 있는 교육 보조 자료나 활동방법 등에 대한
제안도 포함하고 있는데, 예를 들어 기아 문제에 관하여 수업을 할 경우 지역의 무료급식
소 운영자를 일일 교사로 초빙하여 해당 이슈에 대하여 특강을 하도록 하는 등의 제안이
포함된다.

또 다른 대화형 지리 교육도구는 버지니아공과대학에서 지리학자와 컴퓨터 과학자, 지
리교사, 교육기술 전문가 등 다양한 분야의 전문가들이 참여하여 개발한 'GeoSim'으로,
이는 인구, 미국의 인구이동과 정치상황, 인구이동과 장소감, 인구이동 모델, 지도학 등
5개의 컴퓨터 모듈로 구성되어 있다. 각 모듈은 (국제적 인구이동이나 정치상황과 같은
주제를 다루고 있는) 해당 주제에 대한 멀티미디어 교육 자료와 학생과 교사가 수업에서
과제로 또는 실습에 활용할 수 있는 연습문제 등으로 구성되어 있다. 지리정보시스템과

인 그림 자료나 글 자료만으로는 설명하기 힘든 주제의 경우에도, 컴퓨터 화
면을 통하여 구형의 지구가 평면의 지도로 변환되는 과정을 멀티미디어 영상
으로 보여 주면 학생들의 손쉬운 이해를 도울 수 있다. 자연지리학에서 코리
올리(Coriolis)의 힘[9]을 설명하거나 인문지리학에서 질병의 확산과정을 설

---

9. (옮긴이) 지구의 자전에 의한 힘으로, 바람의 방향이 북반구에서는 오른쪽으로 그리고 남반구에서
   는 왼쪽으로 작용하는 힘을 말한다.

컴퓨터 시뮬레이션 기법을 통합한 이 모듈들은 대화형 학습에 적합하도록 개발되었다.

각 모듈을 활용하면 학생들은 매개변수를 변경하였을 때, 해당 현상이 어떻게 변화하는지를 시뮬레이션을 통하여 지도와 그래프로 확인할 수 있다(그림 7.3을 참조할 것). 교육모듈들은 매개변수의 조정을 통한 다양한 시뮬레이션을 실행하고, 이를 통하여 해당 주제에 대한 깊이 있는 이해를 학생들에게 제공하는 것을 주된 목표로 삼고 있다. 'GeoSim' 소프트웨어는 http://geosim.cs.vt.edu에서 다운로드할 수 있다.

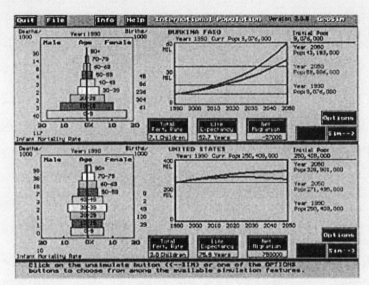

그림 7.3 'GeoSim'의 세계인구 교육모듈 실행 화면. GeoSim은 버지니아공과대학 지리컴퓨터과학부(Department of Geography and Computer Science)에서 개발한 지리교육 소프트웨어이다.

명할 때도, 애니메이션 지도와 같이 동적 시각화 기법을 활용하면 큰 도움이 될 수 있다. 대화형 학습도구에서는 다양한 동적 시각화 기법을 활용하여 학습 주제에 대하여 학생 스스로 학습할 수 있도록 유도할 수 있다.

7.3.2.2 (해외)지역지식과 지역 전문가

동유럽의 경제적 재구조화, 즉 구조조정의 주요 사회적 파급효과는 무엇인가? 라틴아메리카의 민주화는 장차 어떻게 진행될까? 중동과 북아프리카 지역에서 이슬람 근본주의가 성장하는 요인은 무엇인가? 이러한 문제들은 과학자와 의사결정자 모두에게 매우 중요한 관심사이며, 이 문제들에 효과적으로 대응하기 위해서는 지역 전문가의 전문지식이 필수적이다.

해외지역(foreign-area) 연구와 해외지역을 대상으로 한 현장조사라는 지리학의 오랜 전통은 대학에서 지역연구(regional study) 프로그램에 관여해온 지리학의 역할과 중요성을 강화해 왔지만, 대학이라는 기관의 울타리를 벗어난 지역연구에서 이러한 지리학의 전통이 얼마나 성공적이었느냐는 여전히 불명확하다. 사회과학연구위원회(Social Science Research Council: SSRC)■10나 정부가 지원하는 특정 해외지역에 중점을 둔 연구 활동과 같이 다양한 학문분야가 참여하는 주요 해외지역연구위원회 등에 지리학자의 참여는 여전히 미미한 실정이다. 그 이유 가운데 하나는 지리학계가 해외연구 프로그램에 큰 영향력을 미치는 정치학계나 역사적으로 지역 전문가들을 활용하는 미 국무부(혹은 외교부)나 여타 정부기관의 지원을 받는 고등교육기관과의 연계가 취약하기 때문이다. 하여튼, 사회과학연구위원회(SSRC)의 해외지역연구 프로그램에 참여하는 지리학자의 수가 극히 적은 실정이다. 또한 지역적 이슈에 초점을 맞춘 여러 다양한 연방정부 및 민간의 학술활동이나 정책 이니셔티브에서도 지리학의 참여가 부족하다.

해외지역연구에서 지리학의 참여가 부족한 또 다른 이유는 미국의 젊은 지리학자들 가운데 해외지역연구를 주전공으로 선택하는 경우가 상대적으로 적기 때문일지도 모른다. 미국의 대학원 과정에서 해외지역을 대상으로 한 지역연구로 박사학위논문을 작성하는 학생들의 상당수는 외국 출신의 유학생들이며, 이들 학생의 대다수는 학업을 마친 후 본국으로 돌아가고 있고

---

10. 사회과학연구위원회(SSRC)는 지역연구와 관련된 워크숍이나 심포지엄을 개최하고, 학자들의 해외지역 문제에 대한 협력연구프로젝트에 필요한 재정지원을 담당하는 기관이다.

(Turner and Varlyguin, 1995), 지속적인 해외지역연구가 이루어지지 못하고 있다. 더군다나 주요 전문 학술지에서 해외지역을 사례로 한 지역연구 논문의 비중이 지속적으로 감소하고 있는데(Rundstrom and Kenzer, 1989; Brunn, 1995), 이는 상당수 젊은 지리학자들이 학위취득 후 지역연구 대신 세부 전공분야로 연구주제를 바꾸고 있는 현실을 반영하는 것이다. 원인이 무엇이든 간에 지역적 이슈에 초점을 맞춘 광범위한 학술 및 정책 이니셔티브에 기여할 수 있는 지리학자의 수를 늘리는 것은 교육과 관련하여 지리학이 직면한 중요한 과제 중 하나이다.

이를 위해서 지리학계는 지역발전과 지역문제에 대한 학생들의 관심을 유도하고 지리학 개념 및 도구를 활용하여 그러한 문제를 분석할 수 있는 능력을 강화하는 방안을 고려할 필요가 있다. 여기에 서로 연계되어 있는 두 가지 필요성이 존재한다. 우선은 광범위한 지역적 이슈와 지역문제에 대응할 수 있도록 세계 각 지역의 역사와 언어, 제도, 사회구조, 환경문제 등에 대한 전문가 그룹을 양성하는 것이다. 물론 이를 위해서는 연구지역에서의 장기간 현장연구를 수행할 수 있는 재정적 지원이 요구된다. 다음으로 개발도상국의 인종분쟁, 글로벌 경제변동, 도시인구 증가와 같이 지역에 초점을 맞춘 학제적 이슈를 분석하기 위한 지리학 개념 및 분석기법을 개발하는 노력도 필요하다.

지리학자들은 이미 이러한 도전에 대응하기 시작하였다. 최근 들어 지역지리학에 대한 관심이 높아지고 있으며, 이는 미국지리학회(AAG) 산하 몇몇 지역연구 전문그룹의 회원 증가에서도 확인된다. 이러한 추세가 계속된다면, 사회과학연구위원회(SSRC)와 같은 해외지역연구 프로그램에서도 지리학자의 역할과 참여가 확대될 것으로 예상된다. 하지만 이런 일이 과연 일어날 것인지는 결코 확실하지 않다. 특정 해외지역을 이해하는 데 충분한 관심을 갖고 훈련을 받은(그리고 해외지역에 대한 환기적인 지리적 질문을 제기하는)

실질적인 지리학자의 수가 확보되지 않는다면, 지역적 이슈를 파악하려는 다양한 노력에서 지리적 고찰은 주변으로 밀려날 수 있다. 다시 말해, 그러한 노력들은 지리적 통찰의 결여로 약화될 수도 있다.

7.3.2.3 현장 탐사 및 탐험

최근 컴퓨터 기술을 활용한 대규모 지리정보 데이터베이스의 구축과 원격탐사 기술이 발전하면서 지리학 연구의 한 요소인 현장조사(fieldwork)에 대한 직접적인 관심이 떨어지는 경향이 있다. 그렇지만 이러한 상황에서 현장조사가 더 이상 쓸모가 없게 되기보다, 오히려 이러한 발전은 원격탐사 자료 및 지리데이터의 의미와 중요성, 데이터의 이면에 놓여 있고 데이터에 영향을 미치는 데이터 수집 지역의 지리적 패턴, 데이터베이스의 공백과 한계 및 데이터 수집기술의 특징 등에 대한 새로운 문제를 제기해 왔다(제4장을 참조할 것).

현장조사는 전산화된 지리데이터나 원격탐사 데이터의 확인을 위해서만 중요한 것이 아니다. 지리적 현상들이 다양한 요인들에 의하여 영향을 받는 만큼 현장조사 없이는 정확히 이해할 수 없는 지리적 문제들이 대단히 많이 있다. 자연지리학에서 다루는 여러 많은 이슈들은 기존 데이터나 원격탐사 이미지 분석만으로는 파악하기 어렵다. 예를 들어, 제4기 신생대의 식생변화, 산림의 동학 및 하천 수로의 변화 등의 현상에 대하여 현재까지 알려진 대부분의 지리적 지식은 체계적인 현장조사로부터 구축된 것이다. 더군다나 추가적인 현장조사를 통하여 이러한 현상들이 앞으로 어떻게 진행될 것인지에 대한 우리의 이해의 폭을 크게 넓힐 수 있는 잠재력을 제공한다. 예를 들어, 인문지리학 연구에서는 동남아시아 경제에서 '화교(華僑)'의 역할에 대한 실증적 자료나 네팔 고원지대의 여러 민족이 상이한 토지이용 전략을 채택하게 된 문화적 규범에 관한 자료 등은 존재하지 않기 때문에, 현장조사를 통한 연구는 필수불가결하다. 사회 및 정치 발전에 대한 연구에서 현장조사 없이 2차 자료에만 의존하여 분석하게 되면, 연구 결과와 해당 주제에 대한 이해에서 중대한 차이와 오류가 발생할 수 있다. 대부분의 경제 및 정치 데이터가 국가 단위로 수집되기 때문에, 지리학자가 2차 자료에 전적으로 의존하는 경우, 예를 들어 메콩강 유역처럼 국경선을 초월하는 지역 간의 연계 발전에 대한 분석은 불가능할 수 있다. 물론 가장 기본적으로 지리학자들이 다루는 공간 현상은 대부분 국경선이나 지역 경계를 초월하여 작동하기 때문에 국가 혹은 지역 단위로 구축된 기존 자료만으로 분석하기 어렵고, 그렇기 때문에 현장조사의 중요성은 큰 것이다.

　지리학이 현장조사의 전통을 이어 나가고 더욱 발전시켜 나가기 위한 실질적인 필요성은 존재한다. 학생들은 현장조사 경험을 필요로 하며, 현장조사를 통한 관찰과 분석 능력을 개발해 나갈 필요가 있다. 학생들의 현장조사를 강화하는 것은 연구력의 확대와 더불어 몇 가지 부수적인 효과를 지니고 있다. 그 하나는 지리학에 대한 학생들의 관심을 자극하는 것이다. 현실세계에 초점을 맞추고 어느 지리학자가 표현한 대로 "발로 직접 경험해 보는 세상(the world you can kick)"에 집중하는 지리학의 고유한 특징은 그 자체로 지리학의 매력이다. 지리학의 교육과정에서 현장조사를 확대하면 생각 속의 세계와 그들이 사는 구체적인 세계를 결부시켜 연구하는 지리학에 대한 학생들의 관심을 지속시키는 데 효과적이다. 더욱이 학생들에게 현장 경험을 확대시켜 주는 것은 세계의 복잡성에 대한 학생들의 이해를 높이고, 학생들에게 의사결정 및 행동이 공간상에서 어떤 결과로 나타나는지에 대한 학생들의 인식을 제고할 수 있다.

7.3.2.4 새로운 지리적 기술과 자료
　지리학이라는 학문분야는 과거 지리정보를 종이지도의 형태로 제작하여 전달하던 방식에서 대부분의 지리정보를 디지털정보시스템을 통하여 전달하게 되는 미래로의 전환기에 놓여 있다. 우리는 이러한 전환의 초기 단초를 기상관측을 위한 구름 영상을 포함하여 다양한 인공위성 영상과 기상/기후 데이터를 인터넷을 통하여 보급되고 있는 데서 관찰할 수 있다. 전지구적위치확인시스템(GPS)의 보급이 확대되면서, 이제까지 거의 알려지지 않은 지극히 다양한 인간활동에 대한 자료가 위치 참조 자료의 형태로 전산화되어 제공되고 있다. 지구의 자연적 환경과 인간활동에 대한 방대한 양의 새로운 디지털정보가 수집되고, 공간 데이터 교환을 위한 국가 및 국제 표준이 개발 채택되고 있다. 이러한 상황에서 지리학자는 새로운 공간정보 수집 방법을 이해하고, 연구나 교육에서 적절히 활용하는 방법을 이해해야만 한다. 또한 전문 지리학자들은 새로운 기술과 데이터를 활용하여 민간 부문과의 협력 같은 새로운 기회를 창출하는 방법을 찾아내려는 노력을 경주할 필요가 있다.

만약 지리학이 급격한 기술변화의 도전에 대응하려고 한다면, 학생들에게 데이터 분석 및 지도화를 위한 새로운 기술교육을 강화해야만 한다. 지난 수십 년 동안 컴퓨터 기술과 데이터 처리 및 저장 기능이 폭발적으로 발전하였다. 정보처리기술은 이제 다양한 지리학 연구에서 중요한 역할을 하고 있다. 예를 들어, 환경 분야에서는 컴퓨터 병렬 처리 기술이 발전하면서 글로벌 기후변화와 같이 대규모 고속 연산 처리가 필요한 연구 과제를 다룰 수 있는 새로운 가능성을 열어 주었다. 물리적 환경을 컴퓨터에서 재현하기 위한 데이터는 지표면 또는 입체적 공간을 점 표본으로 측정하여 구축된다. 점 표본 데이터로부터 지표면 및 입체적 공간에서 나타나는 현상을 추정, 모델화하기 위해서는 공간적 보간기법(spatial interpolation)이 필요한데, 지리학자들은 성공적인 공간 보간 알고리즘 개발에 주도적 역할을 하고 있다. 이러한 기술 및 기법의 지속적인 발전을 위해서는 새로운 자료처리 및 분석기술을 이해하고 효과적으로 사용할 수 있는 지리학자들이 필요하다.

일반적인 컴퓨터 하드웨어, 소프트웨어 그리고 네트워크 분야에 있어서도 지리학 전반의 이해와 활용도를 강화할 필요가 있다. 연구 및 교육에서 디지털 통신 네트워크의 활용은 지리학계에서도 크게 확대되고 있다. 컴퓨터 통신을 통한 정보 공유와 협업은 일반 사회뿐만 아니라 학문분야에서도 널리 활용되고 있다. 예를 들어, 지리정보시스템 사용자그룹(GIS-L)은 미국지리학회(AAG)의 3배에 달하는 2만 명이 넘는 국내외 회원을 보유하는 것으로 알려져 있다. 월드와이드웹(World Wide Web)을 통한 디지털 도서관과 디지털 정보교환 도구의 사용이 보편화됨에 따라, 전문적인 기술 이해능력이 확실히 중요해지고 있다. 데이터 처리와 네트워크 통신 관련 기술을 이해하고 활용하는 것은 효과적인 지리학 연구 및 교육에 필수적인 요소가 되고 있다.

제8장

지리학의 재발견: 결론과 제언

이제까지 지리학이 그 잠재력을 충분히 발휘하여 과학적 이해와 미국의 사회문제 해결에 기여하는 여러 가지 사례와 도전 그리고 전략에 대하여 살펴보았다. 이 마지막 장(章)에는 지리적 이해를 향상시키고 지리적 문해력을 개선하고 지리학 관련 기관을 강화하며 지리학이라는 학문을 발전시키기 위한 개인적 그리고 집단적 책무에 대한 위원회의 결론과 제언이 담겨 있다.

8.1 지리적 이해의 향상

지리학은 사회가 학문에 제기하는 물음에 답변을 내놓을 수 있는 충분한 잠재력을 지니고 있음이 명백함에도 불구하고, 이러한 물음에 대한 답변을 제대로 내놓지 않고 있다. 이와 동시에 다른 학문들도 지리학에 별다른 물음을 던지지 않고 있다. 한편으로, 사회의 수요가 현재의 학문 능력에 비하여 너무 크지만, 다른 한편으로 다른 과학 분야의 수요는 너무나도 적다는 것이다. 지리학이 사회의 필요에 대응할 수 있는 능력은 과학으로서 지리학의 강점에 상당히 달려 있으며, 과학으로서의 강점은 과학계의 지원에 상당히 달려 있다. 따라서 이러한 모순은 위원회에게 심각한 우려로 다가왔다.

학문으로서 지리학에 대한 사회의 관심이 높아졌다는 사실을 감안한다면, 과학과 사회의 주요 이슈와 관련된 지리학의 지식 기반을 향상시키고 과학과 사회에서의 지리학 관점에 대한 이해와 활용을 확대하며, 지리교육을 실천은 물론이고 과학에 대한 도전으로서 수용하는 것은 필수불가결하다. 위원회는 제1장에서 제7장까지의 내용을 기반으로 하여 지리학 분야와 외부 구성원들이 다음과 같이 대응할 필요가 있다는 결론을 내렸다.

• **새로운 데이터와 분석 도구를 활용할 수 있는 시대에 과학계의 보다 폭넓은 요구에 맞추어 지리적 분석을 개선할 필요가 있다.** 지리학은 지난 세대에 걸쳐 분석 능력에서 괄목할 만한 발전을 이루었으나, 새로운 데이터 형태와 분석 요구의 등장에 대응하는 데 심대한 도전에 직면하고 있다. 예를 들어, 특정한 형태의 공간좌표 데이터(예를 들어, 센서스 트랙 데이터)는 오늘날 매우 빠른 속도로 이용 가능한 양이 크게 확대되고 있지만, 이는 사려 깊은 분석을 어렵게 하기도 한다. 특히 제대로 훈련받지 못한 사용자의 경우에는 이러한 문제점이 두드러진다. 더군다나 많은 양의 데이터 이용 가능성은 한층 폭넓은 문제를 감추기도 한다. 다시 말해, 이용 가능한 데이터가 항상 필요한 데이터와 잘 맞아 떨어지는 것은 아니다. 따라서 데이터 수집과 분석 능력의 향상은 지리학의 연구 의제에서 중요한 위치를 차지해야 한다.

지리학자들은 또한 지리적 분석의 '선두', 즉 전위부분 — 개념화와 데이터의 선택/표본설계 — 과 '후미', 즉 후위부분의 모델링과 분석을 연계하는 방법을 개선해야 한다. 연구 활동에 있어서 이 두 가지 요소 사이에 사려 깊고 지적으로 강력한 연계를 만들어 내지 못한다면, 지리적 분석은 본질적으로 불완전하게 될 것이다. 이와 마찬가지로 중요한 것으로서는 최소한 복잡계 및 비선형 동학 문제를 다루는 지리적 분석 능력이 지리학의 과학계에 대한 기여 잠재력을 충족시키기 위하여 개선되어야만 한다는 것이다. 따라서 데이터 수집과 분석을 위한 능력 개선은 지리학의 연구 의제에서 중요한 위치를 차지해야 할 것이다.

더욱이 지리학의 다양성에 대한 특징적 이해를 지식을 생산하는 데에 단 하나의 '확실한 방법'이 존재하는 것은 아니라는 인식과 결합하여, 세상에 대한 보다 양호한 이해를 추구하는 데 다양한 방법론을 활용하는 것의 가치를 인정하는 것은 중요하다.

특수한 문제 가운데 하나는 자연과학과 인문과학 현상과 과정 사이의 관계를 분석하고 모델링하는 것인데, 이것들은 인식론, 전문적 특화, 데이터 범주, 측정 단위 등의 경계에 의하여 서로 분리되어 있는 경우가 적지 않다. 기술적 도전 외에 경제지표와 생태지표를 연계하는 것과 같은 연구 또한 개별 과학자에게는 서로 다른 종류의 과정과 연결을 이해하기 위하여 기존의 경계를 넘어서야 하는 모험이 된다.

• **과학과 사회의 우선순위에 부응하기 위하여 통합적이고 학제적이며 상대적으로 대규모인 지리적 연구 이니셔티브를 개발할 필요가 있다.** 지리학이 과학과 사회에 대한 기여를 증진시키고자 한다면, 지리학은 보다 넓게 사고하는 것을 배우고 지리학의 경계를 넘어서는 과학적 의제에 대응해야만 한다. 이 과정이 제대로 이루어질 때, 지리학 관점과 지식 기반의 활용이 크게 확대될 수 있게 된다. 예를 들어, 국립지리정보분석센터(National Center for Geographic Information and Analysis)는 여러 다양한 국가 및 국제 기관(예를 들어, 미 항공우주국 나사, 미 인구조사국)의 의제에 최전선에 위치하고 있을 뿐만 아니라 여러 자연과학 및 사회과학 전반에 걸쳐 채택되고 있는 분석과 기술수단에서 지리학이 핵심적 역할을 할 수 있도록 노력해 왔다.

학문으로서 지리학은 보다 크고 통합적이며 학제적인 연구 프로젝트의 개발에 한층 큰 관심을 기울여야 하는데, 특히 자연지리학자와 인문지리학자 또는 지리학 내외에서 공간표현 기법을 개발하는 연구자와 이를 활용하는 연구자 사이의 협업으로 도움을 얻을 수 있는 프로젝트에 이러한 접근이 필요하다. 더군다나 이러한 연구는 사회와 과학계에서 최고 우선순위를 두고 있는 이슈와 관련하여 수행되어야 한다. 이러한 두 가지 특징을 잘 보여 주는 사례로는 폭넓게 정의하자면 '글로벌 변화'에 관련된 것을 들 수 있다(제7장을 참고할 것). 여러 사례를 통하여 살펴볼 때, 지리학이 건실한 과학적 연구 토대에 기여하는 정도는 종종 지리학 관점이 녹아든 다양한 연구 주제를 아우르는 유효한 종단 정보의 이용 가능성에 달려 있다.

• **다른 방식으로는 얻기 어려운 과학적 통찰을 제공하기 위하여 지리학 관점을 더 많이 활용할 필요가 있다.** 지리학의 공간적 접근방식(제3장을 참조할 것)은 지리학을 넘어서 많은 다른 분야의 연구에까지 점점 그 영향력을 확대하고 있다. 지리학이 연구주제에 관련한 지식 자체에 기여하는 것에 더하여, 지리학의 사고방식과 시각적 표현을 이해하는 기술은 과학적 이해를 향상시키기 위하여 과학 전반에 걸쳐 보다 자주 활용되어야 한다. 따라서 개별 지리학자들은 지리학 관점과 도구를 활용하여 중요한 과학적 그리고 사회적 문제에 영향을 미칠 수 있도록 학제 간 연구 활동을 보다 활발히 참여하여야 할 것이다.

• **지리 학습에 관한 연구를 강조함으로써 지리학 연구와 지리교육 간의 연계를 강화시켜 나갈 필요가 있다.** 지리가 학교에서 지식 기반을 향상시키는 데 효과적으로 기여하고 미국의 성인들에게 좀 더 가까이 다가서고자 한다면, 지리 교수학습이 어떻게 이루어지는지에 대한 연구를 진행할 필요가 있다. 이러한 연구는 교육에 대한 일반적 가치 외에도 지리학 관점과 기술이 종종 지리 교수학습을 스스로 행하는 다른 과학 분야의 연구자들에 의하여 사

용되고 있음을 확인시켜 준다. 지리적 문해력이 무엇인지 그리고 이것이 어떻게 활용될 수 있는지를 다루는 연구 또한 필요하다. 이러한 연구의 결과를 바탕으로 하여, 교육표준과 교육과정, 교재의 설계, 평가와 관련된 의사결정을 강화할 수 있을 것이다.

8.2 지리적 문해력의 향상

지리학은 미국인들의 지리적 문해력을 높이는 데 도움을 줄 것을 국가로부터 요구받고 있다. 즉, 세계와 그 안에서의 흐름에 대한 지식, 장소의 특성과 동학, 지역 변화와 세계 변화 사이의 관계, 인간과 환경 사이의 관계, 지리데이터의 사용과 데이터 표현 및 분석 능력 등에 있어서다. 이에 효과적으로 대응하기 위하여 위원회는 다음과 같은 노력이 필요하다고 결론을 내렸다.

• 유치원으로부터 고등학교 3학년(K-12) 수준까지의 지리교육에서 과학적 내용의 질을 유지하고 보장하는 프로그램을 시행할 필요가 있다. 비록 위원회가 미국 내 학교에서 시행되고 있는 작금의 지리교육의 실태를 평가하지 않았지만, 위원회는 미국의 지리교육이 세계적 수준에 도달하지 못하고 있다는 통념에 공감한다(제1장을 참조할 것). 만약 지리교육이 미국 학교에서 보다 더 큰 관심을 받으려고 한다면, 학문으로서 지리학은 시의적절한 교육내용을 교육 현장에 전달되도록 해야 한다. 이는 학생들의 성과와 교육과정에 특별한 관심을 갖는 것과 더불어 지리교사의 육성 및 교재를 개선하는 이니셔티브가 필요함을 보여 준다.

• 대학 교양교육의 일환으로서 개념적으로 견실한 지리학 일반 교육과정을 육성할 필요가 있다. 고등학교 교육 이상에서 지리학은 전공이 지리학이

든 그렇지 않든 간에 대학 수준의 학생들을 보다 효과적으로 육성하는 데 기여해야 한다. 지리학 과목은 해당 주제뿐만 아니라 지리학의 관점과 기법을 강조해야 한다. 일반대학이나 전문대학에 다니며 대학 수준의 교양교육을 받은 미국 학생들은 세계에 대하여 파악하고 직장과 일상생활에서 지리학 관점과 기술을 활용할 수 있는 지리적 역량을 갖추어야 한다.

• **지리학 관점이 기업과 정부 그리고 국가로부터 지역사회 수준에 이르기까지의 기타 조직에서 보다 효과적으로 영향을 미칠 수 있는 프로그램을 개발할 필요가 있다.** 미국이 의사결정과 사회복지를 증진시키는 데 지리학을 활용하기 위하여 한 세대, 즉 지리적 식견을 갖춘 학생들이 책임 있는 지위에 오를 때까지를 기다릴 수 없다는 점은 자명하다. 바로 지금 개선이 필요하다. 이를 위하여 지리학 전문가들과 기업, 정부 및 모든 규모의 기타 조직에서 지리학 관점을 활용하고자 하는 사람들 간의 연계가 개선되어야만 한다.

• **미국인들의 지리학에 대한 접근을 확대하기 위하여 기존의 제도적 기반을 활용할 필요가 있다.** 미국과 같은 민주 사회에서 의사결정자가 지리학 관점을 효과적으로 활용하는 것은 국민 전반에 걸쳐 지리적 문해력이 얼마나 높은 수준에 있는가에 깊이 의존하고 있다. 이 문제는 최소한 두 가지 요소와 연관되어 있다. 정보를 나누고, 사람들이 이를 활용하게 하는 것이다. 학문으로서 지리학의 주요 책무는 실질적 내용과 상호 소통의 측면에서 과학적 올바름이다. 그런데 미국에서의 지리적 무지는 지리학 관련 조직과 여러 수준의 정부기관, 기업, 비정부 이해집단, 정보매체를 포함한 다양한 이해 당사자들 간의 강력한 협력 없이는 크게 줄어들 수 없다. 특히 민간 부문에서 지리적 문해력을 사업 기회로 바라보는지 여부는 이러한 과정에 큰 영향을 미친다. 지리적 정보 및 통찰을 시장에 신속하게 제공하여 사업비용을 줄이고 제품 및 서비스의 완성도와 매력을 보장하기 위하여 노력을 기울이는 기업과 전문 지리학자들 간에 긴밀한 연계가 필요하다.

8.3 지리학 관련 기구의 강화

이 책에서 서술한 과학적, 사회적 책무를 다하기 위해서는 학문으로서 지리학은 관련 기구의 지원과 격려를 받아 변화하는 것이 필요하다. 가장 근본적인 문제는 크기의 문제이다. 개략적으로 볼 때, 지리학은 요구되는 서비스 수요에 비하여 규모가 작다. 지리학은 또한 내용의 문제 자체에 대해서도 숙고가 필요한데, 이는 전통적인 것과 변화하는 환경에 따른 새로운 방향 둘 다와 관련되어 있다. 이러한 목적을 위하여, 위원회는 다음과 같은 이니셔티브가 필요하다고 결론을 내렸다.

• **지리학의 전통적 강점을 재발견할 필요가 있다.** 지리학에 대한 외부의 관심 중 많은 부분은 여러 많은 지리학자들이 미래보다는 과거의 특징으로 여기는 통합적 지식, 지역에 대한 지식, 현장 탐험과 같은 학문적 전통에 초점을 맞추어져 왔다. 학문으로서 지리학은 이들 전통적 강점을 재조명하고, 지리학의 지적 및 사회적 관련성을 제고하며 연구와 교육에서의 지리학에 대한 관심을 확대할 필요가 있다.

• **지리학의 새로운 방향을 찾아내고 추구할 필요가 있다.** 지리학이 전통을 재발견하면서도 다음 세대까지 중요한 학문으로 남기 위해서는 본질적인 새로운 방향에 집중할 필요가 있다. 사회의 중요 이슈와의 연계, 과학계와 지적 도전에의 합류(예를 들어, 복잡계 동학의 분석과 이해), 연구와 교육에서 쌍방향 학습기회 추구 등과 같은 방향을 강조할 필요가 있다. 이 중 몇몇은 기업, 정부, 기타 기관에 필요한 지리학 관점을 제공하는 프로그램과 관련하여 이미 다루어졌다.

• **공급과 수요를 일치시킬 수 있도록, 지리학의 자원과 도달범위를 확대할 필요가 있다.** 위에 기술된 결론은 모두 지리학이 과거에 비하여 미래에 더 많

은 일을 할 것을 요구하고 있다. 가장 뿌리 깊고 여러 측면에 볼 때 가장 시급한 문제는 지리학이 미국에서 지금까지 학문의 역사상 경험하지 못했던 정도로 과학과 사회에 대한 기여를 높이길 요구받고 있다는 점이다. 하지만 지리학은 여전히 교육기관에 자리한 대학의 작은 학문분야로, 확장 가능성이 매우 한정적이다. 지리학의 도달범위와 관련하여 초중등 교육을 강화하고 일반인 및 의사결정 기관의 지리적 문해력을 향상시킬 것을 요구받고 있다. 더군다나 지리학 관점과 기술은 여러 많은 학제 간 연구 목표와 일반적인 과학에 새로운 관련성을 지니고 있음이 밝혀지고 있으며, 지리학은 과학으로서 건전한 균형을 유지하기 위하여 확대된 연구적 역할에 확대된 교육적 역할을 맞출 필요가 있다. 그렇지만 대학과 학과 그리고 외부 연구지원 기관에서의 인적 및 재정적 자원은 고통스러울 정도로 제한적이며, 이미 많은 경우에는 거의 한계에 도달해 있다. 이러한 도달범위와 자원의 불균형을 해결하는 열쇠는 특히 가까운 시간 내에 변화를 가져올 수 있는 동력으로서 정부의 지원이다(여기서 말하는 지원은 단순한 추가 재정과 일치하지 않는다). 보다 장기적인 관점에서는 재단과 민간 부문을 포함한 외부 연구지원기관으로부터 더 많은 지원을 끌어내는 것이다.

이러한 측면에서 진행은 외부 이니셔티브보다는 학문 내부에서 생겨나는 이니셔티브가 더 큰 영향을 미칠 것으로 보인다. 간단히 말해, 외부의 지원을 끌어들일 전략을 개발하기 위하여 지리학은 지리학 지식과 기술의 활용자를 찾아내고 수요 수준, 수요 추세, 공급 우선순위, 공급 전략 등을 고안하는 데 더 큰 힘을 쏟을 필요가 있다. 하지만 미래 전망을 하는 데 외부의 수요 및 자원이 핵심적인 역할을 한다는 점을 고려할 때, 이러한 비전은 지리학이 고립되어서는 발전할 수 없는 것이다. 제1장에서 살펴보았듯이, 지리학은 사회적 목적에 대한 수단이지 목적 그 자체가 아니다. 따라서 지리학의 자원 기반을 확장하고자 하는 계획은 이러한 목적과 그 목적을 달성하기 위하여 배분된 사회적 자원에 부합하지 않으면 안 된다.

하나의 사례는 효과적인 지리학 연구 및 교육이 자본 투자와 설비에 점점 더 의존하고 있다는 것이다. 과거에는 자연지리학과 지도학 분야를 제외하고 대학의 지리학과에서는 일반적으로 큰 장비 예산이 필요하지 않았다. 최소한 부분적 결과로서 제4장과 제7장에 서술된 기술혁명의 영향은 현재의 학과 예산이라는 제도적 개념 속에 사실상 수용될 수 없게 되었다. 이에 더하여 첨단 기술 장비의 한층 더 짧아진 유효 수명으로 인하여 기초 수준 장비는 물론이고 주기적인 교체 비용까지 필요하게 되었다.

• **대학 및 지리학과 내의 교원 보상 구조를 바꿀 필요가 있다.** 보상 구조는 다음과 같은 사항을 고려하여 재조직할 필요가 있다. 즉, 장기 협력 연구의 중요성, 지리 교수학습에 대한 학술적 기여를 포함한 지리교육, 사회문제 해결에 대한 기여, 다른 학문분야의 동료와 함께 일하고 출판하는 것을 포함한 학제 간 상호작용 등이다.

8.4 학문 역량 강화를 위한 개인적 및 집단적 책무의 수행

마지막으로, 지리학자들은 그들의 학문과 다른 과학 그리고 사회에 대한 책무가 있음을 인식할 필요가 있다. 지리학의 새로운 관련성은 외부와 큰 제도적 환경에만 문제를 제기하는 것이 아니다. 이는 지리학자 개인과 집단이 전문가로서 그리고 시민으로서 자발적으로 대응할 것을 요구하고 있다. 특히 위원회는 지리학자, 지리 관련 조직, 지리학과에 다음을 요구한다.

• **교육과 봉사를 직업상의 책무로서 인식할 필요가 있다.** 대학 교육의 일반적 추세에 맞추어 지리학자들은 학문적 호기심은 물론이고 사회적 수요에 민

감하게 반응함으로써 연구에서와 마찬가지로 양질의 교육에 대한 사회적 요구에 전문적으로 대응할 필요가 있다.

• **지리학의 관점과 참여자 그리고 청중의 다양성을 증진시킬 필요가 있다.** 지리학자들과 관련 기관들은 학생과 전문가 집단의 다양성 추세와 이해를 추구하는 접근방식의 다양성 추세를 스스로 제대로 인식할 필요가 있다. 지리학자들은 지리학 본질의 표현으로서 그리고 도덕성과 인본주의의 표현으로서 다양성을 인정하고 중시하고, 기관의 환경 내에서 지원해야 하며, 학습과정에서 다양성을 추구해야 한다. 이에 더하여 지리학자들은 불리한 처지에 놓인 집단을 포함한 폭넓은 활용자 공동체에 연구 이슈들을 알리는 노력을 기울여야 한다.

• **학문에 일관성을 부여하는 학습의 공통적 핵심 사항을 강조하면서 학습의 폭과 깊이를 제고할 필요가 있다.** 지리학과 교수들은 학문에 일관성을 부여하는 개념적 및 방법론적 접근방식의 핵심을 찾아내고 이를 학부 및 대학원 프로그램에 적용하는 집단적 책무를 지니고 있다. 지리학과 교수들은 학부 및 대학원 학생들에게 지리학 교육의 근본적 내용을 제대로 이해하도록 해야 하는 동시에 대학원 학생들에게는 선택한 세부 전공의 지식 최전선에서 깊이 있는 훈련을 받을 기회를 제공할 필요가 있다.

이러한 목적을 위하여, 교수들은 세부 전공 간 협업에 더 많은 노력을 기울일 필요가 있는데, 특히 인문지리학과 자연지리학의 세부 전공 간, 세부 전공과 공간 표현을 강조하는 분야 간 그리고 기관 간의 협력이 요구된다. 교수들은 학부와 대학원 학생들이 학문의 핵심으로 규정되는 다양한 지리학 연구 주제와 연구 전통 그리고 방법론에 노출될 수 있도록 해야 한다. 학부 수준에서 교수들은 학생들에게 여러 가지 세부 주제를 교양교육의 이념에 알맞는 방식으로 알려주는 동시에 학생들이 수준 높은 학습에 대비시킬 필요가 있다. 예를 들어, 세부 전공 간 연계를 중시하는 자연지리학자와 인문지리학자로 구성된 팀이 수업과 세미나를 통하여 학생들에게 이를 보여 줄 수 있을 것이다. 이와 함께 대학원생들에게는 선택한 세부 전공에 대하여 깊이 있는 학습을 할 수 있는 기회를 제공해야 한다. 이러한 기회는 박사 전 및 박사 후 훈련 기회, 다른 학과 교수들과 협업, 서머스쿨과 같은 교육과정 외의 활동 등을 통하여 얻을 수 있을 것이다.

• 다른 과학 분야와의 전문적 상호작용을 제고하고 참여할 필요가 있다. 한층 넓은 범주의 지적 사업의 참여자로서 그리고 학문적 경계를 넘어서서 점점 더 널리 뻗어가는 시대에 지리학의 개인적 대표자로서 지리학자들은 학제 간 프로그램과 연구과제뿐만 아니라 보다 폭넓은 범위의 대화를 통하여 다른 분야의 과학자들과 상호작용을 추구할 필요가 있다. 이러한 과정은 예를 들어 주(州)의 학술아카데미와 미국과학진흥협회(American Association for the Advancement of Science)와 같은 국가 수준의 기관들에 보다 활발히 참여하거나 대학 내에서 횡단적 학술 이슈를 동료들과 논의하는 것을 통해서도 이루어질 수 있을 것이다.

• 현장연구, 특히 해외지역연구를 수행할 때 지역 파트너에 대한 책무를 인식할 필요가 있다. 앞으로 더 중시되어야 할 지리학에서의 현장연구는 여러 가지 의무를 수반한다. 지리학자들은 표본추출과 추론과 같은 과학적 연구를 수행함에 있어서의 필요한 주의뿐만 아니라, 사려 깊은 현장연구의 중요한 부분은 항상 지역의 전문성이며 이러한 연구에서 이끌어 낸 혜택은 종종 가치 있는 것으로 되돌려 주어야 한다는 점을 인식할 필요가 있다. 예를 들어, 국지적 또는 지역적 관심을 지닌 연구 결과는 지역의 관계자들에게 널리 보고되어 혜택을 받을 수 있도록 하거나, 이러한 연구를 행할 수 있는 지역적 능력을 형성하는 데 기여할 수도 있을 것이다. 일반적으로 세계 곳곳에서 연구를 수행하는 미국의 지리학자들은 지역의 관계자들과 협력 관계를 맺을 필요가 있다.

8.5 제언

이상의 결론을 바탕으로 하여, 위원회는 이 책을 읽을 외부의 독자들을 대상으로 몇 가지 제언을 하고자 한다. 각 제언은 누가 실천을 해야 하는지를 다루고 있으며, 최종 제언은 실행 과정 자체를 논의하고 있다. 지리학 전문가들 또한 내부로부터 학문을 강화하기 위한 추가적인 행동 방안을 확인하려고 한다면 지리학이라는 '학문 역량을 강화하기 위한 개인적 및 집합적 책무'에 관한 결론을 반드시 살펴보아야 한다.

지리적 이해를 향상시키기 위해서는:

1. 사회의 관심사와 특별히 관련이 깊은 지리학 내의 핵심 방법론적 및 개념적 이슈에 연구를 한층 더 집중해야 한다. 핵심적 이슈로는 복잡계와 비선형적 동학, 자연지리학과 인문지리학 간의 관계, 다차원 분석, 사례연구 비교 분석, 시각적 표현 등을 들 수 있다. 이를 실행할 수 있도록 하는 책무는 (지리학자 자신들을 포함하여) 지리학 및 관련 분야에 연구지원을 하는 기관, 대학, 전문학회, 연구 아이디어와 제안의 생성을 독려하는 기타 기관 등이 지니고 있다.

2. 우선순위를 따르거나 횡단적 연구 프로젝트를 한층 더 강조해야 한다. 지리학 연구 지원의 보다 많은 부분은 글로벌 변화, 도시화, 분쟁 해결, 복잡계의 동학 등과 같은 과학적 및 사회적 우선 사항을 다루는 다수의 연구자가 포함된 학제적 프로젝트에 할당되어야 하며, 이는 앞의 제언에서 언급한 기관들에 의하여 실행될 것이다. 지리학 단체들은 특히 다수의 기관이 참여하는 프로젝트와 연구그룹 개발에 촉매제 역할을 하고, 대형 연구 그룹이 보다 큰 연구, 교육 및 기타 활용자 공동체에 접근하고 이들과 의사소통을 할 수 있도록 해야 한다.

3. 연구의 강조점은 지리적 문해력, 학습, 쌍방향 학습 전략과 공간적 의사결정 지원체계를 포함하는 문제해결 및 교육과 의사결정에서의 지리정보의 역할 등에 대한 이해를 증진하는 연구에 보다 큰 힘을 쏟아야 한다. 이 제언은 미국 국립과학재단(NSF)과 같은 연구지원기관과 수업, 학습, 기타 지리학 지식 및 도구의 응용과 관련된 기관 사이에 새로운 협력을 요구한다. 지리학 관련 조직들인 미국지리학회(AAG), 미국지리협회(AGS), 국가지리교육위원회(NCGE), 내셔널지리그래픽협회(NGS) 등은 이러한 협력관계를 조성하고 이를 강화하기 위한 전략을 제시하는 데 앞장서야 한다.

지리적 문해력을 향상시키기 위해서는:

4. 학교 현장에서 향상된 지리교육을 제공하기 위한 지리교육표준과 여타 가이드라인을 점검하여, 현재 지리학의 지식 기반에서 어떤 부분을 한층 더 강화할 필요가 있는지를 확인해야 한다. 보다 강화될 필요가 있는 분야는 다음과 같은 지리학의 전통적인 강점을 포함한다. 장소의 통합을 통한 과학적 종합의 추구, 미국 사회를 구성하는 사회적 및 경제적 집단의 다양성과 관련이 있는 이슈, 직접적인 현장 관측으로부터 최신 정보기술까지를 아우르는 접근방법, 해외 현장연구 등이다. 중요한 간격을 밝혀내는 것은 지리학 관련 단체들의 책무가 될 것이다.

5. 모든 수준에서 미국의 일반시민과 기업 경영자, 정부, 비정부기관의 지리적 역량을 향상시키기 위하여 유의미한 국가적 프로그램을 실시해야 한다. 학문으로서 지리학의 지식과 관점 그리고 기술이 효과적으로 활용되어 글로벌 경제에서의 경쟁력과 외교정책, 환경정책, 정보인프라정책을 포함한 이슈 및 정부의 선택에 대한 지속가능한 민주적 대응과 같은 국가적 요구를 충족시킬 수 있도록 하기 위해서는 수년에 걸친 노력이 필요하다. 이러한 노력은 미국 연방정부와 비정부기구 그리고 지리학 관련 단체 간의 협력을 통하여

이루어질 수 있다.

6. **학문적 측면의 지리학과 그 연구 결과를 이용하는 활용자 간의 연계가 강화되어야 한다.** 지리학 관련 단체들은 정보와 기술 전달의 효율성을 향상시키고 개인적 및 전문적 연계를 증진하며, 그 결과로서 기업과 정부 그리고 공동체의 의사결정을 향상시킬 수 있는 방안을 찾기 위하여 민간 부문의 기업과 단체, 정부기구, 교육기관, 비정부 이해집단, 관련 지원조직과의 상호작용을 증진해야 한다.

지리학 기관의 역량을 강화하기 위해서는:

7. **지리학자들과 다른 학문분야의 종사자들 간에 전문적 상호작용을 증진하는 데 높은 우선순위를 두어야 한다.** 지리학자들 스스로가 이러한 협력의 책무 중 많은 부분을 담당하게 된다. 하지만 미국 국립과학재단(NSF), 국가연구위원회(NRC), 사회과학연구위원회(SSRC)와 같이 지리학 관점과 전문지식이 필요한 이슈를 다룰 연구진들을 선정하는 연구지원 기관과 기타 기관들 또한 이 제언의 실행에 기여할 필요가 있다. 미국지리학회(AAG)는 이러한 일련의 노력을 이끌어 나가기에 적합한 위치에 있다.

8. **교과목으로서 지리학에 대한 증가하는 수요와 과학적 학문으로서 지리학이 이에 대응할 수 있는 현재의 능력 간에 존재하는 불균형을 찾아내고 이를 논의하는 특별한 노력이 필요하다.** 경제적 연구지원 확대와 관련된 제언은 위원회 구성원들의 과학적 이슈에 대한 지식을 넘어서지만, 이 이슈는 관심을 시급히 요하는 사안이다. 더군다나 이 이슈는 정부기관, 민간단체, 학교 이사회, 지리학 프로그램을 보유한 대학 및 이를 실시하지 않는 기관을 포함하여 매우 다양한 기관과 단체의 참여 없이는 적절히 논의될 수 없다. 본 위원회는 지리학 관련 기관들, 대학, 국가연구위원회(NRC), 국립과학재단(NSF), 기타 관련 기구들이 함께 가용 자원과 문제 해결을 위한 다양한 방안을 신중

하게 평가할 것을 제안한다.

9. **지리학에 보유하고 있는 한정된 인적 및 재정적 자원을 고려하여 전문적 지리학이 특정한 문제나 틈새에 관한 연구와 교육에 집중할 필요와 기회를 확인하고 검토해야 한다.** 앞의 제언에 대한 노력과 함께 지리학 관련 단체들, 특히 미국지리학회와 내셔널지오그래픽협회는 미국 국립과학재단(NSF)과 같은 연구지원 기관들과 협력하에 부족한 자원을 특별히 중요한 필요와 기회에 우선순위를 두고 초점을 맞춤으로써 과학적 및 사회적 혜택을 극대화하는 방안을 고려해야 한다. 우선순위 결정은 개별 연구자의 호기심을 희생시킬 필요가 없고 희생시켜서도 안 되지만, 전문 지리학자들의 기여가 유망한 방향에 대한 과학적 성과와 영향력을 만들어 낼 수 있다는 비전을 제시함으로써 호기심을 자극해야 한다.

10. **대학의 행정가들은 보상구조를 조정하여 대학의 지리학자들이 종종 저평가되는 특정 부문의 전문적 활동을 진행하도록 독려하고 인정하며 강화해야 한다.** 저평가되고 있는 연구 활동의 범주로는 장기연구, 협력연구, 정책연구와 같은 사회적 문제해결에 관련된 연구, 지리 교수학습에 대한 연구, 학문과 수업 그리고 전문 봉사의 영역으로서 지리교육, 학제적 상호작용 및 의사소통 등을 포함한다. 이 제언은 대학의 행정가들이 지리학 관련 조직과 대학교수의 보상체계 및 인사정책에 관련된 연방 및 주 기관이 협력하여 실행해야 한다.

이상의 제언들을 수행하기 위해서는:

11. **지리학 및 관련 기관들 — 특히 미국지리학회(AAG), 내셔널지오그래픽협회(NGS), 국립과학재단(NSF), 국립연구재단(NRC) — 은 이 책에 기술된 제언들을 실행하기 위한 계획을 수립하고 실천하기 위하여 함께 노력해야 한다.** 지리학 분야를 강화하고 지리학의 과학 및 사회에 대한 기여를 높이기 위

한 위원회의 제언은 그 범위가 방대하며 이를 실행하기 위해서는 이러한 기관들의 지속적이고 체계적인 노력을 필요로 할 것이다. 해당 기관들이 함께 함으로써, 이 기관들은 통합적 실행 전략을 찾아내고 전략의 장기적 효과를 추적 평가하며, 이 책에서 서술한 장기적 목표를 달성하기 위하여 지리학자와 지리학 기관 및 지리학 관련 기관 그리고 정책자들의 효과적인 활동을 제고하는 데 개별적인 노력을 기울일 수 있다.

8.6 요약 정리

이상의 제언이 실행된다면, 지리학은 물론이고 과학과 사회도 혜택을 받을 것이다. 이 모든 제언은 지리학의 기여에 대한 **수요**는 현재의 주어진 자원을 고려할 때 **공급** 용량과 서로 조화되지 않는다는 결론을 밑바탕에 깔고 있다. 만약 의미 있는 조치가 취해지지 않는다면 그리고 그것도 신속히 취해지지 않는다면, 지리학의 기여는 심각한 공급 부족 현상에 시달리거나(예를 들어, 이는 대학 과정과 프로그램에 등록하는 학생이 다시 줄어드는 악순환을 가져올 수 있음), 제한된 전문적 자원이 빈약하지만 폭넓게 이용되면서 질적 저하를 겪을 수 있다.

우리의 결론은 피할 수 없는 것이며, 이는 경제적 자원의 배분에 대한 문제를 불러일으킨다. 재발견된 지리학의 관련성이 현재 실현되고 있는 것보다 과학과 사회에서 훨씬 더 크다면, 자원의 투자는 이러한 높은 잠재력에 걸맞는 수준으로 이루어져야 한다. 하지만 이 문제가 재정 지원만으로 해결되는 것은 아니다. 보다 더 중요한 것은 정부와 기업, 연구지원, 과학, 교육, 이슈 지지자, 통신매체, 학문으로서 지리학 자체 등에서 광범위한 기관들과 지도자들이 과학과 사회에 대한 지리학의 가치에 대한 인식 수준을 제고하고 지리학 관점, 기술 그리고 지식 기반을 대중화하고 활용하는 보다 효과적인 방안을 찾는 것이다. 다가올 세기를 생각해 볼 때, 지리학의 잠재력을 실현하기 위해서는 제공자와 사용자, 지원 대상과 지원자, 하나의 학문과 다른 학문, 데이터 수집가와 데이터 분석가, 지식의 기초 연구와 응용 간에 혁신적이며 새로운 동반자 관계가 요구된다.

만약 지리학이 이러한 동반자 관계를 만들어 내고 충족시키는 개척자가 될 수 있다면, 지리학은 궁핍에서 풍요로의 힘든 전환을 성공적으로 행할 수 있을 것이며, 과학계 전반은 다른 학문에 대한 모델로서 여러 많은 지리학의 성공 사례로부터 혜택을 받을 수 있다. 지리학이 이러한 미래를 가질 수 있다는 것은 결코 확실하지 않으며, 1990년대 이래의 변화하는 몇몇 상황은 이를 더욱 어렵게 만들 수도 있다. 하지만 이는 이해 관계자들 모두 그리고 무엇보다도 지리학 자체가 힘을 합쳐 노력해 볼 만한 가치가 있다.

참고문헌

AAG(Association of American Geographers). 1995. Profiles of the AAG membership 1992-1994. *AAG Newsletter* 30(4): 7.

Abler, R.F., J.S. Adams, and P.R. Gould. 1971. Individual spatial decisions in a descriptive framework. In *Spatial Organization: The Geographer's View of the World*. Englewood Cliffs, N.J.: Prentice-Hall.

Abler, R.F., M.G. Marcus, and J.M. Olson(eds.). 1992. *Geography's Inner Worlds: Pervasive Themes in Contempory American Geography*. New Brunswick, N.J.: Rutgers University Press.

Abrahams, A.D., A.J. Parsons, and J. Wainwright. 1995. Effects of vegetation change on interrill runoff and erosion, Walnut Gulch, southern Arizona. *Geomorphology* 13: 37-48.

Adams, J.S. 1991. Housing submarkets in an American metropolis. pp. 108-126 in *Our Changing Cities*, J.F. Hart(ed.). Baltimore: Johns Hopkins University Press.

Agnew, J.A. 1987. *Place and Politics: The Geographical Mediation of State and Society*. Boston: Allen & Unwin.

Agnew, J.A. 1992. Place and politics in post-war Italy: A cultural geography of local identity in the provinces of Lucca and Pistoia. pp.52-71 in *Inventing Places: Studies in Cultural Geography*, Kay Anderson and Fay Gale(eds.). Melbourne: Longman Cheshire.

Agnew, J.A., and S. Corbridge. 1989. The new geopolitics: The dynamics of political disorder. Chapter 10 in *A World in Crisis: Geographical Perspectives*, R.J. Johnston and P.J. Taylor(eds.). Oxford: Basil Blackwell.

Allen, P., and M. Sanglier. 1979. A dynamic model of growth in a central place system. *Geographical Analysis* 11: 256-273.

Anderson, K., and F. Gale(eds.). 1992. *Inventing Places: Studies in Cultural Geography*. Melbourne: Longman Cheshire.

Andrews, S.K., and D.W. Tilton. 1993. How multimedia and hypermedia are changing the look of maps. pp.348-366 in *Proceedings, Auto Carto 11*. Bethesda, Md.: American Congress on Surveying and Mapping.

Angel, D.P. 1994. *Restructuring for Innovation: The Remaking of the U.S. Semiconductor Industry*. New York: Guilford Press.

Anselin, L., R.F. Dodson, and S. Hudak. 1993. Linking GIS and spatial data analysis in practice. *Geographical Systems* 1: 3-23.

Appendini, K., and D.M. Liverman. 1994. Agricultural policy, climate change, and food security in Mexico. Food Policy 19(2): 149-163.

Armstrong, M., and R. Marciano. 1995. Massively parallel processing of spatial statistics. *International Journal of Geographical Information Systems* 9(2): 169-189.

Armstrong, M., G. Rushton, and P. Lolonis. 1991. *Relationships Between the Birth Weight of Iowa Children and Geographical Accessibility to Obstetrical Care*. A report prepared for the Iowa Department of Public Health. Iowa City: Department of Geography, University of Iowa.

Arnfield, A.J. 1982. An approach to the estimation of the surface radiative properties and radiation budgets of cities. *Physical Geography* 3: 97-122.

Arthur, W.B. 1988. *Urban Systems and Historical Path Dependence. Cities and Their Vital Systems: Infrastructure Past and Present*. Washington, D.C.: National Academy Press.

Atlas of Florida CD-ROM. 1994. Tallahassee: Institute of Science and Public Affairs. Florida State University.

Baker, W.L. 1989a. Landscape ecology and nature reserve design in the Boundary Waters Canoe Area, Minnesota. *Ecology* 70(1): 23-35.

Baker, W.L. 1989b. Macro- and microscale influences on riparian vegetation in western Colorado. *Annals of the Association of American Geographers* 79: 65-78.

Bassett, T., and D.E. Crummey(eds.). 1993. *Land in African Agrarian Systems*. Madison: University of Wisconsin Press.

Batty, M., and P. Longley. 1994. *Fractal Cities: A Geometry of Forms and Function*.

지리학의 재발견

New York: Academic Press.

Bauer, B.O., and J.C. Schmidt. 1993. Waves and sandbar erosion in the Grand Canyon: Applying coastal theory to a fluvial system. *Annals of the Association of American Geographers* 83: 475-495.

Beard, M.K., and B.P. Buttenfield. 1991. *NCGIA Research Initiative 7: Visualization of Spatial Data Quality.* Technical Paper 91-26. Santa Barbara, Calif.: National Center for Geographic Information and Analysis.

Bebbington, A. 1994. Theory and relevance in indigenous agriculture: Knowledge, agency and organizations. In *Rethinking Social Development,* D. Booth(ed.). Harlow, U.K.: Longmans.

Bebbington, A., and J. Carney. 1990. Geography in the international agricultural research centers: Theoretical and practical concerns. *Annals of the Association of American Geographers* 80: 34-48.

Bendix, J. 1994. Scale, direction and pattern in riparian vegetation-environment relationships. *Annals of the Association of American Geographers* 84: 652-665.

Berry, B.J.L. 1991. *Longwave Rhythms in Economic Development and Political Behavior.* Baltimore: Johns Hopkins University Press.

Berry, B.J.L. 1994. The metropolitan frontier: Cities in the modern American-west. *Urban Geography* 15(8): 778-779.

Berry, B.J.L., and J. Parr. 1988. *Geography of Market Centers and Retail Distribution,* 2nd ed. Englewood Cliffs, N.J.: Prentice Hall.

Berry, B.J.L., H. Kim, and H.M. Kim. 1994. Innovation diffusion and longwaves: Further evidence. *Technological Forecasting and Social Change* 46(3): 289.

Beyers, W.B. 1983. The interregional structure of the U.S. economy. *International Regional Science Review* 8: 213-231.

Blaikie, P., and H.C. Brookfield. 1987. *Land Degradation and Society.* London: Methuen.

Blaut, J. 1987. Diffusionism: A uniformitarian critique. *Annals of the Association of American Geographers* 77: 30-47.

Bolin, B., B.R. Döös, J. Jäger, and R.A. Warrick(eds.). 1986. *The Greenhouse Effect, Climate Change, and Ecosystems.* SCOPE 29. Chichester: John Wiley & Sons.

Borchert, J.R. 1967. American metropolitan evolution. *Geographical Review* 57:

301-322.

Borchert, J.R. 1987. *America's Northern Heartland*. Minneapolis: University of Minnesota Press.

Broecker, W.S. 1994. Massive iceberg discharges as triggers for global climate change. *Nature* 372: 421-424.

Brown, L. 1981. *Innovation Diffusion: A New Perspective*. London: Methuen.

Brown, L.A., and E.G. Moore. 1971. The intra-urban migration process: A perspective. pp.200-209 in *Internal Structure of the City*, L.S. Bourne(ed.). Toronto: Oxford University Press.

Brunn, S.D. 1995. Geographic research performance based on Annals manuscripts, 1987-1993. *The Professional Geographer* 47(2).

Brunn, S.D., and T.R. Leinbach(eds.). 1991. *Collapsing Space and Time: Geographic Aspects of Communications and Information*. London: Harper Collins Academic.

Buttenfield, B.P., and M.K. Beard. 1994. Graphical and geographical components of data quality. pp. 150-157 in *Visualization in Geographic Information Systems*, D. Unwin and H. Hearnshaw(eds.). London: Wiley.

Buttenfield, B., and R. McMaster. 1991. *Map Generalization: Making Rules for Knowledge Representation*. Essex: Longman Group Ltd.

Buttimer, A. 1974. *Values in geography*. Commission on College Geography Resource Paper No. 24. Washington, D.C.: Association of American Geographers.

Butzer, K.W. 1982. *Archaeology as Human Ecology: Theory and Method for a Contextual Approach*. Cambridge: Cambridge University Press.

Carney, J. 1993. Converting the wetlands, engendering the environment: The intersection of gender with agrarian change in The Gambia. *Economic Geography* 69: 329-348.

Cartography and Geographic Information Systems. 1995. *Special Issue on GIS and Society* 22(1).

Casetti, E. 1972. Generating models by expansion method: Applications to geographical research. *Geographical Analysis* 4: 81-91.

Castells, M. 1989. *The Informational City*. Oxford: Basil Blackwell.

Central Intelligence Agency, Geographic Resources Division. 1995. *The Challenge of Ethnic Conflict to National and International Order in the 1990s: Geographical Perspectives.* Washington, D.C.: U.S. Government Printing Office.

Cerveny, R.S. 1991. Orbital signals in the diurnal cycle of radiation. Journal of Geophysical Research 96(D9):17, 209-17, 215.

Chambers, F.B., M.G. Marcus, and L.T. Thompson. 1991. Mass balance of west Gulkana glacier, Alaska. *Geographical Review* 81:70-86.

Chorley, R.J., and P. Haggett(eds.). 1967. *Models in Geography.* London: Methuen.

Clark, G. 1985. *Judges and the Cities: Interpreting Local Autonomy.* Chicago: University of Chicago Press.

Clark, W.A.V. 1992. Comparing cross sectional and longitudinal models of mobility and migration. *Environment and Planning* A24: 1291-1302.

Clark, W.A.V., and P.A. Morrison. 1991. Demographic Paradoxes in the Los Angeles Voting Rights Case. Evaluation Review, vol.15, 712pp.

Clark, W.A.V., M.C. Deurloo, and F.M. Dieleman. 1994. Tenure changes in the context of microlevel family and macrolevel economic shifts. *Urban Studies* 31: 137-154.

Cliff, A.D., P. Haggett, J.K. Ord, and G.R. Versey. 1981. *Spatial Diffusion: An Historical Geography of Epidemics in an Island Community.* New York: Cambridge University Press.

Cliff, A.D., P. Haggett, and J. Ord. 1986. *Spatial Aspects of Influenza Epidemics.* London: Pion.

Cloke, P., C. Philo, and D. Sadler. 1991. *Approaching Human Geography.* London: Paul Chapman.

Cohen, S. 1991. Global geopolitical change in the post-Cold War era. *Annals of the Association of American Geographers* 81(4): 551-580.

COHMAP(Cooperative Holocene Mapping Project). 1988. Climate changes of the last 18,000 years: Observations and model simulations. *Science* 241: 1043-1052.

Collins, B.M. 1993. Data visualization—Has it all been done before? pp. 3-28 in *Animation and Scientific Visualization: Tools and Applications*, R.A. Earnshaw and D. Watson(eds.). New York: Academic Press.

Conzen, M.P. 1975. The maturing urban system in the United States, 1940-1910. *Annals of the Association of American Geographers* 67:88-108.

Cook, N.D., and W.G. Lovell(eds.). 1992. *Secret Judgments of God: Old World Diseases in Colonial Spanish America*. Norman: University of Oklahoma Press.

Cosgrove, D., and S. Daniels(eds.). 1988. *The Iconography of Landscape: Essays on the Symbolic Representation, Design, and Use of Past Environments*. Cambridge Studies in Historical Geography. Cambridge: Cambridge University Press.

Cowen, D., L. Shirley, P. Noonon, and C. Wiesner. 1995. Toward cadastral-level cartographic analysis using multiscale spatial data. pp.2328-2332 in *Proceedings of the International Cartographic Association Congress*. Barcelona, Spain.

Currey, D.R. 1994. Semiarid lake basins: Hydrologic patterns. pp.405-421 in *Geomorphology of Desert Environments*, A.D. Abrahams and A.J. Parsons(eds.). London: Chapman and Hall.

Cutter, S.L. 1993. Living with Risk. London: Edward Arnold.

Cutter, S.L., H.L. Renwick, and W.H. Renwick. 1991. *Exploitation, Conservation, Preservation: A Geographic Perspective on Natural Resource Use*, 2nd ed. New York: John Wiley & Sons.

Dear, M., and J. Wolch. 1987. *Landscapes of Despair: From Deinstitutionalization to Homelessness*. Princeton, N.J.: Princeton University Press.

Demko, J., and W.B. Wood(eds.). 1994. *Reordering the World: Geopolitical Perspectives on the 21st Century*. Boulder: Westview Press.

Demeritt, D. 1994. The nature of metaphors in cultural geography and environmental history. *Progress in Human Geography* 18: 163-185.

Dendrinos, D. 1992. *The Dynamics of Cities: Ecological Determinism, Dualism, and Chaos*. London: Routledge.

Denevan, W.E. 1992. *The Native Population of the Americas in 1492*, 2nd ed. Madison: University of Wisconsin Press.

DeWispelare, A., L.T. Herren, M. Miklas, and R. Clemen. 1993. *Expert Elicitation of Future Climate in the Yucca Mountain Vicinity: Iterative Performance Assessment Phase 2.5*. CNWRA 93-016. San Antonio: Center for Nuclear Waste Regulatory Analyses.

Dicken, P. 1992. *Global Shift: The Internationalization of Economic Activity*, 2nd ed. New York: Guilford Press.

Dieleman, F., and C. Hamnett. 1994. Globalization, regulation and the urban system. *Urban Studies* 31: 357-364.

Dobson, J., and E. Bright. 1991. Coast watch—Detecting change in coastal wetlands. *Geo Info Systems* (Jan.): 36-40.

Dobson, J., R. Ferguson, D. Field, L. Wood, K. Haddad, H. Iredale, V. Klemas, R. Orth, and J. Thomas. 1993. *NOAA Coastwatch Change Analysis Project Guidance for Regional Implementation.* Coastwatch Change Analysis Project, Coastal Ocean Program, National Oceanic and Atmospheric Administration, U.S. Department of Commerce.

Dorling, D., and S. Openshaw. 1992. Using computer animation to visualize space-time patterns. *Environment and Planning* B19: 639-650.

Downs, R.M. 1994. Being and becoming a geographer: An agenda for geography education. *Annals of the Association of American Geographers* 84: 175-191.

Drysdale, A., and G.H. Blake. 1985. *The Middle East and North Africa: A Political Geography.* Oxford: Oxford University Press.

Dunn, E.S., Jr. 1980. *The Development of the U.S. Urban System.* Baltimore: Johns Hopkins University Press.

Earle, C., K. Mathewson, and M.S. Kenzer(eds.). 1996. *Concepts in Human Geography.* Lanham, Md.: Rowman and Littlefield.

Easterlin, R.A. 1980. *Birth and Fortune: The Impact of Numbers on Personal Welfare.* New York: Basic Books.

Emel, J.L., and R. Roberts. 1995. Institutional form and its effect on environmental change: The case of groundwater in the southern high plains. *Annals of the Association of American Geographers* 85(4): 664-683.

Erickson, R., and D. Hayward. 1991. The international flows of industrial exports from U.S. regions. *Annals of the Association of American Geographers* 81(3): 371-390.

Eyton, J.R. 1990. Color stereoscopic effect cartography. *Cartographica* 27(1): 20-29.

Fainstein, S., I. Gordon, and M. Harloe. 1992. *Divided Cities.* Oxford: Basil Blackwell.

Farmer, D. 1990. A rosetta stone for connectionism. *Physica* D42: 153-187.

Feng, Z., W.C. Johnson, Y. Lu, and P.A. Ward. 1994. Climate signals from loesssoil sequences in the central Great Plains, USA. *Palaeogeography, Palaeoclimatology, Palaeoecology* 110: 345-358.

Florida, R., and M. Kenney. 1990. *The Breakthrough Illusion.* New York: Basic Books.

Forman, R.T., and M. Godron. 1986. *Landscape Ecology.* New York: John Wiley & Sons.

Gaile, G.L., and C.J. Willmott(eds.). 1989. *Geography in America.* Columbus, Ohio: Merrill.

Gallup Organization, Inc. 1988. *Geography: An International Gallup Survey.* Princeton, N.J.

Geography Education Standards Project. 1994. *Geography for Life: National Geography Standards 1994.* Washington, D.C.: National Geographic Research and Exploration on behalf of the American Geographical Society, the Association of American Geographers, the National Council for Geographic Education, and the National Geographic Society.

Gersmehl, P.J. 1990. Choosing tools: Nine metaphors of four-dimensional cartography. *Cartographic Perspectives* 5: 3-17.

Getis, A., and J.K. Ord. 1992. The analysis of spatial association by the use of distance statistics. Geographical Analysis 24: 189-206.

Ghosh, A., and S.L. McLafferty. 1987. *Location Strategies for Retail and Service Firms.* Lexington, Mass.: D.C. Heath.

Gibbons, J. 1994. *Science, Technology, and the Clinton Administration.* Paper presented at the annual meeting of the American Association for the Advancement of Science, San Francisco, Feb.

Giddens, A. 1984. *The Constitution of Society.* Berkeley: University of California Press.

Giddens, A. 1985. *The Constitution of Society: Outline of the Theory of Structuration.* Berkeley: University of California Press.

Glacken, C.J. 1967. *Traces on the Rhodian Shore.* Berkeley: University of California Press.

Glasmeier, A.K., and M. Howland. 1995. *From Combines to Computers: Rural Services and Development in the Age of Information Technology.* Albany: State University of New York Press.

Golding, D., R. Goble, J.X. Kasperson, R.E. Kasperson, J. Selcy, G. Thompson, and C. Wolf. 1992. *Managing Nuclear Accidents: A Model Emergency Response Plan for Power Plants and Communities*. Boulder: Westview Press.

Golding, D., J.X. Kasperson, and R.E. Kasperson. 1994. *Preparing for Nuclear Power Plant Accidents: Selected Papers*. Boulder: Westview Press.

Golledge, R.G. 1991. Tactual strip maps as navigational aids. Journal of Visual Impairment and Blindness 85(7): 296.

Golledge, R., and H. Timmermans. 1988. *Behavioral Modelling in Geography and Planning*. London: Routledge.

Goodchild, M.F. and D.M. Mark. 1987. The Fractal Nature of Geographic Phenomena. *Annals of the Association of American Geographers* 77(2): 265-278.

Goodchild, M., L. Chih-Chang, and Y. Leung. 1994. Visualizing fuzzy maps. pp.158-167 in *Visualization in Geographical Information Systems*, H. Hearnshaw and D. Unwin(eds.). London: Wiley.

Gould, P. 1989. Geographic dimension of the AIDS epidemic. *The Professional Geographer* 41(1): 71-78.

Gould, P. 1993. *The Slow Plague: A Geography of the AIDS Pandemic*. Cambridge, Mass.: Blackwell.

Gould, P., and R. Wallace. 1994. Spatial structures and scientific paradoxes in the AIDS pandemic. *Geografiska Annaler* 76B: 105-116.

Gourman, J. 1993. *The Gourman Report: A Rating of Graduate and Professional Programs in American and International Universities*. Los Angeles: National Education Standards.

Graf, W.I. 1994. *Plutonium and the Rio Grande*. New York: Oxford University Press.

Gregory, D. 1994. *Geographical Imaginations*. Cambridge, Mass.: Blackwell.

Gregory, D., and J. Urry(eds.). 1985. *Social Relations and Spatial Structures*. New York: St. Martins Press.

Grimmond, C.S.B., and T.R. Oke. 1995. Comparison of heat fluxes from summertime observations in the suburbs of four North American cities. *Journal of Applied Meteorology* 34: 873-889.

Grimmond, C.S.B., and C. Souch. 1994. Surface description for urban climate studies: A GIS based methodology. *Geocarto International* 9: 47-59.

Grimmond, C.S.B., C. Souch, and M. Hubble. 1996. The influence of tree cover on summertime energy balance fluxes, San Gabriel Valley, Los Angeles. *Climate Research* 6(1): 45-57.

Grossman, L.S. 1984. *Peasants, Subsistence Ecology, and Development in the High Papua New Guinea*. Princeton, N.J.: Princeton University Press.

Haag, G., and D. Dendrinos. 1983. Toward a stochastic dynamical theory of location: A nonlinear migration process. *Geographical Analysis* 15: 269-286.

Hägerstrand, T. 1953. *Innovationsforloppet ur korologisk synpunkt* (Innovation Diffusion as a Spatial Process). Lund, Sweden: C.W.K. Gleerupska.

Hägerstrand, T. 1967. *Innovation Diffusion as a Spatial Process*. Postscript and Translation by Allan Pred. Chicago: University of Chicago Press. Translated from Innovationsforloppet ur korologisk synpunkt, published in 1953 by C.W.K. Gleerupska, Lund, Sweden.

Hägerstrand, T. 1970. What about people in regional science? *Papers of the Regional Science Association* 24: 7-21.

Haggett, P. 1972. *Geography: A Modern Synthesis*. New York: Harper & Row.

Haggett, P., A. Cliff, and A. Frey. 1979. *Locational Analysis in Human Geography*, 2nd ed. London: Edward Arnold.

Hall, S.S. 1992. *Mapping the Next Millennium: The Discovery of New Geographies*. New York: Random House.

Hall, P., and A. Markusen. 1985. *Silicon Landscapes*. Boston: Allen Unwin.

Handler, P. 1979. Science, technology, and local achievements. *EPRI Journal* 4(7): 14-19.

Hanson, S. 1986. *The Geography of Urban Transportation*. New York: Guilford Press.

Harden, C.P. 1991. Andean soil erosion. *National Geographic Research & Exploration* 7(2): 216-231.

Harden, C.P. 1992. Incorporating roads and footpaths in watershed-scale hydrologic and soil erosion models. *Physical Geography* 13(4): 368-385.

Harden, C.P. 1996. Interrelationships between land abandonment and land degradation: A case from the Ecuadorian Andes. *Mountain Research and Development* 16(3): 274-280.

Hardin, G. 1968. The tragedy of the commons. *Science* 162: 1243-1248.

Harley, B. 1990. Cartography, ethics, and social theory. *Cartographica* 27(12): 1-23.

Harley, J.B. 1988. Maps, knowledge, and power. pp.277-311 in *The Iconography of Landscape: Essays on the Symbolic Representation, Design and Use of Past Environments*, D. Cosgrove and S. Daniels(eds.). Cambridge: Cambridge University Press.

Harries, K.D., S.J. Stadler, and R.T. Zdorkowski. 1984. Seasonality and assault: Explorations in inter-neighborhood variation, Dallas, 1980. *Annals of the Association of American Geographers* 74: 590-604.

Harvey, D. 1969. *Explanation in Geography*. London: Edward Arnold.

Harvey, D. 1973. *Social Justice and the City*. Baltimore: Johns Hopkins University Press.

Harvey, D. 1982. *The Limits to Capital*. Oxford: Basil Blackwell.

Harvey, D. 1985a. *The Urbanization of Capital*. Oxford: Oxford University Press.

Harvey, D. 1985b. *Consciousness and the Urban Experience*. Oxford: Oxford University Press.

Harvey, D. 1989. The Condition of Postmodernity. Oxford: Blackwell.

Haynes, K.E., and A.S. Fotheringham. 1984. *Gravity and Spatial Interaction Models*. Beverly Hills, Calif.: Sage Publications.

Hecht, S., and A. Cockburn. 1989. *The Fate of the Forest: Developers, Destroyers, and Defenders of the Amazon*. London: Verso.

Henderson-Sellers, A.(ed.). 1995. Future Climates of the World: A Modelling Perspective. *World Survey of Climatology* Vol.16. Amsterdam: Elsevier Science B.V.

Hirschboeck, K.K. 1991. Climate and floods. pp.67-88 in *National Water Summary 1988-89—Hydrologic Events and Floods and Droughts*. U.S. Geological Survey Water-Supply Paper 2375.

Horn, S.P. 1993. Postglacial vegetation and fire history in the Chirripó páramo of Costa Rica. *Quaternary Research* 40: 107-116.

Huff, D.L. 1963. A probabilistic analysis of shopping center trade areas. *Land Economics* 39: 81-90.

IGBP (International Geosphere-Biosphere Programme). 1994. *IGBP in Action: Work Plan 1994-1998*. Report No. 28. Stockholm: IGBP.

Isard, W. 1975. *Introduction to Regional Science.* Englewood Cliffs, N.J.: Prentice-Hall.

Jackson, J.B. 1984. *Discovering the Vernacular Landscape.* New Haven: Yale University Press.

Jackson, P.(ed.). 1987. *Race and Racism: Essays in Social Geography.* London: Allen & Unwin.

Jackson, P. 1989. *Maps of Meaning.* London: Unwin Hyman.

Jackson, P., and J. Penrose(eds.). 1993. *Constructions of Race, Place and Nation.* Minneapolis: University of Minnesota Press.

James, L.A. 1989. Sustained storage and transport of hydraulic gold mining sediment in the Bear River, California. *Annals of the Association of American Geographers* 79:5 70-592.

Janelle, D.G. 1992. The peopling of American geography. pp.363-390 in *Geography's Inner Worlds: Pervasive Themes in Contemporary American Geography*, R.F. Abler, M.G. Marcus, and J.M. Olson(eds.). New Brunswick, N.J.: Rutgers University Press.

Jensen, J., D. Cowen, J. Althausen, and O. Weatherbee. 1993a. An evaluation of Coastwatch change detection protocol in South Carolina. *Photogrammetric Engineering and Remote Sensing* 59: 1039-1046.

Jensen, J., D. Cowen, J. Althausen, S. Narumalani, and O. Weatherbee. 1993b. The detection and prediction of sea-level changes on coastal wetlands using satellite imagery and a geographic information system. *GeoCarto International* 8(4): 87-98.

Johnson, J.H., Jr., C. Jones, W. Farrell, and M. Oliver. 1992. The Los Angeles rebellion, 1992: A retrospective view. *Economic Development Quarterly* 6(4): 356-372.

Johnston, R.J., P.J. Taylor, and M.J. Watts(eds.). 1995. *Geographies of Global Change: Remapping the World in the Late Twentieth Century.* Oxford: Blackwell.

Jones, J.P., and E. Casetti. 1992. *Applications of the Expansion Method.* London: Routledge.

Jordan, P. 1993. The problems of creating a stable political-territorial structure in hitherto Yugoslavia. pp.133-142 in *Croatia: A New European State*, I.

Crkvenci, M. Klemencic, and D. Feletar, eds. Zagreb: Urednici.

Juhl, G. 1994. Wake County develops intelligent parcel management system. *Geo Info Systems*(June): 44-46.

Kahrl, W.L.(ed.). 1979. *The California Water Atlas*. Sacramento: State of California.

Kasperson, R.E., and J.M. Stallen. 1991. *Communicating Risks to the Public: International Perspectives*. Dordrecht: Kluwer Academic Publishers.

Kasperson, J.X., R.E. Kasperson, and B.L. Turner II(eds.). 1995. *Regions at Risk: Comparisons of Threatened Environments*. Tokyo: United Nations University Press.

Kates, R.W. 1994a. President's column. AAG Newsletter 29(4): 1-2.

Kates, R.W. 1994b. Sustaining life on the Earth. *Scientific American* 271: 114-122.

Kates, R.W. 1995. Labnotes from the Jeremiah Experiment: A Hope for a Sustainable Transition. *Annals of the Association of American Geographers* 85(4): 623-640.

Kates, R.W., J.H. Ausubel, and M. Berberian. 1985. *Climate Impact Assessment: Studies of the Interaction of Climate and Society*. New York: Wiley.

Keith, M., and S. Pile(eds.). 1993. *Place and the Politics of Identity*. New York: Routledge.

Kelmelis, J.A., D.A. Kirtland, D.A. Nystrom, and N. VanDriel. 1993. From local to global scales: GIS applications at the U.S. Geological Survey. *Geo Info Systems* 3(9): 35-43.

Kesel, R.H., E.G. Yodis, and D.J. McCraw. 1992. An approximation of the sediment budget of the lower Mississippi River prior to major human modification. *Earth Surface Processes and Landforms* 17: 711-722.

Kitzberger, T., T.T. Veblen, and R. Villalba. 1995. *Climatic influences on fire regimes along a rainforest-to-xeric woodland gradient in northern Patagonia, Argentina*. Unpublished manuscript.

Klemas, V., J. Dobson, R. Ferguson, and K. Haddad. 1993. A coastal land cover classification system for the NOAA Coastwatch Change Analysis Project. *Journal of Coastal Research* 9(3): 862-872.

Kliot, N. 1994. *Water Resources and Conflict in the Middle East*. New York: Routledge.

Knox, J.C. 1993. Large increases in flood magnitude in response to modest changes in climate. *Nature* 361: 430-432.

Knox, P. 1994. *Urbanization*. Englewood Cliffs, N.J.: Prentice-Hall.

Krugman, P. 1991. *Geography and Trade*. Cambridge, Mass.: MIT Press.

Langford, I.H. 1994. Using empirical Bayes estimates in geographical analysis of disease risk. Area 26: 142-149.

Lasker, R.D., B.L. Humphreys, and W.R. Braithwaite. 1995. Making a Powerful Connection: The Health of the Public and the National Information Infrastructure. Report of the U.S. Public Health Service, Public Health Policy Coordinating Committee, Bethesda, Maryland, July 6.

Laurini, R., and D. Thomas. 1992. *Fundamentals of Spatial Information Systems*. New York: Academic Press.

Lee, D. 1990. The status of women in geography: Things change, things remain the same. *The Professional Geographer* 42: 202-211.

Leitner, H., and D. Delaney(guest editors). 1996. Special issue: The Political Construction of Scale. *Political Geography*.

Lewis, M.W. 1991. Elusive societies: A regional cartographical approach to the study of human relatedness. *Annals of the Association of American Geographers* 81(4): 605-626.

Lewis, M.W. 1992. *Wagering the land: Ritual, capital, and environmental degradation in the cordillera of northern Luzon, 1900-1986*. Berkeley: University of California Press.

Lindholm, M., and T. Sarjakoski. 1994. Designing a visualization user interface. Pp. 167-184 in *Visualization in Modern Cartography*, A.M. MacEachren and D.R.F. Taylor(eds.). Oxford: Elsevier Science, Ltd.

Liu, T., and R.I. Dorn. 1996. Understanding spatial variability in environmental changes in drylands with rock varnish microliminations. *Annals of the Association of American Geographers* 86: 187-212.

Liu, K.B., and M.L. Fearn. 1993. Lake-sediment record of late Holocene hurricane activities from coastal Alabama. *Geology* 21: 793-796.

Liverman, D. 1990. Drought impacts in Mexico: Climate, agriculture, technology, and land tenure in Sonora and Puebla. *Annals of the Association of American Geographers* 80: 40-72.

Loveland, T.R., J.W. Merchant, J.F. Brown, D.O. Ohlen, B.C. Reed, P. Olson, and J. Hutchison. 1995. Seasonal land-cover regions of the United States. *Annals of the Association of American Geographers* 85(2): 339-355.

MacEachren, A.M. 1995. *How Maps Work: Representation, Visualization, and Design*. New York: Guilford Press.

MacEachren, A.M., B.P. Buttenfield, J. Campbell, D. DiBiase, and M. Monmonier. 1992. Visualization. Pp. 99-137 in *Geography's Inner Worlds*, R.F. Abler, M.G. Marcus, and J.M. Olson(eds.). New Brunswick, N.J.: Rutgers University Press.

MacEachren, A.M., D. Howard, M. von Wyss, D. Askov, and T. Taormino. 1993. *Visualizing the health of Chesapeake Bay: An uncertain endeavor*. Proceedings, GIS/LIS '93, Minneapolis, MN, 2-4 Nov., 1993, pp.449-458. Bethesda, Md.: American Society for Photogrammetry and Remote Sensing.

Macmillan, B. 1989. Remodeling Geography. Oxford: Basil Blackwell.

Malanson, G.P. 1993. *Riparian Landscapes*. Cambridge: Cambridge University Press.

Malanson, G.P., D.R. Butler, and S.J. Walsh. 1990. Chaos theory in physical geography. *Physical Geography* 11(4): 293-304.

Malecki, E.J. 1991. *Technology and Development*. New York: John Wiley & Sons.

Marcus, W.A., and M.S. Kearney. 1991. Upland and coastal sediment sources in a Chesapeake Bay estuary. *Annals of the Association of American Geographers* 81: 408-424.

Markusen, A.R. 1987. *Regions: The Economics and Politics of Territory*. Totowa, N.J.: Rowman and Littlefield.

Markusen, A.R., P. Hall, S. Dietrick, and S. Campbell. 1991. *The Rise of the Gunbelt: The Military Remapping of Industrial America*. New York: Oxford University Press.

Massey, D.B. 1984. *Spatial Divisions of Labour: Social Structure and the Geography of Production*. London: Methuen.

Mather, J.R., and M. Sanderson. 1996. The Genius of C. Warren Thornthwaite, Climatologist-Geographer. Norman: University of Oklahoma Press.

Mather, J.R., and G.V. Sdasyuk(eds.). 1991. *Global Change: Geographical Approach-*

es: A Joint USSR-USA Project Under the Scientific Leadership of Vladimir M. Kotlyakov and Gilbert F. White. Tucson: University of Arizona Press.

McDowell, L. 1993a. Space, place, and gender relations. Part 1: Feminist empiricism and the geography of social relations. *Progress in Human Geography* 17: 157-179.

McDowell, L. 1993b. Space, place, and gender relations. Part 2: Identity, difference, feminist geometries and geographies. Progress in Human Geography 17: 305-318.

McDowell, P.F., T. Webb III, and P.J. Bartlein. 1991. Long-term environmental change. pp.143-152 in *The Earth as Transformed by Human Action*, B.L. Turner et al.(eds.). New York: Cambridge University Press.

McMaster, R.B., and K.S. Shea. 1992. *Generalization in Digital Cartography*. Washington, D.C.: Association of American Geographers.

Medley, K.E. 1993. Primate conservation along the Tana River, Kenya. An examination of forest habitat. *Conservation Biology* 7: 109-121.

Meinig, D.W. 1986 et seq. *The Shaping of America* (4 volumes planned, two published to date). New Haven, Conn.: Yale University Press.

Meyer, W.B., and B.L. Turner II. 1992. Human population growth and global land-use/cover change. *Annual Review of Ecology and Systematics* 23: 39-61.

Meyer, W.B., and B.L. Turner II(eds.). 1994. *Changes in Land Use and Land Cover: A Global Perspective*. Cambridge: Cambridge University Press.

Mikesell, M.W., and A.B. Murphy. 1991. A framework for comparative study of minority-group aspirations. *Annals of the Association of American Geographers* 81(4): 581-604.

Mitasova, H., J. Hofierka, M. Zlocha, and R.L. Iverson. 1996. Modeling topographic potential for erosion and deposition using GIS. *International Journal of GIS* 10(5): 629.

Moellering, H. 1989. A practical and efficient approach to the stereoscopic display and manipulation of cartographic objects. pp.1-14 in *Proceedings, Auto-Carto 9*. Baltimore: American Congress of Surveying and Mapping.

Moellering, H., and R. Hogan(eds.). In press. *Spatial Database Transfer Standards 2: Characteristics for Assessing Standards and Full Descriptions of the National and International Standards in the World*. The ICA Commission on Standards for the Transfer of Spatial Data. London: Elsevier Science.

Moellering, H., and J. Kimerling. 1990. A new digital slope-aspect display process. *Cartography and Geographic Information Systems* 17(2): 151-159.

Moellering, H., and K. Wortman. 1994. Technical Characteristics for Assessing Standards for the Transfer of Spatial Data. In *The ICA Commission on Standards for the Transfer of Spatial Data*. Bethesda, Md.: American Congress on Surveying and Mapping.

Monmonier, M. 1989. Geographic brushing: Enhancing exploratory analysis of the scatterplot matrix. *Geographical Analysis* 21(1): 81-84.

Monmonier, M. 1992. Authoring graphics scripts: Experiences and principles. *Cartography and Geographic Information Systems* 19(4): 247-260.

Morrill, R.L. 1981. *Political Redistricting and Geographic Theory. Resource Publications in Geography*. Washington, D.C.: Association of American Geographers.

Morrison, P.A., and W.A.V. Clark. 1992. Local redistricting: The demographic context of boundary drawing. *National Civic Review* 81(1): 57-63.

Mortimore, M.J. 1989. *Adapting to Drought*. Cambridge: Cambridge University Press.

Mossa, J., and W.J. Autin. 1996. Geographic and geologic aspects of aggregate production in Louisiana. In *Aggregate Resources: A Global Perspective*, P. Bobrowski(ed.). Rotterdam: A. A. Balkema.

Murphy, A.B. 1989. Territorial policies in multiethnic states. *The Geographical Review* 79(4): 410-421.

Murphy, A.B. 1993. Emerging regional linkages within the European community: Challenging the dominance of the state. *Tijdschrift voor Economische en Sociale Geografie* 84(2): 103-118.

Murphy, A.B. 1995a. Economic regionalization and Pacific Asia. Geographical Review 85(2): 127-140.

Murphy, A.B.(rapporteur). 1995b. *Geographic Approaches to Democratization*. Report to the National Science Foundation, Division of Social, Behavioral, and Economic Research, Arlington, Va.

National Center for Education Statistics. 1993. *Digest of Education Statistics, 1993*. Washington, D.C.: U.S. Government Printing Office.

NRC(National Research Council), Committee on Geography. 1965. *The Science of Geography*. Washington, D.C.: National Academy Press.

NRC(National Research Council), Committee on the Human Dimensions of Global Change. 1992a. *Global Environmental Change: Understanding the Human Dimensions*. Washington, D.C.: National Academy Press.

NRC(National Research Council), Panel on the Policy Implications of Greenhouse Warming. 1992b. *Implications of Greenhouse Warming: Mitigation, Adaptation, and the Science Base*. Washington, D.C.: National Academy Press.

NRC(National Research Council), Committee on Science, Engineering, and Public Policy. 1993a. *Science, Technology, and the Federal Government*. Washington, D.C.: National Academy Press.

NRC(National Research Council), Mapping Science Committee. 1993b. *Toward a Coordinated Spatial Data Infrastructure for the Nation*. Washington, D.C.: National Academy Press.

NRC(National Research Council), Committee for the Human Dimensions of Global Change. 1994. *Science Priorities for the Human Dimensions of Global Change*. Washington, D.C.: National Academy Press.

NRC(National Research Council), Committee for the Study of Research-Doctorate Programs in the United States. 1995. *Research Doctorate Programs in the United States*. Washington, D.C.: National Academy Press.

NRC(National Science Foundation). 1994. *Guide to Programs, Fiscal Year 1995*. NSF 94-91. NSF: Arlington, Va.

Oke, T.R. 1979. *Review of Urban Climatology 1973-1976*. Technical Note No. 169. Geneva: World Meteorological Organization.

Oke, T.R. 1987. *Boundary Layer Climates*, Second Edition. New York: Methuen.

Openshaw, S. 1995. Developing automated and smart spatial pattern exploration tools for geographical information systems applications. *The Statistician* 44(1): 3-16.

Openshaw, S., M. Charlton, C. Wymer, and A.W. Craft. 1987. A Mark I Geographical Analysis Machine for the automated analysis of point datasets. *International Journal of Geographical Information Systems* 1: 335-358.

Openshaw, S., M. Charlton, A.W. Craft, and J.M. Birch. 1988. Investigations of leukemia clusters by the use of a geographical analysis machine. *Lancet* I:

272-273.

OSTP(Office of Science and Technology Policy). 1994. *Science in the National Interest*. Washington, D.C.: U.S. Government Printing Office.

Palm, R. 1990. *Natural Hazards: An Integrated Framework for Research and Planning*. Baltimore: Johns Hopkins University Press.

Parry, M.L. 1990. *Climate Change and World Agriculture*. London: Earthscan Publications Ltd.

Parry, M.L., T.R. Carter, and N.T. Konijn. 1988. *The Impact of Climate Variation on Agriculture*. Dordrect: Kluwer.

Peet, R.(ed.). 1987. *International Capitalism and Industrial Restructuring*. London: Allen & Unwin.

Peet, R., and N. Thrift (eds.). 1989. *New Models in Geography*. London: Unwin Hyman.

Peuquet, D.J. 1994. It's about time: A conceptual framework for the representation of temporal dynamics in geographic information systems. *Annals of the Association of American Geographers* 84: 441-461.

Peuquet, D.J. 1988. Representations of geographic space: Toward a conceptual synthesis. *Annals of the Association of American Geographers* 78(3): 373-394.

Pickles, J.(ed.). 1995a. *Ground Truth: The Social Implications of Geographic Information Systems*. New York: Guilford Press.

Pickles, J. 1995b. Representations in an electronic age: Geography, GIS, and democracy. In *Ground Truth*, J. Pickles(ed.). New York: Guilford Press.

Pike, R.J., and G.P. Thelin. 1989. Shaded relief map of U.S. topography from digital elevations. EOS: *Transactions of the American Geophysical Union* 70(38): cover, 843, 853.

Pines, D.(ed.). 1986. *Emerging Syntheses in Science*. Redwood City, Calif.: Addison Wesley.

Plane, D.A. 1993. Demographic influences on migration. *Regional Studies* 27: 375-383.

Plane, D.A., and P.A. Rogerson. 1991. Tracking the baby boom, the baby bust, and the echo generations: How age composition regulates U.S. migration. *The Professional Geographer* 43: 416-430.

Powers, A., P. Wright, M. Pucherelli, and D. Wegner. 1994. GIS efforts target long-term resource monitoring. *GIS World* 7(5): 36-39.

Pred, A. 1977. *City-Systems in Advanced Economies*. New York: John Wiley.

Pred, A. 1981. *Urban Growth and City-System Development in the United States, 1840-1860*. Cambridge, Mass.: Harvard University Press.

Prentice, I.C., P.J. Bartlein, and T. Webb III. 1991. Vegetation and climate change in eastern North America since the last glacial maximum. *Ecology* 72(6): 2038-2056.

Pulido, L. 1996. *Environmentalism and Economic Justice. Two Struggles in the Southwest*. Tucson: University of Arizona Press.

Ralston, B. 1994. Object oriented spatial analysis. pp.165-185 in *Spatial Analysis and GIS*, S. Fortheringham and P. Rogerson(eds.). London: Taylor & Francis, Ltd.

Reuss, M. 1993. *Water Resources People and Issues: Interview with Gilbert F. White*. Publication EP-870-1-43. Fort Belvoir, Va.: U.S. Army Corps of Engineers.

Riebsame, W., W.B. Meyer, and B.L. Turner II. 1994. Modeling land use/cover as part of global environmental change. *Climatic Change* 28(1): 45-64.

Roberts, R.S., and J. Emel. 1992. Uneven development and the tragedy of the commons: Competing images for nature-society analysis. *Economic Geography* 68: 249-271.

Root, T.L., and S.H. Schneider. 1995. Ecology and climate: Resource strategies and implications. *Science* 269: 334-341.

Rose, H.M. 1971. *The Black Ghetto: A Spatial Behavioral Perspective*. New York: McGraw-Hill.

Rose, G. 1993. *Feminism and Geography: The Limits of Geographical Knowledge*. Minneapolis: University of Minnesota Press.

Rosenzweig, C., M.L. Parry, and G. Fischer. 1995. World food supply. pp.27-56 in *As Climate Changes: International Impacts and Implications*, K.M. Strzepek and J.B. Smith(eds.). Cambridge: Cambridge University Press.

Ruggie, J.G. 1993. Territoriality and beyond: Problematizing modernity in international relations. *International Organization* 41: 294-303.

Rundstrom, R.A., and M.S. Kenzer. 1989. The decline of fieldwork in human geography. *The Professional Geographer* 41: 294-303.

Rushton, G. 1988. The Roepke lecture in economic geography: Location theory, location-allocation models and service development planning in the Third World. *Economic Geography* 64(2): 97-120.

Sack, R.D. 1981. Territorial bases of power. pp.53-71 in *Political Studies from Spatial Perspectives*, A.D. Burnett and P.J. Taylor (eds.). New York: John Wiley & Sons.

Sack, R.D. 1986. *Human Territoriality: Its Theory and History*. Cambridge: Cambridge University Press.

Sassen, S. 1991. *The Global City: New York, London, and Tokyo*. Princeton, N.J.: Princeton University Press.

SAST(Scientific Assessment and Strategy Team). 1993. *Science for Floodplain Management into the Twenty-first Century*. Preliminary Report of the Scientific Assessment and Strategy Team, Report of the Interagency Floodplain Management Review Committee to the Administration Floodplain Management Task Force. Washington, D.C.: U.S. Government Printing Office.

Sauer, J.D. 1988. *Plant Migration: The Dynamics of Geographic Patterning in Seed Plant Species*. Berkeley: University of California Press.

Savage, M. 1993. Ecological disturbance and nature tourism. *Geographical Review* 83(3): 290-300.

Saxenian, A. 1994. *Regional Advantage: Culture and Competition in Silicon Valley and Route 128*. Cambridge, Mass.: Harvard University Press.

Sayer, A. 1993. *Method in Social Science: A Realist Approach*, 2nd ed. London: Routledge.

Schmidt, J.C. 1990. Recirculating flow and sedimentation in the Colorado River in Grand Canyon, Arizona. *Journal of Geology* 98: 709-724.

Schroeder, R. 1993. Shady practice: Gender and the political ecology of resource stabilization. *Economic Geography* 69(4): 349-365.

Schoenberger, E. 1988. Multinational corporations and the new international division of labor: A critical appraisal. *International Regional Science Review* 11: 105-119.

Scott, A.J. 1988a. *Metropolis: From the Division of Labor to Urban Form*. Berkeley: University of California Press.

Scott, A.J. 1988b. Flexible production systems and regional development: The rise of new industrial spaces in North America and western Europe. *International Journal of Urban and Regional Research* 12: 171-186.

Scott, A.J. 1988c. *New Industrial Spaces.* London: Pion.

Scott, A.J. 1993. *Technopolis: High-Technology Industry and Regional Development in Southern California.* Berkeley: University of California Press.

Scuderi, L.A. 1987. Late-Holocene upper timberline variations in the southern Sierra Nevada. *Nature* 325: 242-244.

Sheppard, E. 1985. Urban system population dynamics: Incorporating nonlinearities. *Geographical Analysis* 17: 47-73.

Sheppard, E., and T.J. Barnes. 1990. *The Capitalist Space Economy: Analytical Foundations.* London: Unwin & Hyman.

Sheppard, E., R.P. Haining, and P. Plummer. 1992. Spatial pricing in interdependent markets. *Journal of Regional Science* 32: 55-75.

Shiffer, M. 1993. Augmenting geographic information with collaborative multimedia technologies. pp.367-375 in *Proceedings, Auto-Carto 11.* Bethesda, Md.: American Congress on Surveying and Mapping.

Shrestha, N., and D. Davis, Jr. 1989. Minorities in geography: Some disturbing facts and policy measures. *The Professional Geographer* 41: 410-421.

Sloggett, G., and C. Dickason. 1986. *Ground-Water Mining in the United States.* Economic Research Service, U.S. Department of Agriculture. Washington, D.C.: U.S. Government Printing Office.

Smith, N. 1992. Geography, difference and the politics of scale. pp.57-79 in *Postmodernism and the Social Sciences*, J. Doherty, E. Graham, and M. Malek(eds.). London: Macmillan.

Smith, M.P., and J. Feagin(eds.). 1987. *The Capitalist City: Global Restructuring and Community Politics.* Oxford: Basil Blackwell.

Smith, T.R., W.A.V. Clark, J.O. Huff, and P. Shapiro. 1979. A decision making and search model for intraurban migration. *Geographical Analysis* 11: 1-22.

Soja, E.W. 1989. *Postmodern Geographies: The Reassertion of Space in Critical Social Theory.* London and New York: Verso.

Soule. M.E. 1991. Conservation: Tactics for a constant crisis. *Science* 253:744-750.

Storper, M., and R. Walker. 1989. *The Capitalist Imperative: Territory, Technology, and Industrial Growth*. Oxford: Basil Blackwell.

Strezepek, K., and J. Smith(ed.). 1979. *If Climate Should Change: International Effects of Global Warming*. Cambridge: Cambridge University Press.

Taaffe, E. 1993. Spatial analysis: Development and outlook. *Urban Geography* 14(5): 422-433.

Taaffe, E.J., I. Burton, N. Ginsburg, P.R. Gould, F. Lukermann, and P.L. Wagner(panelists). 1970. *Geography*. Englewood Cliffs, N.J.: Prentice-Hall. 143 pp.

Taylor, P.J. 1993. *Political Geography: World-Economy, Nation-State, and Locality*, 3rd ed. Harlow, England: Longman Scientific and Technical.

Terjung, W.H. 1982. *Process-Response Systems in Physical Geography*. Bonn: Ferd. Dummlers Verlag.

Terjung, W.H., and P.A. O'Rourke. 1980. Simulating the causal elements of urban heat islands. *Boundary Layer Meteorology* 19: 93-118.

Terjung, W.H., S.S.-F. Louis, and P.A. O'Rourke. 1976. Toward an energy budget model of photosynthesis predicting world productivity. *Vegetatio* 32: 31-53.

Thomas, W.T., Jr.(ed.). 1956. *Man's Role in Changing the Face of the Earth*. Chicago: University of Chicago Press.

Thompson, R.S., C. Whitlock, S.P. Harrison, W.G. Spaulding, and P.J. Bartlein. 1993. Vegetation, lake-levels and climate in the western United States. pp.468-513 in *Global Climates Since the Last Glacial Maximum*, H.E. Wright, Jr. et al.(eds.). Minneapolis: University of Minnesota Press.

Thornthwaite, C.W. 1953. Operations Research in Agriculture. *Journal of the Operations Research Society of America* 1(2): 33-38.

Thornthwaite, C.W., and J.R. Mather. 1955. The water balance. *Publications in Climatology* 8: 1-104.

Thrift, N. 1989. The Geography of International Economic Disorder. pp.12-67 in *A World in Crisis?*, R.J. Johnston and P.J. Taylor(eds.). London: Basil Blackwell.

Tobler, W. 1969. Geographical filters and their inverses. *Geographical Analysis* 1: 234-253.

Tobler, W. 1981. Depicting federal fiscal transfers. *The Professional Geographer*

33(4): 419-422.

Tobler, W., U. Deichmann, J. Gottsegen, and K. Maloy. 1995. *The Global Demography Project*. Technical Report 95-6. Santa Barbara, Calif.: National Council for Geographic Information and Analysis.

Townshend, J.R.G. 1992. *Improved Global Data for Land Applications: A Proposal for a New High Resolution Data Set*. Report of the Land Cover Working Group of IGBP-DIS. IGBP Report #20. Stockholm.

Trimble, S.W., F.W. Weirich, and B.L. Hoag. 1987. Reforestation and the reduction of water yield on the southern Piedmont since circa 1940. *Water Resources Research* 23: 425-437.

Tuan, Y.-F. 1974. *Topophilia: A Study of Environmental Perception, Attitudes, and Values*. Englewood Cliffs, N.J.: Prentice-Hall.

Tuan, Y.-F. 1976. Humanistic geography. *Annals of the Association of American Geographers* 66: 266-276.

Turner, B.L., II, and D. Varlyguin. 1995. Foreign-area expertise in U.S. geography: An assessment of capacity based on foreign-area dissertations, 1977-1991. *The Professional Geographer* 47(3): 308-314.

Turner, B.L., II, W.C. Clark, R.W. Kates, J.F. Richards, J.T. Mathews, and W.B. Meyer. 1990. *The Earth as Transformed by Human Action: Global and Regional Changes in the Biosphere Over the Past 300 Years*. Cambridge: Cambridge University Press.

Turner, B.L., II, D. Skole, S. Sanderson, G. Fischer, L. Fresco, and R. Leemans. 1995. *Land-Use and Land-Cover Change: Science Research Plan*. IGBP Report #35/HDP Report #7. Stockholm and Geneva.

Urban Geography. 1991. *Special Issue on the Urban Underclass*. Rose, H.M.(ed.). 12(6).

U.S. Department of Education. 1992. America 2000: An Education Strategy. Washington D.C.: U.S. Department of Education.

U.S. Department of Labor. 1991. *What Work Requires of Schools: A SCANS Report for America 2000*. Washington, D.C.: U.S. Department of Labor.

USGCRP(U.S. Global Change Research Program). 1994. *Our Changing Planet: The FY 1995 U.S. Global Change Research Program*. A Supplement to the President's Fiscal Budget Year Budget. Washington, D.C.: Coordinating

Office of the U.S. Global Change Research Program.

USGS(U.S. Geological Survey). 1992. *Geographic Information Systems*. Washington, D.C.: USGS.

Vale, T.R. 1982. *Plants and People: Vegetation Change in North America*. Washington, D.C.: Association of American Geographers.

Veblen, T.T., and D.C. Lorenz. 1988. Recent vegetation changes along the forest/steppe ecotone of northern Patagonia. *Annals of the Association of American Geographers* 78: 93-111.

Veblen, T.T., M. Mermoz, C. Martin, and E. Ramilo. 1989. Effects of exotic deer on forest structure and composition in northern Patagonia. *Journal of Applied Ecology* 26: 711-724.

Veblen, T.T., T. Kitzberger, and A. Lara. 1992. Disturbance and forest dynamics along a transect from Andean rainforest to Patagonian shrublands. *Journal of Vegetation Science* 3: 507-520.

Wallin, T., and C. Harden. 1996. Quantifying trail-related soil erosion at two sites in the humid tropics: Jatun Sacha, Ecuador, and La Selva, Costa Rica. *Ambio* XXV(7): 517-522.

Ward, D. 1971. *Cities and Immigrants: A Geography of Change in Nineteenth-Century America*. New York: Oxford University Press.

Warf, B., and J. Cox. 1993. The U.S.-Canada free trade agreement and commodity transportation services among U.S. states. *Growth and Change* 24: 341-354.

Watts, M.J. 1983. *Silent Violence: Food, Famine and Peasantry in Northern Nigeria*. Berkeley: University of California Press.

Webb, T., III, and P.J. Bartlein. 1992. Global changes during the past 3 million years: Climatic controls and biotic responses. *Annual Review of Ecology and Systematics* 23: 141-173.

Webber, M.J. 1987. Rates of profit and interregional flows of capital. *Annals of the Association of American Geographers* 77: 63-75.

Weiss, C.H.(ed.). 1977. *Using Social Research in Public Policy Making*. Lexington, Mass.: Heath.

Whitlock, C. 1993. Postglacial vegetation and climate of Grand Teton and Southern Yellowstone national parks. *Ecological Monographs* 63: 173-198.

Whitmore, T.M. 1992. *Disease and Death in Early Colonial Mexico: Simulating Amerindian Depopulation.* Dellplain Latin American Geography Series. Boulder: Westview Press.

Wilbanks, T.J. 1985. Geography and public policy at the national scale. *Annals of the American Association of Geographers* 75: 4-10.

Wilbanks, T.J. 1994. Sustainable development in geographic context. Annals of the Association of American Geographers 84:541-557.

Wilbanks, T.J., and R. Lee. 1985. Policy analysis in theory and practice. pp.273-303 in *Large-Scale Energy Projects: Assessment of Regional Consequences*, T.R. Lakshmanan and B. Johansson(eds.). Amsterdam: North Holland.

Williamson, P. 1992. *Global Change: Reducing Uncertainties. International Geosphere-Biosphere Programme.* Stockholm: Royal Swedish Academy of Sciences.

Willmott, C.J., and D.R. Legates. 1991. Rising estimates of terrestrial and global precipitation. *Climate Research* 1: 179-186.

Willmott, C.J., S.M. Robeson, and J.J. Feddema. 1994. Estimating continental and terrestrial precipitation averages from rain-gauge networks. *International Journal of Climatology* 14: 403-414.

Wilm, H.G., C.W. Thornthwaite, E.A. Colman, N.W. Cummings, A.R. Croft, H.T. Gisborne, S.T. Harding, A.H. Hendrickson, M.D. Hoover, I.E. Houk, J. Kittredge, C.H. Lee, C.G. Rossby, T. Saville, and C.A. Taylor. 1944. Report of the Committee on Transpiration and Evaporation, 1943-44. *Transactions, American Geophysical Union* 25: 683-693.

Wilson, A., J. Coelho, S. Macgill, and H. Williams. 1981. *Optimization in Locational and Transport Analysis.* New York: John Wiley & Sons.

Wolch, J., and M. Dear(eds.). 1989. The Power of Geography: How Territory Shapes Social Life. Boston: Unwin Hyman.

Wolch, J., and M. Dear. 1993. *Malign Neglect: Homelessness in an American City.* San Francisco: Jossey-Bass Publishers.

Wolpert, J. 1965. Behavioral aspects of the decision to migrate. *Papers of the Regional Science Association* 15: 159-169.

Wood, D. 1992. *The Power of Maps.* New York: Guilford Press.

Wood, W.B. 1994. Forced migration: Local conflicts and international dilemmas.

지리학의 재발견

Annals of the Association of American Geographers 84(4): 607-634.

Wright, H.E., Jr., and P.J. Bartlein. 1993. Reflections on COHMAP. *Holocene 3*: 89-92.

Wright, H.E., Jr., J.E. Kutzbach, T. Webb III, W.F. Ruddiman, F.A. Street-Perrott, and P.J. Bartlein(eds.). 1993. *Global Climates Since the Last Glacial Maximum*. Minneapolis: University of Minnesota Press.

Yapa, L. 1989. Low-cost map overlay analysis using computer-aided design. *Environmental Planning B* 16: 377-391.

Young, K.R. 1992. Biogeography of the montane forest zone of the eastern slopes of Peru. pp.119-140 in Biogeografía, Ecología, y Conservación del Bosque Montano en el Peru, K.R. Young and N. Valencia(eds.). *Memorias del Museo de Historia Natural 21*. Lima, Peru: Universidad Nacional Mayor de San Marcos.

Zimmerer, K.S. 1991. Wetland production and smallholder persistence: Agricultural change in a highland Peruvian region. *Annals of the Association of American Geographers* 81(3): 443-463.

Zimmerer, K.S. 1994. Human geography and the 'new ecology': The prospect and promise of integration. *Annals of the Association of American Geographers* 84(1): 108-125.